香草栽培与应用

周秀梅　主编

中国农业出版社

内容提要

全书共9章，第1章简要概述了香草的概念、栽培与利用简史及香草产业和发展前景。第2章扼要介绍了香草的种类和功能特性。第3、4、5章详细介绍了香草栽培的环境因子、种苗繁育技术和12个科的主要香草种类的形态特征和实用栽培技术与采收、应用。第6、7章描述了香草在园林造景和生态观光农业中的应用。第8章介绍了香草的茶用和食用方法。第9章侧重介绍了香草精油的功效、提取、保存及在芳香疗法中的使用方法等。

本书理论和实用相结合，突出实用技术，强调创新拓展，注重经济目标。图文并茂，融科学性、知识性和操作性于一体，内容新颖、全面、实用，既适合香草生产者、经营者及广大香草爱好者阅读，又可供园林、园艺、风景园林设计专业师生及相关研究人员参考。

编 写 人 员

主　编　周秀梅（河南科技学院）

副主编　王玉杰（淇县职业中等专业学校）

　　　　屈玉清（方城县园艺技术指导站）

　　　　赵　英（广西亚热带作物研究所）

参　编　刘大兵（河南省农业科学院）

　　　　李亚明（平顶山市农业干校）

　　　　李晨楠（濮阳县郎中乡人民政府）

　　　　范长有（南阳市太阳能农业利用研究所）

手　绘　雷保杰（河南科技学院）

照　片　李保印（河南科技学院）

前　言

植物是上帝赐予人类的宝贵财富，人类的生息繁衍就是从依赖植物开始的。世界上约有45万种植物，仅属于高等植物的就有20余万种，我国有高等植物3万余种。植物种类如此繁多，然而人类所利用的植物却不过3 000种左右，其中大规模栽培的植物也不过100余种。由此可见，植物的开发利用潜力仍然十分巨大，随着人类认识水平的不断提高，植物的各种潜能必将被揭示和利用。

“香草”就是这些植物中的一个类别，是能够带给我们物质和精神享受的一类植物的总称。这里所说的“香草”是一个群体概念，是指“多种”富含香味物质的植物群体的合称，所以定义为：凡是自身能够散发怡人的芳香气味，或可以从其器官中提取芳香物质、精油等，应用于食品、药品、香料、调料、香精、化妆品及园林观赏等领域的一类草本植物或多年生亚灌木，统称为香草植物（芳香植物、芳香花草等），可简称为“香草”。据不完全统计，目前符合“香草”这一概念的植物已达3 000多种，主要集中在欧美和地中海沿岸，既包括野生种和半野生种，也包括人工栽培种，其中如薰衣草、鼠尾草、薄荷、罗勒、百里香、迷迭香、玫瑰等均为著名的种类。随着人们对健康和环保认识的提高，资源丰富的香草植物将发挥其独有的功能和利用价值，不仅其活体植株本身在园林绿化、美化、彩化、香花、净化环境，城市和观光农业、旅游业，以及有机安全果园、菜园、花园驱避害虫等方面发挥重要作用，而且其加工产品，如精油、香囊、香包、香枕、香草茶、香草醋等可在护肤品、化妆品、美容品、保健品、餐饮、医药、化工等行业中为人类提供全面的服务，即香草已经成为我们生活的一部分，将为美丽中国梦、和谐社会的建设做出巨大贡献。

笔者自2003年开始关注并亲身从事香草实践的教学与科研，深感香草产业在世界范围内是一个很大的产业，我国的香草产业已经初露端倪，生活处处飘香的时代正在迎面走来。但是，生产上和生活中关于香草栽培与应用的书籍还很少，远远不能满足市场和生产的要求。因此，基于目前的香草生产现状，为满足广大香草生产者、经营者和爱好者的迫切需要，结合本人的亲身实践，借鉴我国香草科研最新技术和成果，编著了这本实用性较强的小册子，以适应我国香草快速发展的新形势、新要求，希望对香草产业具有能够引领和科普作用。

本书插图多为个人手绘或拍摄，少量引自相关教材，书后彩照主要由河南科技学院李保印教授等亲自拍摄，个别引自朋友圈，在编撰过程中参考了大量已经出版的书、刊等，特别是引用了相关专家和专业人士发表的论文、论著、报告、试验结果等，大多已经在参考文献中列出，但是由于篇幅所限，未能一一注明，在此一并表示真诚的感谢！

由于本书涉及的方面较多，但受编者能力和水平所限，书中存在的错误和不妥之处，恳请广大读者提出宝贵的意见和建议！

编者

2016年7月

目　　录

第一章 概 述

一、香草的概念

植物是上帝赐予人类的宝贵财富。在远古时代，人类的生息繁衍就是从依赖植物开始的。原始农业出现时，人们靠种植一些作物和饲养牲畜来维持人类的生存发展乃至社会的进步。从传统农业演进到现代农业，只是劳动生产力得到了显著的提高，而整个农业生产仍然是以植物为基础的。

简单而真实的是，人类的衣、食、住、行都是直接或间接地依靠植物来提供的。例如，人们穿的衣物，主要是由植物中提取的纤维制成；食的蔬菜和水果等是植物的部分器官；住的木屋或木床等，是由树木或竹类制成的；在医药方面，所有的中草药，几乎全部来源于天然植物（仅极少部分为人工种植的，另外还有极少数是动物和矿物质），而许多西药的有效成分也多是从天然植物中提取的，特别是现代在延缓机体衰老的抗衰老有效成分以及抗癌抗肿瘤药物的研制和筛选方面，人类更倾向于从天然的植物中获取；人们使用的架子车、马车以及水上航行乘坐的轮船也都有植物的成分。所以说，植物已为人类生存做出了相当大的贡献，为人类社会及人的生命延续提供了物质基础。

世界上约有 45 万种植物，仅属于高等植物的就有 20 余万种，我国有高等植物 3 万余种。植物种类如此繁多，然而人类所利用的植物却不过 3 000 种，其中大规模栽培的植物也不过 100 余种。由此可见，植物的开发利用潜力仍然十分巨大。随着人类认识水平的不断提高，植物的各种潜能必将被揭示和利用。未来，人类把其生存与发展的所需寄托于植物是完全可行的，也是真正可放心的。

不难想到，粮食作物、经济作物或是香料、药材以及花卉、树木等用途作观赏形成景观的植物，人们之所以种植和管理它，是因为它们能给我们带来种种物质和精神方面的享受和利益。当植物界中的其他植物的应用潜力被揭示时，这些植物同样也会频繁地出现在我们的种植园中。

"香草"就是这些植物中的一个类别，是能够带给我们物质和精神享受的有开发潜力的一类植物的总称。这里所说的"香草"，是一个群体概念。从目前掌握的现有资料来看，"香草"不是指"某一种"植物的名称，而是指"多种"富含香味物质的植物群体的合称，所以可以定义为：凡是其自身能够散发怡人的芳香气味，或可以从其器官中提取芳香物质、精油等，应用于食品、药品、香料、调料、香精、化妆品及园林观赏等领域的一类草本植物或多年生亚灌木，统称为香草植物，可简称为"香草"，也可称为香草药、西草药、香化植物等。据不完全统计，目前符合"香草植物"这一概念的植物已达 3 000 多种，主要集中在欧美和地中海沿岸，既包括野生种和半野生种，也包括人工栽培种，如薰衣草、迷迭香、鼠尾草、椒样薄荷、百里香、神香草、香妃草、罗勒等均为著名的种。随着人类对健康和环保要求的日益提高，因香草资源丰富，种类繁多，分布广泛，具有独特的功能特性和利用价值，不仅其加工产品如精油、香囊、香包、香枕、香草茶、香草醋等在化妆品、护肤品、美容保健品、餐饮、医药等行业中市场广阔，经济效益可观，而且在园林绿化、美化、彩化、香花、净化城市和观光农业及有机安全果园驱避害虫等方面具有重要作用。

"香草"一词是舶来品。"香草"一词在我国古代书中早有出现。如《本草纲目》记载：薰草，又名香草、零陵香、蕙草，叶如罗勒，芳香甚烈，入药有明目止泪、止牙齿肿痛之效。浸油饰发，香无以加。这里的薰草，即圣罗勒（*Ocimum sanctum*）。又据《本草纲目》记载：兰草，又名香草、大泽兰、香水兰等，与兰花有别。古人对兰、蕙，皆称香草，开花时满室皆香，与泽兰同类，入药有生血、营养之效，久服益气轻身。这里的兰草是指兰花类（*Cymbidium* spp.）。由此可以说明，我国古代即有人利用植物的药效治疗疾病。从神农氏“尝百草”到李时珍的《本草纲目》，皆有史可证。又如我国历代本草著作中，如陶弘景的《名医别录》、苏颂的《图经本草》、陈藏器的《本草拾遗》、赵学敏的《本草纲目拾遗》等，均记载了许多入药的香草，使之与医疗、保健、药用价值结下了不解之缘。而今，又被返璞归真的现代人看重而开发利用。

香草与香料既有区别，也有联系。草本芳香植物，因其属于草本，故我们以香草称之比较准确，也比较顺口。因为花草本身就是草本花卉的意思。草本植物又多能入药，在中国被称为中草药，而西方被称为西药草。因此，香草必然是具有一定的药用价值，才能够治疗疾病、健体护肤。事实也确实如此，香草的枝、叶、花、果或根等器官，能够散发出特有的香味，此气味中含有醇、醚、酮、脂类等芳香族化合物，闻起来清新宜人，具有平静心情或提神醒脑的作用，兼备杀菌消毒、净化空气的功效，可以治疗某些疾病，促进健康。

一般而言，香草是指能散发挥发性物质、具有特殊气味（不一定是香味）的草本植物，多原产于地中海沿岸，常见的如薰衣草、鼠尾草、罗勒、金盏菊、薄荷、芸香等，主要用于调味和入药。而香料，则通常是指用木本植物的茎、叶、花果、种子、树皮等，干燥以后加工的调味品，原产地主要集中在远东和热带地区，如印度的桂皮、印尼的肉桂和肉豆蔻等。但是，广义的香料也包括香草。现在，香草和香料的应用主要是用作药材加工，其次是用于提炼精油，应用于食品、化妆品和卫生用品等产业。

二、香草的栽培与利用简史

（一）国外香草的栽培与利用简史

大约早在公元前4500年，居住在尼罗河三角洲的埃及人就已经利用芳香药草植物来治疗各种身心失调的疾病。埃及人当时已知食用大蒜具有消炎、杀菌及解毒的功能。在公元前2800年的古埃及莎草纸文献中记载有香草作为医疗用途，即利用植物精华制成香料，作为药物与防止尸体腐烂之用。例如，在尸体防腐上大量使用乳香及没药等芳香植物填放在尸体内，最后用浸过香胶水的亚麻布将尸体包裹住，才有了今天我们所看到的木乃伊。埃及的法老也会在重要的宗教仪式，如神职任命的搽油仪式中，在不同的神像前燃烧并擦抹各种象征其意义的精油。例如，在战备时就会使用具兴奋作用，且能引起攻击欲望的精油，若希望和平、调停纠纷，就选用具有镇定安抚情绪的精油。充满传奇的埃及艳后克娄巴特拉是埃及王朝最后一位女王，她和香精的使用有着密切的关系，在古老香精及化妆品的制作上，堪称鼻祖。在巴比伦王国的黏土板遗迹中，也曾发现刻有香草的名单。

古文明发源地之一的印度，也是很早就懂得如何使用药用芳香植物的国家，最早可以追溯到公元前3000年，最古老的医药典籍《吠陀经》是公元前2000年前由阿育吠陀（Ayurveda）所著。在这本著作中，除了记载药方及对植物的祈祷文，还以八个层次来阐述药理，从医疗一直到养生、保健之道全都包含在内，其中多数详细阐述了古老的印度药材流传至今仍在使用，而某些药材就是今天芳香精油的提炼来源。

香草原产于墨西哥，中美洲人对香草有广泛的种植。16世纪，西班牙征服者征服了中美洲，并将香草和巧克力同时传入了欧洲。香草正规的叫法为芳香植物，是具有药用植物和香料植物共有属性的植物类群，全世界有3 000多种，薰衣草、迷迭香、百里香、藿香、香茅、薄荷、九层塔等为其中著名的品种。香草传入欧洲后即进入了贵族邸馆中成为庭院花园的香化材料，并在文化与艺术复兴的同时，香草文化也随之急速发展，香水也随之诞生，香草的利用方法也日臻成熟。

现今，提炼芳香精油最普遍的方法之蒸馏法，则是公元10世纪时，由阿拉伯最伟大的医师阿比西纳首先采用的，他萃取出了世界上第一瓶玫瑰精油。12世纪，随着十字军的东征，欧洲人不但把阿拉伯的香水带回欧洲，也把蒸馏萃取的技术带了回去。到了14、15世纪时，黑死病席卷欧洲，当时盛传在身上佩带香药草包或是焚烧香料植物，可以避免感染。这在当时曾被视为迷信，但是以现在芳香疗法的角度来看，那是消炎、杀菌以防止感染的正确方式。16、17世纪则是欧洲药草的全盛时期。精油的蒸馏技术飞速进步，精油被大量运用于医药和化妆品的生产中。到了18世纪末，实验化学开始应用在医学上，合成药物逐渐取代了天然药草，从此芳香疗法走向没落，而被视为另类疗法。不可否认，芳香疗法同传统的中医中药一样，属于“慢性疗法”，不像西医西药那样“简便、快捷”，这就是人们在这100多年时间里不能正确对待它们的原因。然而，西医西药那种“头痛医头、脚痛医脚”、“快刀斩乱麻”的方式渐渐地暴露出它的缺点出来，化学药品和提纯了的天然物质进入人体以后，虽能快速治疗一些病症，却破坏了人体内部各方面的平衡，抗生素的滥用造成人体素质的下降，包括人体自身的免疫力都在这100多年内大不如前了。痛定思痛以后，许多人宁愿“复古”，采用传统医疗法，当然也包括芳香疗法，而不愿冒被西医西药“长期实验”的危险。所以，20世纪，精油的开发研究进入了一个新的阶段。随着各种科学试验的进行，人们对精油成分有了更深入的了解，通过对各种不同精油的混合利用，现在的精油（包括树脂、浸膏等），除了具有抗病菌、止痛、解毒、愈合伤口、促进新陈代谢及内分泌、促进血液循环、调整血压、健胃整肠等的治疗功效，还具有激发肌体本身治愈的能力。

（二）中国香草的栽培与利用简史

中国是世界上最早使用香草的国家之一，并在数千年前就有详细的研究。在距今5000年前的黄帝、神农时代就已应用香料植物的香气来驱疫避秽。相传神农氏“教民耕作，栽种桑麻，烧制陶器……为民治病，始尝百草”，“神农尝百草，华夏万里香”，《神农本草经》里记载了365种药物，其中252种均与香草或香料有关。

屈原在《离骚》一诗中涉及芳香疗法与芳香养生的就有51句之多，如“扈江离与辟燕兮，纫秋兰以为佩”，“昔三后之纯粹兮，因众芳之所在”，“余既兹兰之九畹兮，又树蕙之百亩”，“朝饮木兰之坠露兮，夕餐秋菊之落英”，“户服艾以盈要兮，谓幽兰其不可佩”，“既干进而务人兮，又何芳之能祗”，“芳菲菲而难亏兮，芬至今犹未沫”等佳句。可以想象，春秋战国时期人们对香味和香料植物给予人的心理作用已有了深刻的认识，时人还把香料作“佩炜”（香囊），以植物的“香”或“臭”喻人和事物。此后，以纪念屈原为始的我国端午节活动更把“芳香疗法”推广成为“全民运动”，节日期间人们焚烧或薰燃艾蒿、菖蒲等香料植物来驱疫避秽，杀灭越冬后的各种害虫，以减少夏季的疾病，饮服各种香草熬煮的“草药汤”和“药酒”，以“发散”体内积存的“毒素”。

司马迁所撰的《史记·礼书》中有“稻粱五味所以养口也。椒兰、芬芷所以养鼻也。”说明汉代人们已讲究“鼻子的享受”。长沙“马王堆一号”汉墓出土文物中就发现了一件竹制的薰笼。

至盛唐时期，不单各种宗教仪式要焚香，在日常生活中人们也大量使用香料，并将调香（调配天然香料）、薰香、评香、斗香发展成为高雅的艺术，后来传入日本衍变成“香道”流传至今。

明朝李时珍在《本草纲目》中详细记载了56种香草，并在芳香篇中系统叙述了各种香草的来源、加工和应用情况，在“芳香治疗”和“芳香养生”方面的应用，如白芷，芷香可以养鼻，又可养体；甘松香，做汤浴令人身香；茉莉，女人穿为首饰，或合面脂，亦可燕茶，或蒸液以代蔷薇水；迷迭香，令人衣香，烧之去鬼；兰草，时人煮水以浴，疗风，且西京杂记记载：汉时池苑种兰以降神，或杂粉藏衣书中辟蠹，此草浸油涂发，去风垢，令香润，史记所蒙罗濡襟解，微闻香泽者是也；泽兰，泽子以养鼻，芳香通于肺。菊花，囊之可枕。此书不但奠定了中国古代医学的基础，流传至近代后也为西方人广泛研究，在传统医学上，远远胜过了其他国家。

虽然我国原产有丰富的芳香花草资源，但是研究开发利用得比较落后，没有形成系列品种，生产上栽培的大部分芳香花草品种是从国外及中国港台引进的。香草的主要原产盛产地在地中海沿岸，如法国、英国等。我国的香草主要生产地集中在新疆地区和上海、广州、南京、北京等几个大城市。香草在园林园艺上的应用也很广泛。在欧美历来就有在庭园专门种植香草，用香草造景的习惯，现在，在英国、美国、加拿大、日本等发达国家较为流行。香草是这些国家花卉的一个重要组成部分，也是这些国家开展园艺疗法的主要植物材料群体。

所以，随着国民经济的不断发展和人民生活水平的日益提高，在人们越来越崇尚自然、追求健康和生活品位的今天，特别是在当下我国大力倡导调整种植业结构，提倡大众创新、万众创业的新形势下，香草及其产品的市场前景将越来越广阔，香草产业的大力发展必将在打造美丽中国梦、健康中国人、新农村建设、城市化发展中发挥重要的作用。

三、香草产业与发展前景

香草产业，是指利用香草服务于人类生活和生存环境的各个方面的产业总称，如香草食品产业、饮品产业、药品产业、观赏产业、观光产业、精油产业、美容美肤香体产业、香料产业、保健产业、化工产业、创意文化产业、旅游产业等。同时，香草产业也是一个需要良好气候条件和高密集劳动力的产业。

当前，香草产地主要集中在欧洲和亚洲，前者的代表国家有法国、英国、罗马尼亚等，后者主要有中国、韩国和日本等。澳大利亚餐馆和家庭厨房的繁荣也使得食用香草、香料的生产迅速兴起，年产值已经超过上亿美元。北美也有一些生产，但大部分都依靠从欧洲和亚洲进口。

香草产业在世界范围内是一个年产值在100亿美元以上的产业。1985年时成立了“世界香草协会”（International Herb Association），美国、澳大利亚、泰国等都有自己的香草和香料协会。

国外很早就开始了提取香草的香味成分，将其应用于食品、日化、医药、香料等产业。在欧美一些发达国家，香草不但作为经济作物被大面积栽培，而且将其作为园艺观赏植物广泛地应用于家庭园艺和园林景观之中。在美国、法国、英国、加拿大和日本等国，历来就有香草庭园，专门种植香草，用香草造景，布置成芳香散步道。20世纪90年代以后，国外大多通过引种栽培多年生香草来香化环境，净化空气。在食品工业、医药卫生行业和其他消费和生产中，香草也被广泛应用。如胡椒薄荷，其叶子是制作胡椒薄荷茶的原料，也是很多药物的原料，可用于治疗痉挛或肠胃胀气等内科病。德国科学家将其选为“2004年医用植物”。目前，世界香草产业发展势头很猛。2000年，印度出口香草赚取外汇约5亿卢布；2003年，国际平均出口香草 1.2×10^6 kg；2004年，马来西亚出口香草约 2.0×10^6 kg。据预测，全球对香料的需求年增长率为5.4%，2004年香草产业总产值达184亿美元。欧美历来就有香草庭园专门种植香草，用香草造景的习惯。现在，法国、英国、美国、加拿大、日本等发达国家的香草栽培和应用仍然十分流行，成为时尚。香草是这些国家花卉产业的一个重要组成部分。

中国香草植物资源非常丰富，生产药用、食用香草、香料的历史也非常悠久。虽然经过了近代的一段低迷，但其后又随着经济的崛起复苏了，今天仍是世界香草植物大国，在国际市场上也有一定的地位。我国改革开放以后，国外一些专业香料生产商早已觊觎我国香料资源，纳入他们的开发计划与贸易战略部署之中。近年来，一些“嗅觉”灵敏的企业如广东清远市美佳“薰衣草世界”、上海华香农滋香草贸易有限公司等捷足先登，搞起了香草开发。近年，新疆的薰衣草、椒样薄荷、罗勒、鼠尾草等生产已渐成气候。他们不仅开发我国香草资源，而且还从国外如欧美国家引进优良品种，建立种植基地和生产加工基地。就目前而言，我国香草产业的形成和发展已经成为势不可挡的潮流，已经成为社会经济发展和提高生活质量的必然要求。2003 年 11 月《解放日报》载文报道了中国的香草产业已经悄然起步，2004 年 4 月 8 日，中华香草联盟宣告成立，它的诞生成为国内香草和香料发展的一个里程碑。“香盟”的诞生和有效工作，推动了中国香草产业的形成和发展。2004 年 11 月《中国花卉报》、《中国绿色时报》等报纸和《中国花卉园艺》杂志报道说：“中国芳香产业初露端倪”。由此看来，中国芳香产业已经全面启动，从香草植物资源的调查、引种、栽培、加工、科研、造园布景，到香草产品开发应用，以及香草文化和香草科普等工作也在全面展开。目前，国内从事香草植物开发的企业越来越多，全国已有几千家香草基地、种植户、香草园区，香草产品日益丰富。在我国的新疆、广东、浙江、贵州、上海、北京、大连、河南、河北、山东、山西等地香草产业发展已经具有一定基础，这些地区不仅有了香草植物的规模化种植，面积已经达 10 000hm^2，而且还涌现出了一批专门从事香草产业开发的企业，陆续建起了香草植物园。例如，安徽茂生香草植物园将香草的种苗和袋苗销售给园林绿化公司，开拓了香草的“苗市”，已将薰衣草、迷迭香等营养袋苗推广到了北京、上海、山东、浙江等省（直辖市），用于机关、酒店的室外环境美化、香化。上海芳韵怡健园将重心放在香草的功能开发上，针对司机、白领、考生、老人等不同人群的生活习性，开发出了不同类型的芳香保健产品。近年来，香草主题旅游已在全国悄然兴起。从发展起来的香草产业看，绿起来只是第一层次，美起来是第二层次，香起来才是更高追求。

目前我国香草产业发展中存在的主要问题是：香草资源丰富，但品种开发缓慢；产品加工技术落后，仅限于提供简单的原料或粗加工形成最初级产品，如干花蕾、干叶等，价格较低；提取精油工艺落后，出油率低，产品档次不高，出口的多为毛油，仅为国外精油价格的几十分之一；商品化和市场化程度低，没有名牌、精品占领市场；认识水平需要提高，思想观念有待更新；园林应用少，即在城市和乡村绿化、道路绿化、屋顶绿化等项目中应用极少。所以，让香草产品真正走进千家万户，还需要各方面的精诚团结，通力合作，并做好以下几个方面的工作：

1. 加大科普宣传力度，提高公众认知程度，为推广普及奠定基础。

2. 拓宽产业途径，开发实用、易用、优质、低价、亲民产品。

3. 深化加工技术，进行多功能产品开发，提高产品附加值。

4. 大力开发观赏、休闲、生态、保健的绿化、美化、香化和净化产品。

5. 培养正确良好的消费习惯，助推香草产业快速发展。

6. 加强开发香草产品的科研工作，如研究哪些香草可以制作香精、香料？哪些可以食用、药用？哪些可以成为新型的地被植物？哪些可在北方越冬？哪些可以栽种到道路两旁？采用何种密度、形式？利用香草造园布景、园艺疗法、屋顶绿化时，如何选用香草？怎样与乔灌木树种搭配形成优美景观？其关键技术如何解决？等等。

四、香化祖国

园林业发展的基本规律是“绿化—彩化—香化”这样一个发展过程，香化为最高境界，最佳追求。绿化是基础，“植树造林，绿化祖国”60年来，取得了丰硕成果，举世瞩目。彩化是在绿化基础上的深入发展，是让祖国大好河山色彩斑斓，多姿多彩，让人们赏心悦目，这项工作正在进行之中。香化祖国，就是引导人们多栽种香草和应用香草产品，让人民的生活处处飘香，这是绿化、美化、彩化基础上的升华，是园林建设的高级阶段，这项工作目前已经正式启动。

香化祖国有三层涵义：一是要用香草把祖国大地和城乡绿化起来；二是要通过科普宣传让人们广泛了解、认识和应用香草及其产品；三是要让香草产业成为国民经济新的增长点。这样看来，香化祖国就不是一个简单的绿化问题了，除了种植香草、香花、香果、香蔬、香藤、香树等之外，还要加工和应用这些香草的产品，既要让人民生活在鸟语花香之优美生态环境之中，还要让香草产业成为出口创汇，促进国民经济发展的新途径。显然，这是在绿化基础上的创新和升华。

香化祖国，意义深远。第一，香化祖国，净化空气，改善人类生存环境。就是要把荒山、秃岭、河旁、路边、公园、绿地、庭院等，尤其是人口集中的城市和郊区，在现有绿化基础上再栽种一些以香草为主的芳香类植物，利用其散发出的芳香成分具有的杀菌消毒和抗氧化作用，对空气进行杀菌，以净化环境空气。历史和科研已证明，香草的香气及释放的多种挥发性物质能达到园林生态美、视觉美、嗅觉美等的和谐统一，是其他植物不可替代的。香草对人身心的助益，古希腊医学之父希波克拉底很早便做了见证，当雅典遭受瘟疫袭击时，他让民众在街头燃烧有香味的植物，防止了瘟疫蔓延。中世纪时，“黑死病”霍乱、疟疾横扫欧洲，而香水制造商和工人却安然无恙。17世纪时，香草消炎抗菌功效已获科学证实。我国遭遇“非典”、禽流感之后，人们对环保、空气质量更加关注，健康为人生第一需要的理念已深入人心，近年来蓬勃兴起的香草热潮足以证明人们的这一崭新观念的深远意义和价值。

第二，香化祖国，开发与应用香草及其产品，提升人们生活质量。香草的香味可以舒缓安定人的心理紧张，治疗某些身体疾病，有利于人身心健康。在澳洲，医院使用植物精油取代化学消毒水的情形很普遍，以给病人一个更舒适自在的就医环境。很多香草的花、叶美丽，形态和色彩丰富，颇具观赏价值，可用于大面积的绿化和香化工程；有些个性化香草可置放在家居环境中；还有些品种的香草可放置于医院、图书馆、宾馆等人群密集、空气污浊的地方。不同香草的组合，可以营造出无数种个性化的芳香环境，使人们尽情享受个性化的嗅觉环境，既赏心悦目，又愉悦精神。人们的生活实践证明，小小香草，用途广泛，已渗透到人们生活的各个角落，是人类生存和发展的伴侣和助手。

第三，香化祖国，大力发展香草产业，打造香精香料大国。香草在欧美以及日本等发达国家中，不但作为观赏植物被广泛种植于园林中，而且还作为经济作物被大面积种植，制作香料、香精，提取精油，用于医药及轻工业、食品工业的原料。

诚然，要实现上述目标，需要做的工作很多，需要长期坚持下去，需要奉献精神，需要协同创新，需要更多的人共同为香化祖国，发展香草产业，构建社会主义和谐社会献计出力。

第二章　香草的种类和功能特性

一、香草的种类

香草，全世界有 3 000 多种，我国香草类植物资源约 86 科 377 属 33 变种，主要集中在唇形科、伞形科、菊科、百合科、姜科等。香草植物是一大类，不同国家、不同研究者对其分类不同。

按植物学的科、属、种的分类方式在目前生产上并不常见，因为不便于应用和选择。为了便于栽培与应用，可按香草的生物学特性分类，即按生活习性可分为：

一、二年生香草，如罗勒、莳萝、紫苏、荆芥、香薷、香菜、万寿菊、葫芦巴等。

多年生香草，如鼠尾草、香蜂花、薄荷、留兰香、牛至、欧芹、朝鲜蓟、柠檬香茅等。

亚灌木香草，如薰衣草、迷迭香、百里香、木香薷、神香草等。

也常按照香草植株生香的部位分类：

香根类，如香根草、当归、生姜，岩兰草、香根鸢尾等。

香茎类，如芹菜、大蒜、细香葱、迷迭香、柠檬香茅等。

香叶类，如菖蒲、香茅、紫罗兰等。

香花类，如薰衣草、百里香、荆芥、香蜂草等。

香果（种子）类，如茴香、芹菜、莳萝、葫芦巴等。

全株生香类，如罗勒、牛至、荆芥、西洋蓍草、葫芦巴等。

也可按照香草的生态习性分类：

表 2-1 常见香草科属名称及生态型、利用部位与功用表

中文名	科属名	拉丁学名	生态型	利用部位	主要功能
薰衣草	唇形科 薰衣草属	*Lavandula officinalis*	亚灌木	茎、叶、花	止痛，抗忧郁，杀菌，消肿，降压，驱虫，镇静，抚慰，调顺
醒目薰衣草	唇形科 薰衣草属	*Lavandula hybrida*	亚灌木	茎、叶、花	杀菌，止痛，抗病毒，祛痰，镇静
穗花薰衣草	唇形科 薰衣草属	*Lavandula spica*	亚灌木	茎、叶、花	杀菌，抗病毒，祛痰，镇静
新疆薰衣草	唇形科 薰衣草属	*Lavandula vera*	亚灌木	茎、叶、花	杀菌，抗病毒，祛痰，镇静
迷迭香	唇形科 迷迭香属	*Rosmarinus officinalis*	常绿亚灌木	茎、叶	止痛，抗菌防腐，抗痉挛，收敛，利心脑肝，刺激性
薄荷	唇形科 薄荷属	*Mentha piperata*	多年生草本	茎、叶、花	止痛，麻醉，抗炎，防腐，利肝健胃，提神，清新
留兰香	唇形科 薄荷属	*Mentha spicata*	多年生草本	茎、叶、花	祛风，散寒，止咳，消肿，提神，清新
罗勒	唇形科 罗勒属	*Ocimum basilicum*	一年生草本	茎、叶、花	止痛，抗菌，防腐，振奋精神

（续）

中文名	科属名	拉丁学名	生态型	利用部位	主要功能
丁香罗勒	唇形科 罗勒属	*Ocimum gratissimum*	多年生草本	茎、叶、花	止痛，抗菌，防腐，振奋精神
鼠尾草	唇形科 鼠尾草属	*Salvia officinalis*	一至多年生草本	茎、叶、花	止痛，抗菌消炎，创伤，刺激性
南欧丹参	唇形科 鼠尾草属	*Salvia sclarea*	多年生草本	茎、叶、花	抗菌消炎，防腐，止汗，催情，镇静，快乐
牛至	唇形科 牛至属	*Origanum vulgare*	多年生草本	茎、叶	抗风湿，止痛，抗菌消炎，镇静
马郁兰	唇形科 牛至属	*Origanum marjorana*	多年生草本	茎、叶、花	止痛，抗风湿，抗菌防腐，促进食欲，治创伤，镇静，再生能力
香蜂草	唇形科 滇蜜蜂花属	*Melissa officinalis*	多年生草本	茎、叶、花	抗痉挛，抗病毒，通经，滋补，陶醉，兴奋
美国薄荷	唇形科 美国薄荷属	*Monarda didyma*	多年生草本	茎、叶、花	抗菌杀菌，清凉，提神，助消化，缓解压力
荆芥	唇形科 荆芥属	*Nepeta cataria*	一二年生草本	茎、叶、花	镇痰、祛风、凉血，治流行感冒，头疼寒热发汗，呕吐

（续）

中文名	科属名	拉丁学名	生态型	利用部位	主要功能
广藿香	唇形科 广藿香属	*Patchouli cablin*	一二年生 草本	茎、叶、花	抗发炎，收敛，除臭，杀虫，催情，镇静
百里香	唇形科 百里香属	*Thymus vulgaris*	常绿亚灌木	茎、叶、花	抗风湿，止痛，抗菌，防腐，利心，杀虫，镇静，清新
神香草	唇形科 神香草属	*Hyssopus officinalis*	半常绿 亚灌木	茎、叶、花	抗风湿，抗菌，收敛，止咳镇静，激动
南欧丹参	唇形科 紫苏属	*Salvia sclarea*	一年生草本	茎、叶、花	抗菌，助消化，散寒，镇静，振奋精神
香薷	唇形科 香薷属	*Elsholtzia ciliata*	一年生草本	茎、叶、花	发汗解表，祛暑化湿，止痛，抗菌，消肿，止吐，镇静
木香薷	唇形科 香薷属	*Elsholtzia stauntonii*	落叶亚灌木	茎、叶、花	抗风湿，止痛，抗菌，止吐，镇静，防虫，治痢疾，肠胃炎，感冒
欧白芷	伞形科 当归属	*Angelica archangelica*	多年生草本	种子、根	抗菌，止咳，抗风湿，滋补，利尿，镇静，调节
芹菜	伞形科 芹菜属	*Apium graveolens*	一年生草本	种子、 茎、叶	抗菌，抗风湿，利尿，利肝滋补，催情，振奋精神

（续）

中文名	科属名	拉丁学名	生态型	利用部位	主要功能
欧芹	伞形科 洋芫荽属	*Petroselinum sativum*	多年生草本	种子、叶、根	抗菌，抗痉挛，催情，促进消化，镇静，净化
香菜	伞形科 胡荽属	*Coriandrum sativum*	一年生草本	种子、茎、叶	止痛，祛寒，创伤，健胃，镇静
当归	伞形科 当归属	*Angelica archangelica*	多年生草本	根	抗痉挛，抗毒，健胃，振奋精神
茴香	伞形科 茴香属	*Foeniculum vulgare*	一二年生草本	种子	抗菌消炎，防腐，促进食欲，刺激
小茴香	伞形科 茴香属	*Cuminum cymmum*	一至多年生草本	种子、茎、叶	止痛，祛寒，祛胃胀气，止吐，镇静
莳萝	伞形科 莳萝属	*Anethum graveolens*	一年生草本	叶、花、种子	抗痉挛，止痛健胃，镇静
独活草	伞形科 胡荽属	*Levisticum officinalis*	多年生草本	根	抗肿瘤，祛胃胀气，解毒，通经，镇静
岩蔷薇	半日花科 岩蔷薇属	*Cistus laaniferus*	亚灌木	茎、叶、花	止血、杀菌、调节内分泌、促进愈合

（续）

中文名	科属名	拉丁学名	生态型	利用部位	主要功能
艾纳香	菊科 艾纳香属	*Blumea balsamifera*	多年生草本	茎、叶	通诸窍散郁火，消肿止痛
土木香	菊科 土木香属	*Inula graveolens*	多年生草本	根、花	抗菌消炎，化痰，镇静
德国洋甘菊	菊科 母菊属	*Matricaria chamomilla* (*recutita*)	一二年生草本	茎、叶、花	止痛，抗菌，治创伤，镇静
罗马洋甘菊	菊科 黄春菊属	*Anthemis nobilis*	多年生草本	茎、叶、花	止痛，抗发炎，镇静
金盏菊	菊科 金盏菊属	*Calendula officinalis*	多年生草本	茎、叶、花	抗菌消炎，治创伤，镇静，调节
万寿菊	菊科 万寿菊属	*Tagetes minuta*	一年生草本	茎、叶、花	抗抽筋，抗菌，促进细胞再生，降血压，镇静
朝鲜蓟	菊科 蓟属	*Cynara scolymus*	多年生草本	花蕾、叶、根	抗菌消炎，促消化，增强肝功能，降胆固醇，镇静
西洋蓍草	菊科 蓍属	*Achillea millefolium*	多年生草本	花或全株	止痛，抗过敏，抗菌，助消化，降血压，陶醉，镇静

（续）

中文名	科属名	拉丁学名	生态型	利用部位	主要功能
果香菊	菊科 果香菊属	*Chamaemelum nobile*	多年生草本	花	发汗解表、祛风止痉
甜叶菊	菊科 甜叶菊属	*Stevia rebaudiana*	多年生草本	茎、叶	软化血管、降低血脂、血糖、抑菌止血、镇痛、清热解毒
姜	姜科 姜属	*Zingiber officinalis*	多年生草本	根	止痛，止吐，促进食欲，止咳，刺激，催情
豆蔻	姜科 豆蔻属	*Elettaria cardamomum*	多年生草本	种子	止痛，止咳，抗痉挛，利消化，利尿，催情，提神
柠檬香茅	禾本科 香茅属	*Cymbopogon citratus*	多年生草本	茎、叶	抗菌，止痛，防腐，抗肿瘤
香茅	禾本科 香茅属	*Cymbopogon nardus*	多年生草本	叶	抗菌防腐，除臭，滋补，镇静，局部刺激循环
玫瑰草	禾本科 香茅属	*Cympobogon Martinii*	一至多年生	叶、茎	抗菌，防腐，抗病毒，收敛，细胞再生，冷静，提神
岩兰草	禾本科 岩兰草属	*Vetiveria zizanoides*	一至多年生	根	抗菌，细胞再生，利神经，滋补，驱虫，陶醉，镇静

（续）

中文名	科属名	拉丁学名	生态型	利用部位	主要功能
香叶天竺葵	牻牛儿苗科 天竺葵	*Pelargonium graveolens*	多年生草本或亚灌木	叶、花	止痛，抗菌，防腐，收敛，驱虫，调节
碰碰香	牻牛儿苗科 天竺葵	*Pelargonium odoratissimum*	多年生草本	叶、花	提神醒脑，清热解暑，驱避蚊虫
大蒜	百合科 大蒜属	*Allium sativum*	多年生草本	鳞茎	杀菌消炎，促进消化，刺激性
细香葱	百合科 葱属	*Allicum schoenoprasum*	多年生草本	叶、花	强肝利尿，促进消化，刺激性
铃兰	百合科 铃兰属	*Convallaria majalis*	多年生草本	根、叶、花	活血祛风、强心、利尿
紫罗兰	堇菜科 堇菜属	*Viola odora*	多年生草本	叶	抗菌利尿，催情化痰，镇静
香堇菜	堇菜科 堇菜属	*Viola odorata*	多年生草本	叶、花	调配香水，香皂，化妆品
甘松香	败酱科 甘松属	*Nardostachys jatamansi*	多年生草本	茎、根	抗痉挛，祛肠胃胀气，通经，滋补，镇静，调节

（续）

中文名	科属名	拉丁学名	生态型	利用部位	主要功能
缬草	败酱科 缬草属	*Valeriana officinalis*	多年生草本	叶、根	止痛，抗痉挛，祛肠胃胀气，降血压，镇静
大花甘松	败酱科 甘松属	*Nardostachys grandiflora*	多年生草本	根	理气止痛、开郁醒脾、安神
琉璃苣	紫草科 琉璃苣属	*Borago officinalis*	一年生草本	叶、花	抗菌消炎，清热解毒，镇静
金莲花	金莲花科 金莲花属	*Tropaeolum majus*	多年生草本	茎、叶、花、果	缓和感冒，恢复体力
芸香	芸香科 芸香属	*Ruta graveolens*	多年生草本	茎、叶、花	祛风、退热、利尿、消肿
马鞭草	马鞭草科 马鞭草属	*Verbena officinalis*	多年生草本	茎、叶、花	促进消化，镇静，提神
香根鸢尾	鸢尾科 鸢尾属	*Iris pallida*	多年生草本	根、花	促进消化，镇静，提神
月见草	柳叶菜科 月见草属	*Oenothera odorata*	多年生草本	根、茎、花	镇痛、解热、止咳、平喘

（续）

中文名	科属名	拉丁学名	生态型	利用部位	主要功能
葫芦巴	豆科 葫芦巴属	*Trigonella foenum-graecum*	一年生草本	种子、全株	止痛，祛寒，补肾，消肿消炎，驱虫，镇静
花荵	花荵科 花荵属	*Polemonium coeruleum*	多年生草本	根	祛痰，止血，镇静
晚香玉	石蒜科 晚香玉属	*Polianthes tuberosa*	多年生草本	花、叶	清热，解毒
山葵	十字花科 山葵属	*Eulrema wasabi*	多年生草本	根、茎、叶	预防癌症、血液凝块等，助消化、杀菌、发汗、解毒
金莲花	毛茛科 金莲花属	*Trollius chinensis*	多年生草本	花	消炎止渴、清喉利咽、清热解毒、排毒养颜
黑种草	毛茛科 黑种草属	*Nigella damascene*	一年生草本	根、茎、叶和种子	祛痰，强壮，提神，发汗，通经和催乳
大叶石龙尾	玄参科 石龙尾属	*Limnophila rugosa*	多年生草本	茎、叶、花	有清热解毒，祛风除湿，止咳止痛
聚合草	紫草科 聚合草属	*Symphytum officinale*	多年生草本	根	活血凉血、清热解毒

阳生香草，如百里香、薰衣草、迷迭香、葫芦巴等。

阴生香草，如铃兰、文殊兰、香堇菜、细叶芹等。

中生香草，如驱蚊香草、聚合草、细香葱等。

也可以按照香草植物的开花期进行分类：

春季开花类，如金盏菊、石竹、矢车菊、紫罗兰、诸葛菜等。

夏季开花类，如薰衣草、百里香、迷迭香、凤仙花等。

秋季开花类，一串红、彩叶草、紫苏等。

为便于香草爱好者参考，现将生产上一些常见香草的科属名、拉丁学名、生态型、利用部位和主要功能列于表2-1。

二、香草的成分、功能和作用

（一）香草的化学成分

香草之所以能够散发出宜人的香味，是因为其植株体内含有能够挥发的芳香族类化合物，其成分主要可分为三大类：萜烯类和萜类化合物、倍半萜烯类化合物、丙苯衍生物。

单萜烯是萜烯类和倍半萜烯类的最小的构成分子，是从香草中提炼出来的主要成分。它很容易在空气中氧化，所以必须保持密封，需要避热和直射光。香草体内最普遍的是宁烯、蒎烯和γ萜烯等，如芫荽、茴香含二苯烯，香菜、茴香含宁烯，迭迭香等含有蒎烯，均带有强烈的水果香味，具有抗病毒、杀菌、止痛和温暖皮肤的效果。但是要注意，如果长期过量使用，可能会造成对皮肤和黏膜组织的过度刺激。

倍半萜烯为典型的芳香分子，具有强烈的舒缓、镇静、轻微降血压、抗肿瘤、抗痉挛、利胆、止痛及抗发炎的效果。如洋甘菊含法呢烯，薰衣草、快乐鼠尾草和其他大部分唇形科家族含石竹烯，广藿香含杜松烯等。

（二）香草香味的化学物类别

许多香草的芳香类物质是由其官能团及其组合产生的许多不同类型的芳香化合物组合如醇、醛和酮等决定的，且这些化合物大部分是可以人工合成。香草的特性就是由这些化合物的基本结构和它们的官能团决定的，下面简要介绍几个官能团的功能。

1. 酮类 酮类可促进细胞再生，是皮肤保养品的主要成分；可以帮助治疗上呼吸系统的疾病，祛痰效果显著；并有助消化、抗发炎、镇静、结疤、分解脂肪、抗凝血等功能。

使用含酮类香草时，应特别注意，其具有的潜在毒性，因其可能对中枢神经系统有一定毒性，且酮类制品可能会导致流产或癫痫发作。如穗状薰衣草、艾蒿等含冰片酮；香菜、薄荷含香芹酮；胡椒薄荷含胡椒薄荷酮，易导致流产；牛膝草含松莰烷，可能会引诱癫痫发作。

2. 醛类 醛类大多带有类似橘子的水果香味，例如香蜂草、柠檬草、香茅等。醛类香味很强，在香水工业中占有重要的地位。含有高醛类的香草大都具有镇静和抗发炎的功能，但其使用量必须降低，也具有降低血压、扩张血管的功效，发烧时可帮助降低体温和抗病毒。如柠檬草、香茅、天竺葵等含柠檬醛；香茅、柠檬草、香蜂草含香茅醛；茴香籽等含茴香醛。

3. 酯类 含酯类的香草主要具有镇静特性，尤其是对中枢神经系统，有些具有很强的抗痉挛功效。如快乐鼠尾草、茉莉、薰衣草含乙酸沉香酯；天竺葵、薰衣草含乙酸香叶草基。但是，罗马洋甘菊中所含的酯是其他香草所没有的。

4. 萜烯类 在萜烯类化合物中，萜烯醇在芳香疗法中非常有用，具有杀菌作用而且没有毒性，适合使用于日常皮肤保养，若再加入薰衣草、天竺葵则可成为天然的除臭剂，同时还可以抑制细菌的滋生。单萜烯醇的分子呈温和阳性反应，具有杀细菌、抗真菌和抗病毒的特性，但具有轻微毒性，可能造成皮肤轻微的不适反应。如薰衣草含沉香醇，天竺葵含香叶草醇，薄荷含薄荷醇，香茅含香茅醇等。倍半萜烯醇具有抗过敏、活络肝脏、活络内分泌腺、抗发炎等功能，有些甚至还具有抗肿瘤，或增强免疫系统的功能，但是一般不易发现。如法呢醇具有阻止细胞繁殖的作用，为除臭剂的主要成分。倍半萜烯醇没有毒性，亦不会对皮肤造成任何的不适反应。

5. 酚类　酚类化学性很活泼，如瑞香草酚或香芹酚，其抗菌最有效，使用很广，但要低剂量使用。酚类对皮肤和黏膜组织有严重的刺激，如果使用时间过长，或使用过量，都会损害肝脏。故绝对不能将酚类未经稀释而直接涂抹于皮肤上。如百里香中含瑞香草酚。

6. 内酯类　内酯类具有强烈的祛痰、分解黏液和降低体温的功能，但是容易造成皮肤过敏和光毒反应。香豆素是典型的内酯类化合物，对神经系统有毒且容易造成皮肤过敏。呋喃香豆素具有光毒反应，所以使用后不可以马上进行日光浴和曝晒在阳光下；否则，会造成皮肤的过敏反应。

7. 有机酸类　有机酸类大部分是水溶性的，为很好的抗发炎媒介，具有温和镇定的效果，有些具有止痛的作用。如天竺葵所含的牻牛儿酸。

（三）香草的作用

1. 香草的保健及药用功能　近些年，香草越来越受到人们的青睐，显示出其具有广阔的发展前景。在我国的一些大城市如上海、北京、广州、大连、南京等地，正在兴起一股香草热，其他中小城市也正在急速跟进，从香草盆栽、微盆栽组合、香草庭院、香草社区、香草花园、香草观赏或观光园、香草食品、香草饮品、香草饼干、香草调料等，不断涌现，已经不再罕见。由此可见，香草的应用价值已经受到人们的重视。

香草，既是美的象征，又是健康向上的标志。生活中有很多香草，不仅具有观赏价值，而且还有美肤美容养颜香体、营养滋补保健及养生延年益寿、防病治病强身的功效。

大自然中，最美丽的虽然是五颜六色、鲜艳夺目的花草，百花吐艳，赏心悦目。但是，花香宜人也是一种美妙的感官享受，还可以治病健身，延年益寿。我国早在商代就利用香花芳草的香味来为人类健康服务。那时候，宫廷和民间普遍盛行香熏。如用香汤沐浴，把香球、香囊挂在庭院里，利用花香来驱虫、除臭和调节人的心情等。汉代名医华佗，曾将丁香、檀香等香料装入布袋制成香囊，让人随身携带，也可悬挂于居室，用以治疗肺痨、吐泻等疾病。

不同花香的气味，对调节人的身体功能的大小不同。例如，迷迭香的香味，能止痛、抗菌、抗痉挛，并有收敛、利心脑肝之功；水仙花和荷花的香味能使人的感情温顺缠绵；紫罗兰和玫瑰的香味能使人爽朗、愉快；柠檬的香味会使人兴奋、积极向上；茉莉和丁香的香味能使人沉静轻松和无忧无虑；百合花和兰花的香味，则能使人情感激动；儿童在菊花和薄荷花的香味中会思维清晰，反应灵活，动作敏捷，有利于智力开发。正是由于这些沁人心脾的荷花香、薄荷香、玫瑰香、茉莉香等形形色色的芳香，丰富了我们的生活，调节了人体的机能，振奋了人们的精神，带给了人们愉悦的心情，增进了人们的身体健康（图2－1）。由于鲜花散发出幽香诱人的小分子在空气中飘游，不断分泌扩散，能杀灭其周围的一些致病细菌，人们在香草间休息、游赏呼吸时，这种小分子自然进入人体，从而起到散香治疗作用。

图2－1　闻香提神醒脑

多种鲜花的香味中都含有不同的杀菌素，其中许多香味对人体的不同疾病具有辅助治疗之功效。如菊花和丁香花的香味有助于治疗头痛、感冒；玫瑰花的香味，有助于治疗咽喉痛。

鼠尾草的茎、叶、花香，具止痛、抗菌、消炎、治愈创伤的功能等；茉莉花的香味，有助于清热解毒；桂花的香味有助于治疗支气管炎；紫薇的香味有助于治疗白喉等。我国民间用菊花、金银花填制的“香枕”，具有祛头风、降血压的功效，能治病的“香枕疗法”，就是让患者枕着这类“干花香味枕”很快入睡，从而收到治病的效果。植物花的五颜六色，就像生活的绚丽多彩，它凝聚着人们对美好生活的憧憬。在室内摆上几盆花草，点缀房间，会使人感到满室生辉，清香宜人。花不在多而在精，在屋中适当的地方，如果摆放几盆高雅的兰花和薰衣草，既能显示主人的情趣，又能衬托出室内的清幽。或者在书柜上摆放一盆匍匐迷迭香，则绿蔓如瀑，悬垂而下，如果再配上柜内的图书和玲珑小巧的工艺品，更是相映成趣，美不可言。若在房间里艺术地摆放几盆百里香等花草，则可集大自然之美于有限的空间，让鲜花不败，绿叶长青，不仅赏心悦目，而且有益于健康。

2. 香草的料理功能　适度添加香草而成的香草套餐，如迷迭香烤羊排、香料煎鲑鱼、百里香烤鸡、罗勒田鸡腿等，可增添烹饪色香味，调理出巧妙美食。人们煮菜喜欢爆香加味，欧美家庭则是用香草入菜，香味各有不同。不但可以提味、去腥，还可舒缓情绪，帮助消化。这些来自西方的香草用法，中国人大多不熟悉。

香草料理除直接入菜外，也可用来腌、泡、炒制成各种调味剂，如香草醋、香草酒、香草橄榄油等。人们可以充分挖掘香草的特性，吃出特别的香味，享受不同于传统的香草美食。

3. 香草的驱虫杀虫功能　香草中有一些种类其挥发的具有芳香气味能够驱避昆虫的作用，可使苍蝇、蚊子及其他昆虫远遁，因而可以作为无毒、无污染、无残留的高效广谱的天然驱虫剂。例如，罗勒、薄荷、留兰香、迷迭香、薰衣草、灵香草、小茴香、天竺葵等。利用香草的这一特性，可以在菜园、果园、花园中间作或林下种植，达到以生物防治方式减少虫害的发生，并可减小农药的使用量，不仅节约成本，还能保护环境。

4. 香草的园艺治疗功能 园艺疗法，最初产生于17世纪末的英国，一位叫莱纳多·麦加（Leonard Meager）的人在《英国庭园》中对园艺的治疗效果记述道：在闲暇时，您不妨在庭园中挖挖坑，静坐一会，拔拔草等，这会使您永葆身心健康，这样的好办法除此之外别无他途。园艺疗法（Horticultural Therapy），是对于有必要在身体及精神方面进行改善的人们，利用植物栽培与园艺操作活动，从社会、教育、心理及身体诸方面进行调整更新的一种有效方法。其适用对象除残疾人、高龄老人、精神病患者、智力低能者、癌症以及其他病症患者、犯罪者、社会弱势群体等之外，也对健康、亚健康人群具有保健作用。

对香草的培养可以提高注意力。例如，种植两种不同的香草，首先需要判断出其种类、属性、喜好，再根据自己的认知程度来培育香草。在培育过程中观察香草植株的生长，证实自己的认识，再不断改进。这是对培育者认知的培养，虽不能短时间可以见效，但长期的培养往往可使能力的提高稳步进行。

在栽培香草时，人们会较仔细地观察花、茎、叶、果的生长特点，观察其生长习性。有的香草很娇嫩，需要无微不至地呵护，这就需要集中注意力；即使有的香草很好养，但若长期由于主人对它的土壤酸碱度、缺水等问题忽略了，那么它依然会死亡。因此，在栽培香草时，注意力是不可缺少的重要因素。

栽培香草能培养人的意志行动能力。培养一棵香草，当然希望它能够长得好，那么就应该好好照看。这样，明确了目的，增强了责任感，这是意志行动能力培养的第一步。第二步，在培育过程中，若遇上困难，如虫害、病害等，需要通过独立的寻找方法，医治不好不罢休。这样的实践活动，可让每个人在丰富生活之余，学会持之以恒与独立解决问题的能力。

此外，培育香草还可以增强与别人的交流，增进感情，发现自身价值，提高自信力等。

5. 香草的绿化、美化、香化和净化环境功能　香草地栽或盆栽或组合，均可应用于生活居室及办公场所、商场等公众场所，以及在园林绿地或休闲观赏园中布置，利用其本身作为“天然香水发生器”所散发的芳香气味，达到愉悦身心、提神醒脑、杀菌消毒、净化空气、香化环境、改善生态环境等目的。

香草可以调节空气的温度、湿度。有香草的绿地较之空旷的场地温度可低2～5℃，湿度可提高10%～20%。

香草还具有吸附和过滤空气中各种尘埃的功能。有香草的房间较无香草的房间含霉菌、细菌量能减少50%。吸收不利于人健康的SO_2、HF等有毒气体。

在室内外选择具有一定观赏价值的香草，按一定美学的原理栽植和摆放，使人们居住、生活、学习的环境美丽舒适，带给人们愉悦的心情。

人们通过莳养摆弄香草，不仅活动了筋骨，起到了锻炼身体的健身作用，而且活动在香草散发的芳香气味的环境中，在香味的刺激下，会使人感到精力旺盛，心情舒畅，消除心理压力，缓解因心理紧张、情绪烦躁和忧郁等给人心身疲惫的心理状态，获得心灵的放松和愉悦，从而有益于身心健康，这就是现在流行的“园艺疗法”、“芳香疗法”的功能。因此，有人指出，香草是现代人驱除劳累、困顿、忧愁、痛苦等的“精神调节剂”，或“轻松消闲剂”，是一种治疗身心疾病的绿色健康方法。花香怡人亦疗病，花的馨香在风的吹动下，拂面而来，置身其间，脑清神爽，记忆力、理解能力增强，工作效率明显提高。

除此之外，还可以制作香囊（彩图2－1）、香枕、干燥花（彩图2－2）、插花、布艺（彩图2－3）等。香囊是用干净的香草如薰衣草、迷迭香、百里香等，将植株剪成段或打碎装入布袋中，缝合后即成。布料可用棉布、丝绸、纱布等，置于衣柜、书架、汽车、卫生间等处，具有驱虫增香的作用。由于香草具有杀菌、消暑、解热、助眠和消除疲劳等功能，可以制成香枕。一般将香草与填充物如谷壳、蒲草绒、荞麦等按一定比例混合后使用。

香草干燥花，是将香草花束自然风干，然后绑扎成不同形状或规格，置于花瓶或其他容器中观赏的一种利用形式。插花是将剪切下来的香草器官，如枝、叶、花或果实作为素材，经过构思，采用修剪、绑扎、造型设计等艺术加工方法，重新搭配成一件美丽、精致、优雅、具诗情画意的艺术品，以再现自然美和生活美。

香草布艺，是利用香草的不同色彩来进行布艺染色，制成天然芳香的围巾、窗帘、桌布、衣裙等。用开水浸泡香草得到染色液，加入1%的媒染剂如明矾，然后投入布料织物，轻轻搅动，有时需要微火加热一会。取出织物，冷却，清水漂洗后晾干即成。如红花、番红花可以染成深黄色，艾蒿、金盏菊、西洋甘菊可染成淡黄色，薰衣草为蓝紫色，薄荷、香蜂花可染成茶色等。

总之，随着人们物质生活和精神文明水平的提高，人们用香草来陶冶情操，修身养性日趋普遍，香草已悄悄地步入了都市人的生活，一个方兴未艾的香草热潮正在全国兴起。

（四）香草精油的作用

从香草的各器官中提取的芳香化学物质——精油，其应用价值，除食用外，主要通过香熏、沐浴、按摩等方法用于美容、美发、美体、医疗保健、调整身心健康等。如时下城市里流行的“芳香疗法”、“SPA”美容院、“自然香熏护肤坊”等，均是利用从香草中提取的香草精油或其调配油。

第三章　香草栽培的环境因子

一、温度对香草的影响

香草在适宜的温度范围内，一般温度越高，香草生长越快；温度越低，花期越长。种子萌发所要求的温度高于苗期，而低于生长期。温度还影响香草的生理过程，如一些香草必须经过一定低温，才能在适宜温度下开花结果。所以，香草栽培时应经常考虑到以下 3 种情况：一是极端高、低温度和持续的时间；二是昼夜温差的变化幅度；三是冬夏温差变化的情况。

极端高、低温度和持续的时间影响香草的分布与生存。原产于热带或亚热带的香草，在生长期间需要高温，要求温度不低于 8～10℃，一般不得低于 5℃。露地一年生香草和温室栽培的香草多属于此类。它们不耐寒，不能在露地越冬。一年生香草春季播种后常在较高的温度下生长发育，在降霜以前开花结实，以种子状态越冬。原产于暖温带及亚热带耐寒性较差的香草，一般能耐－5℃以上的低温。原产于寒带或温带的香草，抗寒力强，在我国北方能露地越冬，如金盏菊、雏菊、紫罗兰等。但是，它们大多不耐高温，在炎夏到来以前完成开花结实阶段而枯死，开花的适宜温度为 5～15℃。此外，有的地上部枯萎，以宿根或球根地下越冬，开花的适宜温度为 15～25℃。

通常认为影响香草正常生长和开花结实的有 3 种温度：年平均温度、生长期的积温和冬季低温。对每一种香草来说，又有最适温度、最高温度与最低温度，这 3 种温度也成为香草生长的三基点温度。超过最高或最低温度，其生长发育、开花、结果和其他一切生命活动都会受到影响。

大多数香草能够忍受的温度最高点是35～40℃，高于这个温度，就会受到高温伤害，出现许多生理异常现象。如高温时光合作用受到抑制，叶片上出现坏死斑，叶绿素受破坏，叶色变褐、变黄等。如果温度超过45℃以上，则多数会死亡。此外，香草的开花和结果期易遭受高温的伤害，会造成“焦花”和幼果脱落现象。

低温是指由寒流引起的突然降温，使香草的生理活性下降，严重时会导致死亡。常见的低温伤害类型有寒害、霜害和冻害3种。寒害，又称冷害，指温度在0℃以上的低温对喜温暖香草的伤害。低温破坏了这类香草体内酶的活性，使蛋白质代谢发生紊乱，抑制了根系对水分的吸收，导致水分代谢的平衡失调。受到寒害后的香草常见症状是变色、坏死或表面出现斑点等现象。霜害，是指气温或地面温度下降到冰点时空气中过饱和的水蒸气凝结成白色的水晶，即霜，由于霜的出现而使植株受害。一些香草遭受霜害后，受害叶片呈现水浸状，经霜后软化萎蔫，不久即脱落。冻害是指0℃以下的低温对香草造成的伤害。气温下降到0℃以下时植株组织内部结冰而受害称为冻害。组织内部冰晶的形成会使细胞的原生质膜发生破裂，并使蛋白质变形失活。一些香草受到冻害后常会被冻死。

香草的耐热力与耐寒力是相关的。一般耐寒力弱的种类耐热力强，而耐寒性强的种类则耐热力弱。还有些种类既不耐寒，又不耐热，冬天需在室内越冬，必须进行特殊护理才能越夏等。

多数香草开花时遇气温较高，阳光充足，则花香浓郁，不耐高温的香草遇高温时香味也淡。这是由于参与各种芳香油形成的酶类的活性与温度有关。花期遇气温高于适温时，花朵提早脱落，高温干旱条件下花朵香味持续时间短。

香草生长的环境中，土壤温度与大气温度具有同等重要意义。土温影响土壤水分和空气的移动、有机物质的分解、盐类的溶解以及根系的吸收和种子发芽的能力。

二、光照对香草的影响

光照是香草制造营养物质的能源，没有光的存在，光合作用就不能进行，香草的生长发育就会受到严重影响。只有在充足的光照条件下香草才能花繁叶茂。

一般露地香草需阳光充足才能旺盛生长、开花繁茂。但是，宿根香草如玉簪只有在半阴的条件下才能生长良好，如果光照过强反而使生长、开花受到抑制。光照的强弱和有无影响香草的形态和生理变化，如它会影响叶片的大小、厚薄，叶色的深浅，茎枝的粗细，茎枝节间的长短，花色的浓淡，香味的持久性等。光照的强弱与开花也有着密切的关系，它决定着花朵的多寡。在同一植株上，受光多的枝条上形成的花芽较背光面的枝条多。光照的强弱又决定着花朵开放的时间。有的香草其花朵只在晴天的中午盛开，而有的如月见草、茉莉花、晚香玉等，只在傍晚散发芳香。光照的强度也影响花色，如高山热带香草花朵的色彩较平地香草的花朵色彩更鲜艳，同一品种其花色在室外较室内艳丽。

阳性香草适合在全光照、强光照下生长。如果光照不足，就会生长发育不良，开花延迟或不能开花，且花色不鲜，香气不浓。但是，太强的光照也会引起高温导致叶绿素被破坏，最终落蕾和停止孕蕾来保全自身的生存。最常见的喜阳香草有水仙、天竺葵、葱兰、万寿菊、菊花、荷花、小苍兰等。阴性香草，要求在适度隐蔽下方能生长良好，不能忍耐强烈的直射光线，生长期间一般要求有 50%～80%隐蔽度的环境条件。它们多生长于林下及阴坡，常见的喜荫香草有兰科等。

光照影响香草种子的萌发、营养器官的形成和生长等。一般地，香草最适宜在全光照 50%～70%的条件下生长发育，如果所接受日光少于全光照的 50%，生长不良。如超过 70%的全光照也会抑制生长发育。冬季在室内，若较长时间光照不足，会造成植株徒长，节间距离加长；着花少，花色淡；花香淡薄，分蘖能力差，而且抵抗能力减弱，易染病虫害。

香草的生长发育对不同日照长度的要求，与它们原产地日照长度有关的，是植物系统发育过程中对环境的适应。一般来说，长日照香草大多起源于北方高纬度地带，短日照香草起源于南方低纬度地带，而日照中性香草，南北各地均有分布。长日照香草与短日照香草的区别，不在于临界日长是否大于或小于12h，而在于要求日长大于或小于某一临界值。日照长度对香草的营养生长和休眠也有重要作用。延长光照时数会促进生长和延长生长期，反之则会使香草进入休眠或缩短生长期。对从南方引种的香草，为了使其及时准备越冬，可用短日照的办法使其提早休眠，以提高抗逆性。长日照香草，在长日照条件下发育快，易开花，日照越长，叶表皮下单位面积油腺越多。

三、水分对香草的影响

（一）水量

香草对水分的需求量与其原产地的水分条件、花卉的形态构造及其生长发育时期等有关系。根据香草对水分的不同要求，可将其分为湿生香草、中生香草和旱生香草等。

香草在不同生育期对水分的要求不同。种子萌发期，需要较多的水分，以便透入种皮，有利于胚根的抽出。幼苗生长期，因根系弱小，在土壤中分布较浅，抗旱力极弱，必须经常保持湿润。营养生长期，要求充足的水分，才能旺盛生长，但要防止徒长。花芽分化期，适当控制水分，有利于花芽分化。开花结果期，要求空气湿度小，以利于传粉，适度的控水，可使花色变浓，色素形成较多。种子成熟期，需水较少，要求空气干燥，以促使种子籽粒饱满。

干旱缺水，会使香草植株萎蔫，叶片及叶柄皱缩下垂，特别是一些叶片较薄种类更易显露出来。暂时的萎蔫如在中午可以恢复，长久萎蔫老叶和下部叶片脱落死亡。干旱也会使香草植株木质化，植株表面粗糙而失去叶片的鲜绿色泽。

水分过多会损伤香草根系，造成根系缺氧受损，不能正常吸水，植株呈现的情况极似干旱。水分过多还常使叶色发黄，植株徒长，容易倒伏，易受病菌、害虫的侵害。

此外，水分缺少或过多，都会使香草植株精油含量降低。因此，香草栽培浇水的基本原则是：不干不浇，干透浇透。夏天早晚浇水，冬天中午浇水。

（二）水质

雨水、井水、河水及自来水均可采用，以雨水最好。盆栽时，多使用自来水。然而，长期使用自来水浇灌，会使土壤碱化、硬化，严重影响植株生长发育。解决的办法是：将自来水贮存于缸、盆、罐中，沉淀数日后再浇灌。对需要酸性水的香草，可在贮水容器中加入少量硫酸亚铁和豆饼腐熟水，能使碱性自来水改变成微酸性，以适应南方盆栽喜酸香草的需要。

（三）水温

水温与土温的温差不应超过5℃。若水温与土温相差大，易伤害根系。例如，在炎热夏季的中午浇冷水，土温就突然降低，根毛受到低温的刺激就会立即阻碍水分的正常吸收，产生生理干旱，引起叶片焦枯，严重时会导致整株死亡。因此，大田浇水多在傍晚进行。盆栽时，可先将水抽到水缸、水桶等容器内储存一段时间，待水温与气温相近时再浇水。

（四）浇水技术

不同种类的香草对水分的要求不同，有的耐干，有的喜湿。因此，浇水量不可千篇一律。一般叶片少、小如针叶或具蜡质的香草需水量少，忌湿度过大；而叶片大、植株柔软的香草需水量多。肉质根的香草，需要水分也较少。

不同季节，香草需水量不同。春季，天渐暖，进入生长旺季，浇水量也应该逐渐增加。夏季，气温高，空气干燥，盆土也容易干，一般需水量较大，但仍应按照“不干不浇，浇则浇透”的原则浇水。梅雨季节，久雨不晴时，应及时排水。正在开花的香草应少浇水，以免打落花蕾。秋季，为了使枝条、果实充分成熟，应适当减少浇水量和浇水次数。冬季，随着温度降低，多数进入休眠期，故要减少浇水次数和浇水量，保持土壤稍干。但是，对于冬季生长旺盛的开花或含苞欲放的香草，要注意保证其需水量。

浇水之前要正确判断香草是否需水。先看植株状态。如果香草植株失去生气且叶子下垂，说明缺水。再看土壤颜色。如果土壤的颜色比较深暗，说明不缺水。如果土壤颜色比较浅，呈灰白色，表明干燥了，需要浇水。对于盆栽香草，轻轻叩击花盆上部盆壁时声音清脆响亮，表明盆土干燥，需要浇水。如果花盆沉重，且叩击声音沉闷，则说明花盆储水量充分，不需要浇水。也可用手指捻捏盆土，如果呈粉末状，表明盆土干燥，需要浇水。如果呈片状，则表明盆土湿润不缺水，可暂时不浇水。或用手指插入盆土 2cm，若感觉干燥或粗糙坚硬，表明盆土已经干燥，需要浇水。如果感觉湿润，可暂不浇水。

土质不同，需水量也有差异。黏性较大的土质容易板结、龟裂，比一般的土质干得快；沙质土的储水能力较差，也容易干，浇水的次数和浇水量要相对多一些；疏松肥沃的腐叶土储水能力较强，在相同的情况下浇水的次数和浇水量比黏土和沙质土要减少些。细小颗粒的腐叶土或泥炭土不易浇透，可分几次浇灌。

四、土壤对香草的影响

土壤是香草赖以生存的物质基础，其中的矿物质、有机质、土壤水分和土壤空气等，能提供香草生长发育所需的水、肥、气、热等要素。土壤对香草生长发育的作用表现在以下几个方面：

土壤质地：沙质土，主要适用于黏重土的改良、扦插繁殖插床、球根类香草和耐干旱的多肉香草栽培土的改良等。黏质土，一般不适合栽培香草，可用于改良沙土。壤土，则适宜多数香草的栽培，是理想的栽培用土。

土壤养分：主要是矿物质和有机质等。矿物质能提供多种营养元素，有机质不仅能供应生育的养分，而且对改善土壤的理化性质和土壤团粒结构以及保水、供水、通风、稳温等都有重要作用。

土壤水分：土壤中水分过多，氧气不足，影响根系呼吸，并进而影响地上部的生长发育。土壤中水分不足，干旱，根系缺水，也影响到地上部的生长发育。

土壤空气：即土壤透气性，主要指土壤中的氧气等含量多少。土壤透气性好，根系呼吸良好；反之，呼吸会受到抑制，从而影响植株生长发育。由于吸收作用和微生物生命活动均需要氧气，也是土壤矿物质进一步风化及有机物转化释放出养分的重要条件。

土壤酸碱度：直接影响生长发育。土壤 pH 7 左右，适合大多数香草；土壤 pH 小于 7，适合一些喜酸性的香草；土壤 pH 大于 7，适合少数喜碱性的香草。

土壤微生物：直接或间接促进或抑制根系的营养吸收和生长，影响根际土壤中的物质转化及土壤的酸碱度，从而影响许多微量元素的存在状态，进而影响香草生长。

对于盆栽香草，由于根系只能在一个很小的土壤范围内活动，因此对土壤的要求比露地花卉更为严格。所以，一方面要求盆土养分尽量全面，在有限的盆土里含有生长发育所需要的营养物质；另一方面要求盆土有良好的理化性状，结构要疏松，持水能力要强，酸碱度要合适，保肥性能要好。这种土壤重量轻、孔隙大、空气流通、营养丰富，有利于根系发育和植株健壮生长。反之，如果把香草栽种在通气透水性差的黏重的盆土里，或栽在缺少营养，保水保肥性又差的纯沙盆土里，或栽在碱性盆土里，绝大多数情况下，都将引起盆栽香草生长衰弱，甚至死亡。但是，上述要求的土壤条件是任何一种天然土壤所不具备的。因此，盆栽用土，需要选用人工配制的培养土。这种培养土是根据植物的生长习性，将两种以上的土壤材料或其他基质材料，按一定比例混合而成，以满足不同香草生长发育的需要。

除了利用 pH 计测定盆土酸碱性以外，还可以采用目测法鉴别。微酸性的盆土，大都呈黑色、褐色、棕黑色。如果浇水后立即下渗出去，渗水呈现出浑色，多为酸性。这样的盆土，团粒结构良好，呈米粒似的土粒。如果浇水后盆土松软，也表明盆土多为酸性。而碱性盆土，呈白色、黄白色。团粒结构差或没有，呈沙状。浇水时盆土内水冒白泡。如果浇水后盆土板结，干得快，且盆土表面泛起一层白粉状，也是盆土碱性的标志。

大多数盆栽香草要求中性盆土，但是符合中性要求的盆土不多，往往需要采取一些措施改变盆土的酸碱度，以使适宜香草的生长要求。如果盆土酸性过高，可在盆中适当掺入一些石灰粉或草木灰。调整盆土酸性土的谚语有："酸性土壤变，老墙石灰掺"；"草木灰盆土掺，酸性土壤变了脸"。生活中对盆土为碱性土的调整谚语有："盆土蔗糖放，碱土变了样"；"养鱼水浇灌，盆碱土性变"；"淘米水浇花，弱酸性增加"；"磷酸二氢钾，碱土回老家"；"多加有机质，碱土能变质"等。

五、养分对香草的影响

香草在生长发育过程中需要多种元素为养料，当缺少某种或某些营养元素时，植株形态就会呈现出一定的症状，这称为营养贫（缺）乏症。但是，若当某种或某些元素过量时，则会造成肥害，引起植株徒长或死亡，称为营养过剩症。

香草生长发育主要需要氮、磷、钾等大量元素，也需要一些微量元素。氮能促进营养生长，增进叶绿素的产生，使花朵增大，种子丰富。但氮肥过多会使开花延迟，茎叶徒长，对病害的抵抗力降低。一年生香草，在幼苗期需氮量较少，以后逐渐增多。二年生和宿根香草，在春季生长初期即要求大量的氮肥。观叶和叶用香草在整个生长期中都需要较多的氮肥，以保持叶子的美观和质量。观花和花用香草营养生长期需要较多的氮肥，进入生殖阶段后，需要较多的磷、钾肥。

磷能促进种子发芽，提早开花结实，促使茎发育坚韧，不易倒伏；能增强根系的发育；能增强植株对于不良环境和病虫害的抵抗力。香草在幼苗营养生长阶段需要适量的磷肥，开花期以后，磷肥需要量更多。

钾能使香草生长健壮，促进茎的坚韧性，不易倒伏；促进叶绿素的形成和光合作用，能促进根系的扩大，能使花色鲜艳，提高抗旱和抗寒及抵抗病虫害的能力。但过量的钾会使植株生长低矮，节间缩短，叶子变黄，褪色而皱缩。

不同种类的香草对肥料的要求不同，施肥时要分别对待。球根和宿根及肉质根者对氮、钾、钙要求较高，使用配方液肥时常以硝酸钾、硝酸钙为主配合用。须根类花卉，要求追肥要求少量多次。大叶类型的生长迅速，根系发达，需肥量多，可偏重于施用氮肥。对喜酸性的香草，切忌施用碱性肥料。对于每年需要重剪的香草，要适当增加磷、钾肥的比例，以利萌发新枝条。对采花用的香草，在花期需要施适量的完全肥料，促使全面开花。以果实或种子为主的香草，在开花期适当控制肥水，果期施足完全肥料及适量磷、钾肥，以利结出累累硕果，种子籽粒饱满，精油含量增加。

香草施肥要根据季节。春夏季是香草生长的旺盛期，植株生长迅速，新陈代谢旺盛，需要较多的养分，应施用以氮肥为主的“三元素”肥料，使其根系发达健壮，增强吸收能力，促进枝条生长，以利开花结果。夏季过后，若继续施用氮肥，则不利植株发育，影响开花结果；而且过多地施用氮肥还易招致病、虫为害，或使茎叶软弱，花色不艳。在进入生殖生长期（花芽分化期）前，应停止施用氮肥。秋季植株生长缓慢，需肥量减少，为了提高其抗寒越冬能力，可施少量磷、钾肥料，促使植株强健。冬季花卉进入休眠期，不要施肥，但冬季入室的部分盆花还可以继续生长，在这种情况下，可施少量的肥料，以满足生长的需要。

香草施肥要根据植株长势。健壮的植株生理活动旺盛，生长快，吸收能力强，需要养分多，宜薄肥勤施。病弱株生长慢，新陈代谢不旺，吸收能力差，需肥少，可少施或不施肥。若土壤中养分浓度高，会引起烧根现象的发生。

香草施肥要根据肥料性质而定。根据香草对肥料的要求，分为基肥和追肥两类。基肥要施用腐熟肥，忌生肥，因为不经腐熟的生肥容易烧伤根系且易招致病虫害。追肥忌热肥，即夏季中午土温高，追肥伤根。追肥要根据生长期的发育情况和肥料速效性施用。

对于盆栽香草，上盆时要在盆底施足基肥，然后在生长正常后进行合理追肥。盆栽香草在盆中生长时间一长，土壤中养分会消耗殆尽，需要及时更换盆土，增加底肥，以利开花结果。而换盆后的新栽植株根系多有损伤，吸收肥水能力弱，故不能施肥，以免肥液刺激伤口，引起烂根，影响成活率。施肥要考虑盆土干湿度，盆土稍干时施肥，肥液才会直接渗入土中，被根系吸收；但如果盆土过于干燥，在土与盆壁间出现缝隙时施肥，肥液会从缝隙间流失。在气候、盆土条件不适宜施肥或施肥作用小的时候，可采取根外追肥的手段，如叶面喷肥等。实践证明，在这种情况下根外追肥，可得到较好的效果。盆栽香草宜稀不宜浓。植株在正常情况下，根毛细胞液的浓度比土壤溶液浓度大，这时土壤溶液不断地渗透进入根毛细胞，从而能吸收到养分和水分。但是，施用浓肥后土壤溶液的浓度高于根毛细胞液浓度，出现反渗透现象，细胞液向土壤渗透，使根毛脱水，严重时植株会干枯死亡。因此，当施肥浓度过高时，往往会导致枝叶枯黄，甚至整株死亡。

第四章　香草的种苗繁育技术

一、香草播种育苗技术

（一）播种育苗的特点

就是用种子来繁殖香草种苗的方法，又称为实生繁殖，所得的苗木称为播种苗或实生苗。

种子繁殖的成功取决于以下几方面：种子必须是有生命的并且能发芽的种子，而且应该发芽迅速，有活力，足以抵抗苗床内可能出现的不良条件。种子处于休眠状态会阻碍种子发芽，必须在发芽前加以处理来克服。因此，要求必须掌握每种香草的种子发芽要求。假如种子能够迅速发芽，那么繁殖成功的关键就在于是否能够给种子和幼苗提供适当的环境，如温度、湿度、氧气、光照或黑暗等条件。

香草的种子一般体积较小，采收、贮藏、运输、播种都比较简单，可以在较短的时间内培育出大量的种苗。因此，种子繁殖对于香草种苗的繁育具有十分重要的意义。播种苗生长健壮，根系发达，寿命长，且抗风、抗寒、抗旱、抗病虫的能力以及对不良环境的适应力较强。播种苗，遗传保守性较弱，对新环境的适应能力较强，有利于异地引种的成功。播种繁殖的杂种幼苗，由于遗传性状的分离，常会出现一些新类型的变异，这对于新品种、新品系的选育有很大的意义。

种子繁殖包括播种前的种子处理、播种时期的选择、播种密度和播种量的确定、播种方法和技术等流程以及播种苗的抚育管理等内容。

播种繁殖适合于大部分一、二年生香草和部分多年生香草的育苗。

（二）种子采收与贮藏

1. 种子采收与处理 不同的香草其果实的成熟期与开裂方式不同，采收时应注意以下几点：

（1）选择优良母株。要注意淘汰劣株，防止混杂。

（2）适时采种。过早成熟度不够，种子质量差，影响发芽率。过晚，果实易开裂造成种子散落或被虫、鸟吃掉，采不到种子，或采种困难，或采种量少不能满足生产要求。对于易开裂的，或边开花边结实成熟的，可分期、分批采收，尤其是首批成熟的种子品质最佳。采收时间以清晨为好。

（3）纯净种子。整株采收的，对植株要晾干再脱粒。带果实一起采收的，要除去果皮、果肉及各种附属物。把种子从果实中取出来，经过适当的干燥、除杂、分级等工序后，才能得到籽实饱满、品质优良、适宜贮藏或播种的干净而纯净的种子，如薰衣草的果实和种子（图4-1）。

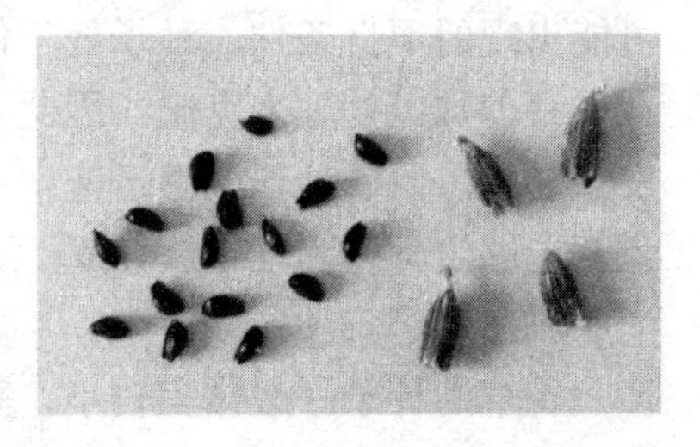

图4-1 薰衣草的果实与种子

（4）风干种子。种子采收后需要晾晒的，一定要连果壳一起晒，不要将种子置于水泥晒场上或放在金属容器中于阳光下曝晒，否则会影响种子的生命力。可将种子放在帆布、芦席、竹垫等上晾晒。有的种子怕晒，宜用自然风干法，即将种子置于通风、避雨的室内，使其自然干燥，待种子达到贮藏安全含水量后再收集、贮藏。

2. 种子贮藏 如果种子采收后不立即播种，就需要贮藏起来。贮藏得法，种子能保持良好的生命力，播种后能够发芽且整齐；否则，种子丧失生命力，不能发芽，甚至死亡。

自然条件下种子的寿命是一定的，即种子具有一定的生命期限，也称为寿命。按种子寿命的长短，分为短命种子，寿命 1 年左右，如报春花类种子，发芽力只能保持数月，非洲菊则更短。中命种子，寿命 2～3 年，多数香草的种子属于此类。长命种子，寿命 4～5 年以上，如豆科中的多数香草及锦葵科某些香草的种子等，寿命都很长。

影响香草种子寿命的因素主要有以下几个方面：

（1）种子的成熟度。种子成熟度越高，种子籽实越饱满，寿命越长。反之，没有完全成熟的种子含水量高，种皮不紧密，呼吸作用强，营养物质易被消耗，造成种子寿命变短。

（2）种子的含水量。一般情况下种子含水量越低，越不容易发热发霉，保持生命力的时间也就越长。大多数香草种子的含水量在 5%～6%时寿命最长。含水量在 5%以下时，细胞膜的结构易被破坏，加速种子的衰败。含水量在 8%～9%时，容易出现虫害。含水量在 12%～14%时，有利于真菌的繁殖。含水量在 13%～20%时易发热而腐烂。含水量在 40%～50%时，种子会发芽。常规贮存时，大多数香草种子的含水量宜保持在 5%～8%之间为宜。

（3）种子的完好程度。完好的种子，种皮能够阻止水分和氧气通过，保持种子的休眠状态。而受到机械损伤的种子，易腐烂变质，影响种子寿命。

（4）种子贮藏的环境条件。温度高，种子呼吸作用强，消耗多，导致种子寿命缩短。低温可以抑制种子呼吸，延长种子寿命。多数香草种子在干燥密封后，贮藏在 1～5℃低温条件下为宜。空气湿度方面，要求贮藏湿度为 30%～60%。

（5）种子贮藏的方法。不同的贮藏方法对种子寿命的影响不同。大多数香草种子在第 2 年播种，常用干燥贮藏法，即将种子置于阴凉、干燥、通风的室内保存。一些易丧失生命力的香草种子，当需要长期贮藏时，宜采用干燥密闭贮藏法，即将种子装入密闭容器中贮于冷凉处保存。也可采用干燥低温密闭贮藏法保存寿命较长的种子，贮藏条件是低温1～5℃的冷室的冰箱中。现代有可控温的数字种子库，可以进行种子长期的保存。

（三）种子发芽需要的条件

香草种子萌发需要吸收充足的水分。当吸水膨胀后，种皮破裂，呼吸强度增大，各种酶的活性随之加强，蛋白质及淀粉等大分子贮藏物质进行分解、转化成小分子物质，然后被输送到胚中，促使胚开始生长。所以，播种前常采用浸种或增加土壤墒性，以利于种子萌发。

香草种子萌发需要适宜的温度。一般原产热带的香草种子萌发需要较高的温度，原产亚热带及温带的次之，而原产温带北部的一些香草种子的萌发则常需要一定的低温。如大花葱的种子在高于10℃时几乎不萌发，需要在2～7℃条件下较长时间才能萌发。

香草种子萌发需要氧气，供氧不足会妨碍种子发芽。

大多数香草的种子萌发时，对光照不敏感。但是，有些香草，其种子常常是小粒，如果播种较深，则种子没有从深层土壤中萌发伸出土面的能力，所以要适当浅播，覆土要薄。另外，有一些香草种子，在光照下则不能萌发，或受到光的抑制。即这些香草种子萌发时，需要覆盖，或创造黑暗条件，以利于萌发。

如果香草种子播种在穴盘基质中，则要求基质细而均匀，无石块、杂物等，通气、排水良好，保湿性好，不带病虫害，满足种子萌发要求的水分、温度、氧气、肥料等条件。

（四）播种前的处理

1. 种子精选 种子精选是指清除种子中的各种夹杂物，如种翅、鳞片、果皮、果柄、枝叶碎片、瘪粒、破碎粒、石块、土粒、废种子及异类种子等的过程。精选后提高了种子纯度，利于贮藏和播种。播种后发芽迅速，出苗整齐，便于管理。

优良种子的标准是：品种纯正，各性状指标符合要求；发育充分，成熟饱满，发芽力和生命力均高；无病虫害和机械损伤；种子新鲜，不是多年的陈种子；种子纯净度高，杂质少。

2. 种子消毒　种子消毒可杀死种子本身所带的病菌，保护种子免遭土壤中病虫侵害。这是香草育苗工作中一项重要的技术措施，可采用药剂拌种或浸种方法进行。

浸种消毒，是指把种子浸入到一定浓度的消毒溶液中一定时间，杀死种子所带病菌，然后捞出阴干待播的过程称为浸种。常用的消毒药剂有0.3%～1%的硫酸铜溶液、0.5%～3%的高锰酸钾溶液、0.15%的甲醛（福尔马林）溶液、1%～2%的石灰水溶液、0.3%的硼酸溶液，或200倍的托布津溶液等。消毒前先把种子浸入清水5～6h，然后再进行药剂浸种消毒至适宜时间，最后捞出用清水冲洗。

拌种消毒，是指把种子与混有一定比例药剂的园土或药液相互掺合在一起，以杀死种子所带病菌和防止土壤中病菌侵害种子，然后共同撒入苗床或大田。常用的药剂有赛力散（磷酸乙基汞$C_2H_5HgH_2PO_4$）、西力生（氯化乙基汞C_2H_5HgCl）、五氯硝基苯与敌克松（对二甲氨基苯重氮磺酸钠）混合液、敌克松、福美锌、退菌特、敌百虫等。

对耐强光的种子还可以用晒种的方法对其进行晒种消毒，激活种子，提高发芽率。

注意，在种子消毒过程中，应该注意药剂浓度和操作安全。

3. 种子催芽　香草种子发芽率低的直接原因主要是种子自身的原因，生理原因可能是种子生命力低；种胚没有通过后熟，处于休眠期，种胚发育不充分或受伤；种子休眠期长，播后自然条件下发芽持续的时间长，出苗慢；物理原因可能是种皮坚硬或蜡质层厚，不能吸水膨胀；有些种子播种后发芽受阻、出苗不整齐等。间接原因主要有贮藏方式不当、播种技术或播种时期不合适等。为了播种后能达到出苗快、齐、匀、全、壮的标准，最终提高苗木的产量和质量，一般在播种前需要进行催芽处理。

清水浸种催芽，原理是种子吸水后种皮变软，种体膨胀，打破休眠，刺激发芽。生产上有温水或热水浸种两种方法。温水浸种适用于种皮不太坚硬，含水量不太高的种子。浸种水温以40～50℃为宜，用水量为种子体积的 5～10 倍。种子浸入后搅拌至水凉，每浸 12h 后换 1 次水，浸泡 1～3 天，种子膨胀后捞出晾干。热水浸种适用于种皮坚硬的种子，水温以 60～90℃为宜，用水量为种子体积的 5～10 倍。将热水倒入盛有种子的容器，边倒边搅。一般浸种约 30s（小粒种子 5s），很快捞出放入 4～5 倍凉水中搅拌降温，再浸泡 12～24h。

机械损伤催芽，也叫破种，原理是擦破种皮，使种子更好地吸水膨胀，便于萌发。少量种子可用砂纸、剪刀或砖头破壳，也可将种子外壳剥去（需当即播种）。种子数量多时，最好用机械破种。

酸、碱处理催芽。对于具有坚硬种壳的香草种子，可用有腐蚀性的酸、碱溶液浸泡，使种壳变薄，增加透性，促进萌发。常用 95%的浓硫酸浸泡 10～120min，或用 10%的氢氧化钠浸泡 24h 左右。捞出后用清水冲洗干净，再进行催芽处理或播种。

层积处理催芽，分为低温层积处理和高温层积处理。低温层积处理也叫层积沙藏，方法是秋季选择地势高燥，排水良好的背风阴凉处，挖一个大约深和宽为 1m，长约 2m 的坑，种子用 3～5 倍的湿沙（湿度以手握成团，一触即散为宜）混合，或一层沙一层种子交替，也可装于木箱、花盆中，埋入地下。坑中插入一束草把以便于通气。层积期间温度保持 2～7℃，如天气较暖，可用覆盖物保持坑内低温。春季播种之前半月左右，注意勤检查种子情况，当“咧嘴”露白种子达 30%以上时，即可播种。

高温层积处理是在浸种之后，用湿沙与种子混合，堆放于温暖处保持20℃左右，促进种子发芽。层积过程中要注意通气和保湿，防止生热、发霉或水分丧失。同样，当“咧嘴”露白种子达30%以上时，即可播种。

其他处理：除以上常用的催芽方法外，还可用微量元素的无机盐处理种子进行催芽，使用药剂有硫酸锰、硫酸锌等。也可用有机药剂和生长素处理种子，如酒精、胡敏酸、酒石酸、对苯二酚、萘乙酸、吲哚乙酸、吲哚丁酸、2,4-二氯苯氧乙酸、赤霉素等。有些种子具有附属物，影响种子吸水而造成萌发困难。如千日红，可在种子中掺入沙子，经轻搓去除棉毛，可促进种子萌发。

4. 土壤消毒 土壤是传播病虫害的主要媒介，也是病虫繁殖的主要场所，许多病菌、虫卵和害虫都在土壤中生存或越冬，而且土壤中还常有杂草种子。土壤消毒可控制土传病害、消灭土壤有害生物，为香草种子和幼苗创造有利的土壤环境。

甲醛消毒法。40%的甲醛溶液称福尔马林，用50倍液浇灌土壤至湿润，用塑料薄膜覆盖，经2周后揭膜，待药液挥发后再使用。一般$1m^3$培养土均匀撒施50倍的甲醛400～500ml。此药的缺点是对许多土传病害，如枯萎病、根癌病及线虫等，效果较差。

硫酸亚铁消毒法。用硫酸亚铁干粉按2%～3%的比例拌细土撒于苗床，$1hm^2$用药土150～200kg。

石灰粉消毒法。石灰粉既可杀虫灭菌，又能中和土壤的酸性，南方多用。一般$1m^2$床面用30～40g，或$1m^3$培养土施入90～120g。

硫磺粉消毒法。硫磺粉可杀死病菌，也能中和土壤中的盐碱，多在北方使用。用药量为$1m^2$床面用25～30g，或$1m^3$培养土施入80～90g。

此外，还有很多药剂，如辛硫磷、代森锌、多菌灵、绿亨1号、漂白粉等，也可用于土壤消毒。近几年，进口的必速灭颗粒剂，是一种广谱性土壤消毒剂，已用于高尔夫球场草坪、苗床、基质、培养土及肥料的消毒。使用量一般为 1.5g/m²，或 60g/m³ 基质，大田 15～20g/m²。施药后要等 7～15 天才能播种，在此期间可松土 1～2 次。

当育苗用土量少时，也可用锅蒸消毒、消毒柜消毒、水煮消毒、铁锅炒烧消毒等方法（图 4-2）。

图 4-2　基质炒烧消毒法

（五）播种时期与播种量的确定

1. 播种期　播种期关系到香草种苗的生长期、出圃期、幼苗对环境的适应能力及土地利用率。播种期的确定主要根据香草的生物学特性和育苗地的气候特点。我国南方，全年均可播种。在北方，因冬季寒冷，露地育苗则受到一定限制，确定播种期是以保证幼苗能安全越冬为前提。在生产上，播种季节常在春、夏、秋三季，以春季和秋季为主。如果在设施内育苗，北方也可全年播种。

春季播种。适用于绝大多数香草，时间多在土壤解冻之后，越早越好，但以幼苗出土后不受晚霜和低温的危害为前提。

夏季播种。适合哪些种子在春夏成熟而又不宜贮藏或者生命力较差的种子。播种后遮阴和保湿工作是夏季育苗是否成功的关键。

秋季播种。适于种皮坚硬的大粒种子和休眠期长而又发芽困难的种子。一般在土壤结冻以前，越晚越好；否则，播种太早，当年发芽，幼苗会受冻害。

冬季播种。实际上是春播的提早，秋播的延续。适于南方育苗采用。

另外，有些香草种类，种子含水量大，失水后容易丧失发芽力或寿命缩短，所以采种后最好随即播种。

2. 播种量　播种量是指单位面积或长度上播种种子的重量。适宜的播种量既不浪费种子，也有利于提高种苗的产量和质量。播种量过大，浪费种子，间苗也费工，苗子拥挤和竞争营养，易感病虫，苗木质量下降。播种量过小，产苗量低，易生杂草，管理费工，也浪费土地。计算播种量的公式是：

$$X = C \times \frac{A \times W}{P \times G \times 1\,000^2}$$

式中：X——单位面积或长度上育苗所需的播种量（kg）；

A——单位面积或长度上产苗数量（株）；

W——种子的千粒重（g）；

P——种子的净度（%）；

G——种子发芽率（%）；

$1\,000^2$——常数；

C——损耗系数。

损耗系数因自然条件、圃地条件、香草种类、种粒大小和育苗技术水平而异。一般认为，种粒越小，损耗越大，如大粒种子（粒径 5.5mm 以上，千粒重在 700g 以上），C 值等于 1；中小粒种子（中粒，粒径在 2～5mm 之间，小粒，粒径在 1～2mm 之间，千粒重在 3～700g），$1<C<5$；极小粒（微粒）种子（粒径在 1mm 以下，千粒重在 3g 以下），C＝10～20。

（六）播种技术规程

1. 播前整地　为给香草种子发芽和幼苗出土创造一个良好的条件，也便于对幼苗的抚育管理，在播种前要细致整地。整地的要求是苗床平坦，土块细碎，上虚下实，畦梗通直。同时土壤湿度要达到播种要求，以手握后有隐约湿迹为宜。

2. 播种密度　适宜的播种密度能够保证苗木在苗床上有足够的生长空间，在移植前能得到较好的生长。因此，大粒种子播得稀些，小粒种子宜密些；阔叶树播得稀些，针叶树宜密些；苗龄长者播得稀些，苗龄短者宜密些；发芽率高者播得稀些，发芽率低者宜密些；土壤肥力高播得稀些，肥力低宜密些。

3. 播种方法 根据播种时的散种方式分为撒播、条播、点播等。

撒播。将种子均匀地撒于苗床上为撒播。小粒种子如香薷、木香薷、三色堇、万寿菊等，常用此法。为使播种均匀，可在种子里掺上细沙。由于出苗后不成条带，不便于进行锄草、松土、病虫防治等管理，且小苗长高后也相互遮光，最后起苗也不方便。因此，最好改撒播为条带撒播，播幅10cm左右。

条播。按一定的行距将种子均匀地撒在播种沟内为条播。中粒种子如刺槐、侧柏、松、海棠等，常用此法。播幅为3～5cm，行距20～35cm，采用南北行向。条播比撒播省种子，且行间距较大，便于抚育管理及机械化作业，同时苗木生长良好，起苗也方便（图4-3）。

图4-3　条　播

点播。对于大粒种子，按一定的株行距，逐粒将种子播于圃地上，称为点播。一般最小行距不小于30cm，株距不小于10～15cm。为了利于幼苗生长，种子应侧放，使种子的尖端与地面平行。

根据播种时种子所处的条件分为露地直播、露地苗床播种、温室盆播、穴盘播种等。

露地直播。对于一些不耐移植的直根性香草，直接把种子播种于应用地中，不再移植。或者，先播种于小型营养钵中，成苗后再去掉营养钵带土球定植于应用地点。

露地苗床播种。先将花卉种子播种于育苗床中，然后经移栽分苗再培养，最后定植于应用地点。这种方法，便于幼苗期的养护管理，节约成本。

温室盆播。为了减少季节和气候的影响，于温室中播种。可以地播，但最好采用盆播。盆播时要配制基质（盆土），用盆较小而浅，常用深10cm的浅盆。大粒种子可点播种或条播，小粒或微粒种子采用撒播法，且覆土要以不见种子为度。

穴盘播种。是以穴盘为容器，以泥炭土混合蛭石或珍珠岩等配成基质，采用人工或精量播种机器播种。播种后于催芽室催芽，然后温室培养至出苗要求（图4-4）。这是香草工厂化生产的配套技术之一。优点是种苗整齐一致，操作简单，移苗过程中对种苗根系伤害很小，缩短了缓苗时间。但是，对水质、肥料、环境等要求较高，需要精细管理。

图4-4　温室穴盘播种

4. 播种深度　一般情况下，播种深度相当于种子直径的2～3倍为宜。具体播深取决于种子的发芽势、发芽方式和覆土等因素。小粒种子和发芽势弱的种子覆土宜薄，大粒种子和发芽势强的种子覆土宜厚；黏质土壤覆土宜薄，沙质土壤覆土宜厚；春夏播种覆土宜薄，秋播覆土可厚一些。如果有条件，覆盖土可用疏松的沙土、腐殖土、泥炭土、锯末等，有利于土壤保温、保湿、通气和幼苗出土。此外，播种深度要均匀一致，否则幼苗出土参差不齐，影响苗木质量。对于微粒种子，基本不覆盖，方法是将苗床整理平整后，先镇压，然后浇水使床土沉实，待水渗下后，将掺有种子的沙土均匀撒于床面，最后用覆盖物保湿，等待出苗即可。

（七）播种后的管理

1. 播种苗的发育规律 从播种开始到长出真叶、出现侧根为出苗期。此期长短因种类、播种期、当年气候等情况而不同。春播者需 3～7 周，夏播者需 1～2 周，秋播则需几个月。此时幼苗生长所需的营养物质全部来源于种子本身。由于幼苗十分娇嫩，环境稍有不利都会严重影响其正常生长。此期主要的影响因子有土壤水分、温度、通透性和覆土厚度等。如果土壤水分不足，种子发芽迟或不发芽。水分太多，土壤温度降低，通气不良，也会推迟种子发芽，甚至造成种子腐烂。土壤温度以 20～26℃最为适宜出苗，太高或太低出苗时间都会延长。

从幼苗出土后能够利用自己的侧根吸收营养和利用真叶进行光合作用维持生长，到苗木开始加速生长为止的时期为生长初期。一般情况下，春播需 5～7 周，夏播需 3～5 周。苗子生长特点是地上部分的茎叶生长缓慢，而地下的根系生长较快。但是，由于幼根分布仍较浅，对炎热、低温、干旱、水涝、病虫等抵抗力较弱，易受害而死亡。此期育苗工作的要点是：采取一切有利于幼苗生长的措施，提高幼苗保存率。

从幼苗加速生长开始到生长速度下降为止的时期为速生期。此期幼苗生长的特点是生长速度最快，生长量最大，表现为苗高增长，径粗增加，根系加粗、加深和延长等。幼苗在速生期的生长发育状况基本上决定了苗子的质量。因此，前期加强施肥、灌水、松土除草、病虫防治（食叶害虫）等工作，并运用新技术如生长调节剂、抗蒸腾剂等，促进幼苗迅速而健壮地生长。在速生期的末期，应停止施肥和灌溉，防止贪青徒长，使苗木充分木质化。

从幼苗速生期结束到移栽定植，幼苗生长渐慢。此期育苗工作的重点是，停止一切促进幼苗生长的管理措施，如不要追氮肥，减少灌水等，以控制生长，防止徒长，促进木质化。

2. 苗床的管理　播种后的苗床管理主要内容有覆盖保墒、灌水、松土除草和防治病虫等。播种后出苗前，苗床应用稻草、麦草、芦苇、竹帘、苔藓、锯末、蕨类、水草或松枝等覆盖，以保持床土湿润，防止板结，利于出苗。但覆盖不能太厚，以免使土壤温度降低或土壤过湿，延迟发芽时间。出苗后，要及时稀疏或移去覆盖物，防止影响幼苗出土。

苗床干燥缺水会妨碍种子萌发。因此，除了灌足底水外，在播种后出苗前，应适当补充水分，保持土壤湿润，以促进种子萌发。灌水以不降低土壤温度，不造成土壤板结为标准。灌水最好采用喷水方法，少用地面灌溉，以防止种子被冲走或发生淤积现象。

松土除草也是苗床管理的一个重要内容，可使种子通气条件改善，减少土壤水分蒸发，削减出土的机械障碍。松土除草宜浅不宜深，以防伤及幼苗根系。

当苗床上发生苗木病害如立枯病、猝倒病、根腐病时，要及时喷施杀菌剂防治。

在苗床管理期间，常会遇到下列异常幼苗，应及时采取相应措施处理。

带帽苗：由于床土过干，覆土太薄，种子出苗后种壳黏附着子叶随苗木一起出土。因此，播种后应保持苗床湿润，覆土要适中。对于带帽苗，可在清晨苗木湿润时细心剥除种壳。

高脚苗：由于种子播撒量大，出苗后床温过高或通风不良造成徒长而成高脚苗。因此，要视苗床面积播撒种子；出苗后要控制苗床温度，加强通风透光；视情况适当间苗或喷洒矮壮素、多效唑等以控制生长高度，但要注意使用浓度宜低不宜高。

萎蔫苗：由于连续阴雨低温而突然转晴，全部揭开覆盖物后造成萎蔫，也可能是其他原因造成。因此，不能急于全部揭开覆盖物，而应逐步进行。可先两头，再揭一半，最后再揭去全部覆盖物。

老化苗：在进行蹲苗时，由于长时间干旱而形成老化僵苗。因此，蹲苗时要控温，少控水，淡肥勤施，以达矮化促壮之目的。

病害苗：由于种子或床土带菌、床土过湿、地温太低、光照不足及通风不畅等原因诱发种苗病害。要分清病害产生的原因，然后进行综合防治。

肥害或药害苗：由于施肥（药）过频或过量，造成土壤溶液中盐分（药剂）浓度过大而引起苗害。发生后，要用淡水薄灌，冲淡盐分，稀释药剂。

3. 幼苗的移栽 幼苗长出1～4片真叶，根系尚未木质化时进行移栽。移栽前，要小水灌溉，等待水渗干后再起苗移栽。不论带土移栽或裸根移栽，起苗时决不能用手拔，一定要用小铲，在苗一侧呈45°入土，将主根切断。目的是控制主根生长，促进侧根、须根生长，提高种苗质量。裸根起苗后，最好将苗木的裸根沾上泥浆，以延长须根寿命。在拿、提小苗时，应捏着叶片而不要捏着苗茎。因为叶片伤后还可再发新叶，苗茎受伤后苗子就会死亡。栽植的深度与起苗前小苗的埋深一致，不可过深或过浅。栽后及时灌水，并注意遮阴。移栽密度比计划产苗量要多出5%～10%。

二、香草的无性繁殖育苗技术

（一）无性繁殖育苗

无性繁殖育苗又称营养繁殖育苗，是以母株的营养器官

（根、茎、叶、芽等）的一部分，通过压条、扦插、嫁接、分株、组织培养等来培育新植株的方法。它是利用植物细胞的全能性和再生能力以及与另一植物通过嫁接合为一体的亲和力来进行繁殖的。用无性繁殖法繁殖出来的苗木称为营养苗。

由于无性繁殖是利用母株的器官进行繁育。因此，加强母株管理，采用各种方法促进母株生长发育、枝芽饱满，严格防治病虫害发生，都是培育良好无性繁殖材料的重要措施。地下部管理主要是根据植株生长发育规律的需要合理施肥，及时浇水或补水，中耕、松土，促进根条健康生长。地上部管理主要是调整树冠结构，改善树冠内通风透光条件，合理控制开花与结果，促进枝芽健壮，及时防治病虫为害。

（二）分生繁殖育苗

指利用香草自然分生的变态器官如萌蘖、吸芽、珠芽、走茎、球根、块根等，与母株分离或分割进行培养成独立新植株的繁殖方式。对于多年生香草，这是主要的繁殖方法。具有操作简便、成活容易、快速成苗、保持母株的遗传性状等优点，但是繁殖系数较低是其不足。

分株的时期因香草种类而异。一般春季开花的宜在秋季分株，秋季开花的宜在春季分株。秋季分株需要等到香草地上部进入休眠，地下部仍在活动时进行，但不能使分株后受到早霜的为害，也不能晚于土壤封冻，如铃兰、萱草等。春季分株在发芽前尽量提早，但不能使其受到晚霜、倒春寒的为害，如玉簪、菊花等。

1. 鳞茎分株法　地下部具有鳞茎者，可用分鳞茎法繁殖。鳞茎主要是由植物体的叶子变态成多肉肥厚的鳞片组成，其茎矮化成盘状又称鳞茎盘，鳞茎盘顶端的中心芽和鳞片间的侧芽，为植物体发育的新个体，如郁金香、风信子、水仙、朱顶红、晚香玉等。分离鳞茎的方法是，当母球种植 1 年后，其叶原茎分化伸长，发育成侧鳞茎，采收挖掘出，待干燥后将小球分离即可。

2. 球茎分生法 一些球根类香草，具有地下球茎，可用分割或分切球茎的方法繁殖（图 4－5）。球茎是由茎肥大变态成球状或扁球状，顶端及节间上有芽，叶成薄膜状包裹着外面，主要种类有唐菖蒲、番红花等。分割球茎的方法是球茎通过顶芽的生长发育，基部膨大成新球茎进行自然增殖，同时母球和新球间的茎节上的腋芽伸长分枝，继而先膨大可形成小球茎，小球茎栽种 1 年即成新球。

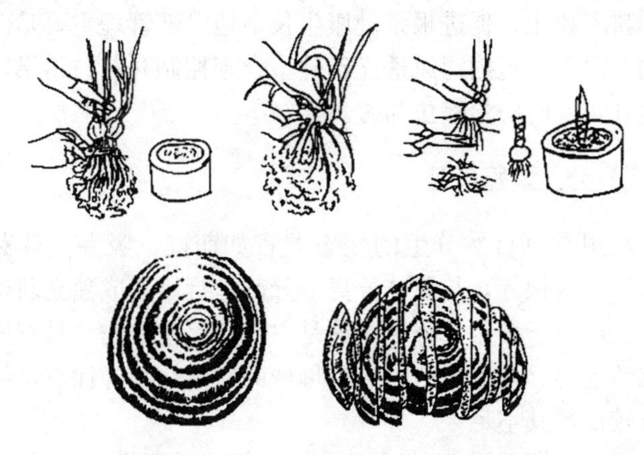

图 4－5 上：分割球茎 下：分切球茎

3. 根茎分割法 一些球根类香草的地下茎为根茎时，可用分割根茎的方法繁殖。根茎是植物的地下茎肥大变态而成的一些种类，如荷花、睡莲等，根茎节上的不定芽生长膨大能形成新的根茎。根茎繁殖时通常在新老根茎的交界处分割，保持每节有 2～3 个芽进行栽种。

4. 分吸芽或珠芽及零余子繁殖法 一些香草种类能够产生吸芽、珠芽或零余子，也可利用这些繁殖种苗。如百合、卷丹等叶腋处产生的珠芽（图 4－6），观赏葱类生于花序中的珠芽，可利用其进行繁殖苗木。

5. 分株繁殖法　分株繁殖是利用某些香草能够萌生根蘖、匍匐茎、根状茎的习性，在它们生根后，将其切离母体培育成独立新植株的无性繁殖方法。这种方法在麦冬、春兰、萱草、玉簪、筋骨草、虎耳草等的繁殖中普遍采用。分株繁殖是有根植株分离，因此成活率高，但繁殖系数低。

图 4-6　卷丹叶腋处的珠芽

分株方法是将母株全部带根挖起，用锋利的刀、剪或锹将母株分割成数丛，下面带有部分根系，适当修剪枝、根，然后分别栽植。如果繁殖量很少，也可不将母株挖起，而在母株一侧或外侧挖出部分株丛，分离栽植。

（三）扦插繁殖育苗

扦插繁殖是利用香草营养器官的一部分（如枝、芽、根、叶等）作为插穗，在一定条件下，插在土、沙或其他基质中，使其生根发芽，成为完整独立的新植株的过程。扦插繁殖简便易行，成苗迅速，又能保证母本的优良性状。

1. 扦插生根的原理　植物每个细胞，其遗传物质随有丝分裂过程同步复制。所以每个细胞内都具有相同的遗传物质，它们在适当的环境条件下具有潜在形成相同植株的能力，这种能力也就是全能性。随着植株生长发育，大部分细胞已不再具有分生能力，只有少数保存在茎或根生长点和形成层的细胞，作为分生组织而保留下来。

当植物体的某一部分受伤或切除时，植株能表现出弥补损伤和恢复协调的机能，也就称之为再生作用。

枝条扦插后之所以能生根，是由于枝条内形成层和维管束组织细胞恢复分裂能力（再生），形成根原始体，而后发育长出不定根并形成根系。根插则是在根的皮层薄壁细胞组织中生成不定芽，而后发育成茎叶，长成新植株。

2. 扦插成活的条件 生产实践证明，在同等条件下取插穗，实生苗比营养苗再生能力强。因为生根和萌芽需要消耗很多营养物质，所以枝条的发育状况如何，直接影响插条的生根成活。在采条时，一定要选择发育充实、芽眼饱满、节间较短的枝条；在实践中应从生长健壮、无病虫害的母树上采集发育充实的1～2年生枝条作为插穗。

影响香草插穗生根的外界条件主要有温度、湿度、空气、光照和扦插基质。

一般愈伤组织在10℃以上开始生根，15～25℃生根最适宜。30℃以上生根率下降，但不同香草扦插的最适温度也不同。

一般插穗所需的空气相对湿度为90%左右，基质湿度保持其干土重量的20%～25%，插条自身应基本保持新鲜状态的持水量。在进行扦插育苗时，应采用喷水、间隔喷雾、扣拱棚等方法提高空气相对湿度；选择通气性良好的基质，适时浇水、喷水；而扦插前对插条采用低温、密封的贮存方法。

绿枝扦插需要一定强度的光照，叶片光合作用可制造营养物质，有利于生根。特别是在扦插后期，插穗生根后，更需一定的光照条件，但又要避免直射强光，以免水分过度蒸发，使叶片萎蔫或灼伤，可采用喷水降温或适当遮阴等措施来维持插穗水分代谢平衡。

扦插育苗中，通风供氧对插穗生根有很大促进作用。实践证明，插条生根率与基质中的含氧量成正比。因此，在进行扦插繁殖时，一定要选择通透性良好的基质，以保证成活率。

无论选用何种扦插基质，都应满足插条对基质水分和通气条件的要求。硬枝扦插，最好用沙质壤土或壤土，因其土质疏松，通气性好，土温较高，并有一定的保水能力，插穗容易生根成活。绿枝扦插可选用沙土、蛭石等排水、通气性好的基质。

长期育苗的育苗床，应注意定时更换新基质。一般扦插过的旧床土不宜重复使用。这是因为使用过的基质，或多或少地混有病原菌，要使用旧床土必须进行消毒，方法是用0.5%的福尔马林或高锰酸钾进行温床消毒。

3. 扦插的方法

（1）硬枝扦插。又称休眠期扦插，即选用充分成熟的1～2年生枝条进行扦插（图4-7）。此方法多用于木本香草的扦插繁殖，优点是简便、成本低。采集插条的时间应在秋末树木停止生长后至第二年萌芽前进行。枝条剪取后，进行贮藏。方法是：选择地势较高、排水良好、背风向阳的地方挖沟，沟深80～120cm、宽80～100cm，沟长视插条多少而定。将插条捆扎成束，埋于沟内，盖上湿沙和泥土即可。

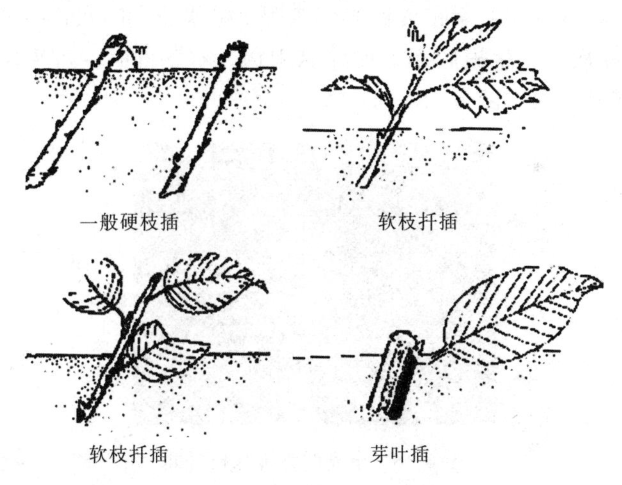

图4-7　硬枝、绿枝扦插

扦插前，插条剪成长10～15cm、带2～3个芽的枝段，上芽要离剪口0.5～1cm，并将上剪口剪成微斜面，斜面方向是朝着生芽的一方高，背芽的一方低，以免扦插后切面积水。扦插前可采用促进插穗生根的各种催根方法。

硬枝扦插可在春、秋两季进行，秋插应在土壤封冻前完成。秋插应稍深，以防插条被风吹干枝芽，插后在其上可覆沙或土，翌年开春后，萌芽前除去。春插在土壤解冻后进行，南方扦插一般先在插床上覆盖地膜后再插；而北方地温、气温较低，可结合覆膜，扣棚扦插。

（2）绿枝扦插。又称软枝扦插，一般是指于生长期用半木质化的新梢进行扦插。绿枝扦插的插穗也需尽量从发育阶段年轻的母树上剪取，选择健壮、无病虫害、半木质化的当年生新梢，每根插穗剪留 10～15cm，保留 3～4 个芽（1～2 片叶），下部剪口齐节剪，以利发根，剪去插条下部叶，上部保留 1～2 片叶，嫩梢一般剪除，以减少蒸发。有时为了节约插穗，也可采用一叶一芽的插穗，此时可称为芽叶插（图 4－7 右下）。插穗剪成后，尽快扦插，插后用芦苇帘或遮光网遮阴。喷雾或勤喷水，一般每天喷 3～4 次，待生根后逐渐撤除遮阴物。有条件时，可采用全光照弥雾扦插法（图 4－8）。

图 4－8　全光照弥雾绿枝扦插

（3）根插。利用香草的根段来扦插叫根插。根插在园林苗圃中也常应用。采用根插必须是根上能够形成不定芽的种类等。

（4）叶插。有些香草可以进行叶插繁殖。如百合、秋海棠等可以从叶基部或叶柄成熟细胞所发生的次生分生组织发育出新植株。

叶插一般可分全叶插、叶柄插和叶块插，对于全叶插的叶片要使其与基质密接，并在叶脉处切断。叶柄插则是把叶柄 2/3 插入基质。

叶插多在夏季，叶片蒸腾量大，所以应注意扦插期间的保湿和遮阴。

(四) 嫁接繁殖育苗

1. 嫁接繁殖的概念 就是将欲繁殖的枝条或芽接在另一种植物茎或根上，形成一个独立新植株的一种繁殖方法。因此，嫁接繁殖主要用于木本植物的苗木繁殖，一些草本植物也可以采用此法育苗。通过嫁接繁殖所得的苗木，称为“嫁接苗”，它是一个由两部分组成的共生体。供嫁接用的枝或芽称为“接穗”，而承受接穗带根的植物部分称为“砧木”。

2. 嫁接繁殖的原理 苗木嫁接后之所以能够成活，主要是依靠砧木和接穗结合部分形成层的再生能力。嫁接后首先由形成层的薄壁细胞进行分裂，形成愈伤组织，进一步增生，充满结合部空间，并进一步分化出结合部的输导组织，与砧木、接穗原来的输导组织连通成为一体，从而保证了水分、养分的上下沟通，这样两者在嫁接时被暂时破坏的平衡得到恢复，砧木与接穗从此结合在一起，成为一个新的植株。

3. 影响嫁接成活的因素 亲和力就是砧木和接穗两者结合后能否愈合成活和正常生长、结果的能力，是嫁接成活的最基本因素。一般来说，砧木与接穗能结合成活，并能长期正常生长、开花、结实，就是亲和力良好的表现。而影响亲和力大小的主要因素是接穗与砧木之间的亲缘关系，如同种之间进行嫁接亲和力最强；同属异种的差之；同科异属的，一般来说其亲和力更弱；而异科之间一般不能嫁接繁殖（但也有嫁接成活的记载）。

嫁接技术高低是影响成活的重要因素。熟练快速的处理接穗和砧木，对齐形成层，严密包扎伤口，防止接穗蒸发失水，能显著提高成活率。

环境因素也是影响嫁接成活的主要因素，主要是湿度和温度的影响。如果砧木干旱缺水，空气湿度小，嫁接成活率就低，一般接口湿度以 90%～95%为宜。一般来说，温度低，伤口愈合慢，但也不宜过高，以 20～25℃为宜。此外，对一些易产生伤流或伤口易变色（含单宁多）的种类，嫁接时要注意选择合适的时期和采用相应技术措施。

4. 接穗和砧木的选择 应选择品种纯正、发育健壮、丰产稳产、无检疫病虫害的成年植株作采穗母株，剪取外围生长充实、枝条光洁、芽体饱满的发育枝或结果枝作接穗，徒长性枝条或过弱枝条不宜作接穗。

选用砧木，除与接穗的亲和力要强，还应具有较强的抗逆性（如抗旱、抗寒、抗病虫等），对土壤的适应性要强，同时还应考虑对接穗生长和开花结果有较好的影响，并能保持接穗原有的优良品性。

5. 嫁接时期的确定 从理论上来讲，只要选用合适的方法，在整个生长季内都可以嫁接。枝接一般在春季 3～4 月进行（萌芽至展叶期），芽接一般在夏秋两季 6～9 月进行。芽接的接穗（芽）多采用当年新梢，故应在新梢上叶芽成熟之后。过早，叶芽不成熟；过晚，不易离皮，操作不便。春季，也可以用带木质部芽接；枝接也可以采用绿枝枝接。只要技术措施到位，则可不受季节限制，一年四季都可以枝接或芽接。

6. 嫁接方法与技术 嫁接繁殖按接穗利用情况分为枝接和芽接。按嫁接部位分类，以根段为砧木的嫁接方法叫根接；利用中间砧进行两次嫁接的方法叫二重接；在砧木树冠高部位（一般高度在地面 1m 以上）嫁接的称高接等。

枝接法，是用枝条作接穗进行嫁接的称为枝接。依据方法又可分为劈接、切接、插皮接、舌接、靠接等。

切接是枝接中最常用的一种，适用于大部分植物，在砧木略粗于接穗时采用。方法是：选用直径1～2cm的砧木，在距地面5～10cm处剪断。选择较平滑一面，用切接刀在砧木一侧的木质部与皮层之间，稍带一部分木质部垂直切下，深约3cm。接穗长10cm左右，上端要保留2～3个完整饱满的芽，接穗下端的一侧用刀削成长约3cm的斜面，相对另一侧也削去1cm左右斜面（成楔形），然后将长削面向里插入砧木切口中，使双方形成层对准密接，接穗插入的深度以接穗削面上端露出0.5cm左右为宜，俗称“露白”，这样有利愈合，随即用塑料条由下向上捆扎紧密。也可在接口处接蜡，达到保湿提高成活率。图4-9为菊花的嫁接示意图。

图4-9　菊花嫁接

左：接穗与嫁接刀　右：嫁接后绑缚

芽接法，常用的是T字形芽接和嵌芽接。前者适合于生长期，后者适合于休眠期。二者均适合于木本植物，草本香草类一般不用芽接法繁殖。

7. 嫁接后的管理　芽接后一般10～15天后就应检查成活情况，及时解除绑扎物和进行补接。凡接芽新鲜，叶柄用手一触即落，说明其已形成离层，已经成活。如叶柄干枯不落，说明未接活。接芽若不带叶柄的，则需要解除绑扎物进行检查。如果芽片新鲜，说明愈合较好，嫁接成功，把绑扎物重新扎好。枝接者在接后 20～30 天可检查其成活情况。检查发现接穗上的芽已萌动，或虽未萌动而芽仍保持新鲜、饱满，接口已产生愈伤组织的表示已经成活；反之，接穗干枯或发黑，则表示接穗已死亡，应立即进行补接。

解除包扎物后，要及时将接口以上砧木部分剪去，以促进接穗品种生长，此法称作剪砧。嫁接成活后，往往在砧木上还会萌发不少萌蘖，与接穗同时生长，这不仅消耗大量养分，还对接穗生长发育很不利，因此应及时去除砧木上发生的萌蘖，一般至少应除 3 次以上。

嫁接苗的生长发育需要良好的土、水、肥等田间管理。

（五）压条繁殖育苗

压条繁殖是利用生长在母树上的枝条压埋于土中或包缚于生根介质中，待不定根产生后切离母体，形成一株完整的新植株。因为它是选择生长健壮的 1～2 年生枝进行压条，生根后才与母体分离，因而成活可靠。目前，压条繁殖多用于扦插难以生根或稀有珍贵花木的苗木繁育。一些香草如活血丹、美女樱、金叶过路黄等，也可用压条繁殖法。

压条繁殖依据物候期，分为休眠期压条和生长期压条两种。

休眠期压条：在秋季落叶后或早春发芽前，利用 1～2 年生成熟枝条进行压条。

生长期压条：指在新梢生长期内进行，北方多在春末至夏初；南方常在春、秋两季，多用当年生的枝条压条。

压条之后应保持土壤适当湿润，并要经常松土除草，使土壤疏松，透气良好，促使生根。分离母体的时间，以生成良好根系为准。大多数种类埋入土中 30～60 天即可生根。对新植株应特别注意保护，注意灌水、遮阴等。

（六）组织培养育苗

1. 组织培养概念及优点 植物组织培养是利用植物细胞的全能性，通过无菌操作，把植物体的器官、组织、细胞甚至原生质体，接种于人工配制的培养基上，在人工控制的环境条件下进行培养，使之生长、繁殖或长成完整植物个体的技术和方法。由于用来培养的材料是离体的，故称之为“外植体”，所以植物组织培养又称为植物离体培养，或称植物的细胞与组织培养。

与传统繁殖方法相比，组织培养法能生产出质量高度一致且同源母本基因的幼苗，能最大限度地保持名、优、特品种的遗传稳定性。利用微茎尖组培快繁技术，通过特殊的工艺能有效地生产无病原菌的种苗，为改善香草的生长、发育、产量和品质等提供了新的途径，也可用于种质资源保存。组织培养法育苗周期短、速度快和繁殖系数高。可用于周年育苗和温室流水线式生产种苗。利用这项育苗技术，$100m^2$的培养面积可以相当于$6.67hm^2$ 土地，一个优良无性系的芽，1 年中能繁殖出 10 多万个香草优良后代。

目前，香草种类如串叶松香草、大花天竺葵、香叶天竺葵、洋甘菊、驱蚊草、紫苏、迷迭香、牛至、薰衣草、香根草、万寿菊、鼠尾草、罗勒、薄荷、留兰香、香石竹、菊花、兰花、玉簪、小苍兰、晚香玉、百合等几十余种，取得了比较明显的经济效益和社会效益。

2. 组织培养操作程序 （1）培养基制作。培养基是香草种苗组培快繁的基础，它是小植株生长发育的基质或叫土壤，其在外植体的去分化、再分化、出芽、增殖、生根及成苗整个过程中都起着重要作用。培养基的选择和配制是组织培养及其试管苗生产中的关键环节之一，只有配制出适宜的培养基，才有可能获得再生植株，并有效地提高繁殖系数。培养基有固体和液体两种，常用的基本培养基有 MS、N6、Nitch、White 等。但是，不论液体培养还是固体培养，大多数植物组织培养中所用的培养基都是由无机营养物、碳源（糖）、维生素、生长调节物质和有机附加物等几大类物质组成。现在有人也采用无糖开放式培养的方式。培养基的配制可参考组培手册或其他组培教材，这里不再重述，具体操作流程见图 4-10。

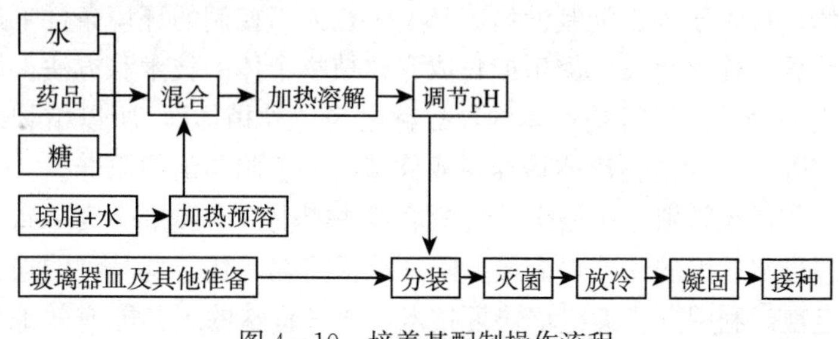

图 4-10　培养基配制操作流程

（2）外植体选择与消毒。组织培养已经获得成功的香草几乎包括了植株的各个部位，如茎尖、茎段、髓、皮层及维管组织、髓细胞、表皮及亚表皮组织、形成层、薄壁组织、花瓣、根、叶、子叶、鳞茎、胚珠和花药等。如薄荷用茎段作外植体可解决培养材料不足的困难。对于多数香草，发芽前采取枝条，室内催芽，然后接种，污染率较低且启动所需时间短、正常化率很高；在萌芽后直接从田间采萌发芽接种，则以 4 月下旬至 6 月下旬污染率较低。百合以鳞片作外植体，春、秋季取材培养易形成小鳞茎，而夏、冬季取材培养，则难于形成小鳞茎。兰花、香石竹等的茎尖培养中，材料越小，成活率越低，茎尖培养存活的临界大小应为一个茎尖分生组织带 1～2 个叶原基，大小为 0.2～0.3mm。叶片、花瓣等约为 5mm，茎段则长约 0.5cm。

外植体消毒的要求是既要把材料上的病菌消灭，又不能损伤或只能轻微损伤组织材料，以免影响其生长。溶液中添加几滴表面活性剂如吐温 80 或 Triton X 等，可使消毒剂更易浸润至材料表面，提高灭菌效果。常用消毒剂应为既具良好消毒效果，又易被蒸馏水冲洗掉或能自行分解，且不会损伤外植体材料、影响其生长的物质。常用的消毒剂有次氯酸钙（9%～10%的滤液）、次氯酸钠液（0.5%～10%）、酒精（70%）、双氧水（3%～10%）、84 消毒液（10% 左右）等。茎尖、茎段及叶片等，消毒前要经自来水较长时间的冲洗，有的可用肥皂、洗衣粉或吐温等进行洗涤。再用 70%酒精浸泡数秒钟，以无菌水冲洗 2～3 次，然后按材料的老、嫩、枝条的坚实程度，分别采用 2%～10%的次氯酸钠溶液浸泡 10～15min，再用无菌水冲洗 3 次后方可接种。果实及种子，根据清洁程度用自来水冲洗 10～20min，甚至更长的时间，再用纯酒精迅速漂洗一下后，然后用 2%次氯酸钠溶液浸 10min，最后用无菌水冲洗 2～3 次，取出果内的种子或组织进行接种。种子则先要用 10%次氯酸钙浸泡 20～30min，甚至几小时，依种皮硬度而定，对难以消毒的还可用 1%～2%溴水消毒 5min。

（3）外植体接种。接种需要无菌环境，一般在超净工作台上进行（图 4－11）。常用的接种工具有镊子、接种针等（图 4－12）。

图 4－11　超净工作台

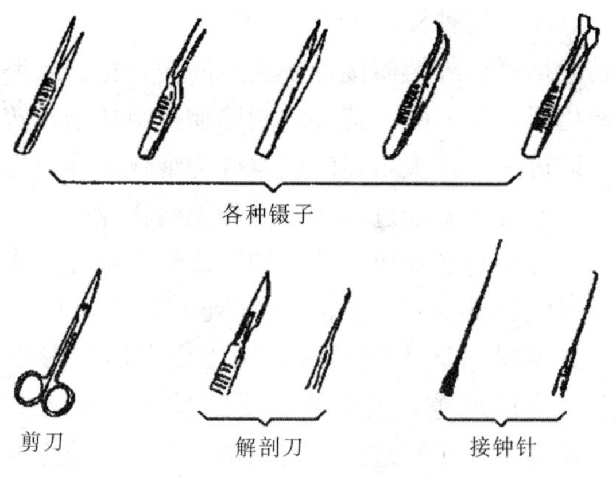

图 4－12　各种接种工具

(4) 启动培养。植物组织培养的成功，首先在于启动培养，又叫初代培养。启动培养的条件：一是要保证无菌，即要在一个周围严重污染的环境中，千方百计保证培养材料和培养基的无菌状态及培养室的良好清洁环境条件，这也是最基本的前提；二是培养条件要合适；三是操作技术要过硬。很多组织培养的失败，从材料、培养基和培养条件等方面检查均无问题，只是由于操作技术不熟练而致。接种前 10min 最好先使工作台处于工作状态，让过滤空气吹拂工作台面和四周台壁，接种人员用 70% 乙醇擦拭双手和台面。培养瓶在火焰附近打开或塞子，消毒过的镊子等器具不要接触瓶口。具体的接种操作见图 4-13。

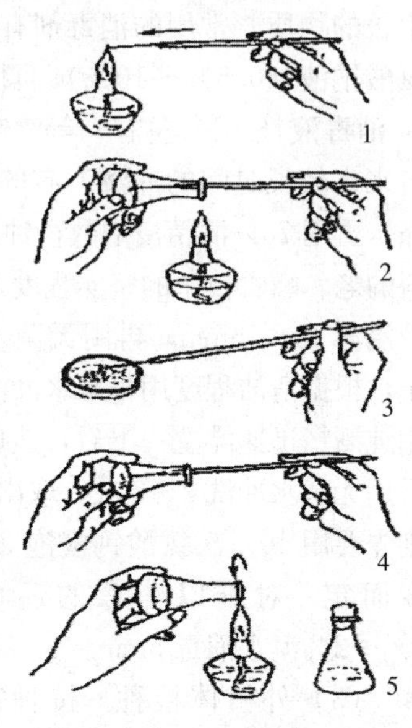

图 4-13 接种操作步骤

1～2. 接种针酒精灯上灭菌、接种
3～4. 接种针消毒液灭菌、接种
5. 培养瓶封口前灭菌与封口后

(5) 继代培养。外植体接种一段时间后，将已经形成愈伤组织或已经分化根、茎、叶、花等的培养物重新切割，转接到新的培养基上，以进一步扩大培养的过程称为继代培养。为达到预定的苗株数量，通常需要经过多次的循环繁殖作业。在每次繁殖分化期结束后，必须将已长成的植株切割成带有腋芽的小茎段（或小块芽团），然后插植到新培养容器的继代培养基中，使之再成长为一个新的苗株。该工作过程对环境要求高，需要适宜的温度、湿度及气体浓度等，其中最重要的是要尽量减少病菌的污染，一般都在无菌工作间进行。组培苗的切割移植作业需反复进行，工作量大，需要投入大量的人力和时间，是整个组培过程的重要生产环节和劳动聚集点。

继代培养时，要尽量利用芽丛增殖成苗的途径。接种材料以带有2～3个芽的芽团最好，可形成群体优势，有利于增殖和有效新梢的增加。但为延缓继代培养中试管苗的衰老，每个培养周期可选生长最健壮的芽取0.1～1mm的茎尖培养，培养量占总培养量的0.5%，作为更新预备苗。每经3个培养周期，继代苗即可更新一次。一般而论，继代周期以20～25天为宜，增殖倍数3～8倍为好。如果继代周期过长，一方面由于需要光照等管理而增加生产成本，另一方面由于培养基陈旧和瓶口封闭不严增加污染率。增殖系数小于3，生产效率低，生产成本相对提高。但如果增殖倍数大于8，丛生芽过多，则相对可用于生根的壮苗数量减少，而且难以获得优质组培苗，也影响生根质量和后期移栽成活率。

（6）组培苗生根及影响生根的因素。离体繁殖产生大量的芽、嫩梢、原球茎（部分直接生根成苗），需进一步诱导生根，才能得到完整的苗株。这是试管繁殖的第3个阶段，也是能否进行大量生产和商品化生产出售，取得效益的关键环节。

离体繁殖往往诱导产生大量的丛生芽或丛生茎、原球茎，再转入生根培养基生根或直接栽入基质中，也可以通过诱导出胚状体，进一步长大成苗（图4-14）。

香草种类、取材部位和株龄等对分化根都有决定性的影响。研究证明，降低培养基中无机盐浓度，有利于生根，且根多而粗壮。生根培养多数需要使用生长素，大都以IBA、IAA、NAA单独用或配合使用，或与低浓度KT配合使用。试管苗得到的光照强度、光照时数，在生根培养基上或是试管外时的温度，以及pH对发根均有不同程度的影响。

（7）试管苗移栽与管理。离体繁殖得到的试管苗能否大量应用于生产，取决于最后一关，即试管苗能否有高的移栽成活率。试管苗的质量是决定试管苗移栽成活率高低的主要因素，而提高

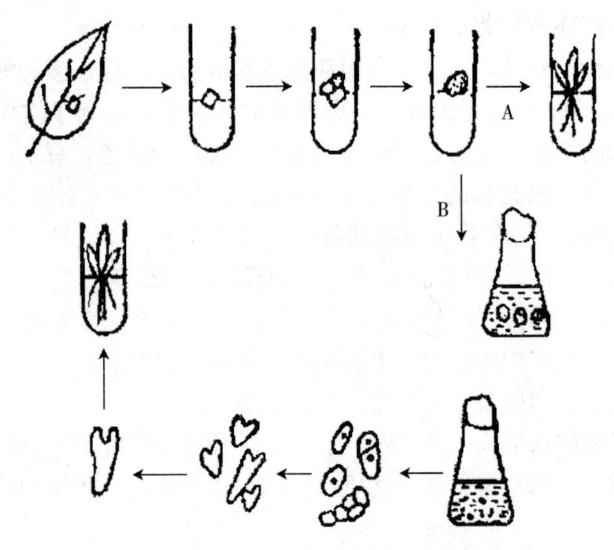

图 4－14 组培生根成苗类型
A. 愈伤生根成苗 B. 胚状体生根成苗

移栽成活率是从组培苗到大田生产的关键。试管苗一般在高湿、弱光、恒温下异养培养，出瓶后若不保湿，则极易失水而萎蔫死亡。

造成试管苗死亡的主要原因是根系不良。一是外植体能不断生长、增殖，但就是不生根或生根率极低，因而无法移栽，只能采用嫁接法解决这一问题。二是根与输导系统不相通，从愈伤组织诱导的一些根与分化芽的输导系统不相通，有的组培苗的根与新枝连接处发育不完善，导致根枝之间水分运输效率低。三是无根毛或根毛很少。其次是瓶苗叶片质量不高。

因此，要采取一切措施提高移栽成活率。一是选择适宜继代次数的组培苗，继代的次数也会影响组培苗的质量，影响移栽后的生命力。二是培育瓶生壮苗。三是选择适宜的移栽时间。幼苗长出几条短的白根后就应出瓶种植。根系过长，既延长瓶内时间，成活率也不高。四是选择合适的移栽容器及基质。五是加强炼苗与壮苗训练。六是精心养护管理。组培苗在种植的过程中温度要适宜。如果温度过高，会使细菌更易滋生，蒸腾加强，不利于组培苗的快速缓苗；温度过低，则生长减弱或停滞，缓苗期加长，成活率降低。移栽要在光照弱的时候进行，光线过强，可用50%的遮阳网减弱光照，以免叶片水分损失过快，造成烧叶。定植后为防止土壤干燥应浇足水，并使组培苗的根系与栽培基质充分地接触。组培苗首次移栽1周后，可施些稀薄的肥水。视苗子大小，浓度逐渐提高。利用杀菌剂提高试管苗移栽成活率是一种常用方法，一是用杀菌剂来处理移栽基质；二是在移栽后喷施杀菌剂；三是在移栽过程中利用杀菌剂处理试管苗根部，从而提高移栽成活率。

3. 组培过程中的环境调节　主要包括两个方面的调节。一是组培苗生长空间的环境控制。生长空间的环境主要包括温度（温度高低、日夜温差及变温）、光照（光质如LED灯，光强，光周期及照光方向）、热辐射和红外线、气体的组成（二氧化碳、氧气、乙烯）和空气环境（气体流通方式及速度）等，在不同程度上影响着组培苗的生长。二是组培苗生物学环境控制。组培苗根际环境主要包括物理环境（温度、水势、气体和液体的扩散能力、培养基的耐久性和紧密度）、化学环境（矿质营养浓度、添加的蔗糖多少、植物激素、维生素、凝胶剂及其他培养基pH、溶解氧及其他气体、离子扩散和消耗、分泌物等）、生物环境（竞争者、微生物污染、共栖微生物和来自培养过程产生的分泌物等）。

4. 外植体褐变与防止　组织培养过程中外植体褐变是影响组织培养成功的重要因素。褐变包括酶促褐变和非酶促褐变，目前认为植物组织培养中褐变以酶促为主。影响褐变的因素复杂，与植物的种类、基因型、外植体部位和生理状态等有关。

防止褐变，首先是要选择适宜的外植体。其次是对较易褐变的外植体进行预处理可减轻酚类物质的毒害作用，如将外植体放置在5℃左右的冰箱内低温处理12～14h，先接种在只含蔗糖的琼脂培养基中培养3～7天，使组织中的酚类物质先部分渗入培养基中，取出外植体用0.1%漂白粉溶液浸泡10min，再接种到合适的培养基上，可以减少褐变。第三是选择合适的无机盐成分、蔗糖浓度、激素水平、pH、培养基状态及其类型等，可降低褐变率。第四是添加褐变抑制剂和吸附剂，如PVP是酚类物质的专一性吸附剂，常用作酚类物质和细胞器的保护剂，用于防止褐变。用0.1%～0.5%活性炭对吸附酚类氧化物的效果也很明显。此外，在外植体接种后1～2天立即转移到新鲜培养基中，然后连续转接5～6次可基本解决外植体的褐变问题。此方法比较经济，简单易行，应作为克服褐变的首选方法。

5. 试管苗玻璃化问题及防止 玻璃化现象是指在继代培养过程中叶片、茎呈水晶透明或半透明状、水渍状，苗矮小肿胀、叶片缩短卷曲、脆弱易碎、失绿组织结构发育畸形等现象，又称过度含水化。“玻璃苗”是植物组织培养过程中特有的生理失调或生理病变，其生根困难，移栽后很难成活。因此，这些很难继续用作继代培养和扩繁材料。现在，玻璃化已成为茎尖脱毒、工厂化育苗和种质材料保存等方面的严重障碍，是进行组培工作的一大难题。控制玻璃苗的产生应采取以下几个措施：

（1）选择适当的激素种类和浓度。经试验，使用ZiP0.1～0.5mg/L时均不发生玻璃化苗，但成本高，分化率低。6-BA与KT相比，6-BA更易诱导产生玻璃苗。6-BA在有效浓度内，均有玻璃化苗发生，且有随浓度增高而玻璃化苗增加的趋势。因此，在保证增殖率和有效新梢数量的前提下，6-BA浓度以0.5mg/L为宜。当KT或6-BA与2,4-D或NAA配合使用时，玻璃苗比率迅速增大。试验证明，当玻璃苗刚出现时，马上将其转移至低浓度激素培养基或无激素培养基中，过一段时间，玻璃苗即可恢复为正常苗。

（2）使用适宜的琼脂量。恒温条件下，当琼脂浓度达到一定量后玻璃苗比率下降较多，部分玻璃苗可恢复为正常苗，而且恢复时是从植株上部开始逐渐往下恢复，但苗木生长缓慢。琼脂浓度越高，越不容易发生玻璃化。但琼脂浓度过高会提高成本，同时分化率会显著降低。因此，在大批量生产中琼脂浓度以 6～8g/L 为宜。

（3）选用适当部位的外植体。外植体以中部茎段产生的玻璃苗比率较大。

（4）采用玻璃苗复壮技术。试验发现，把脱毒康乃馨玻璃化苗接种到分别加入 20 万、40 万、60 万、80 万单位青霉素的培养基上进行转绿试验，以不加青霉素的作对照，培养 1 个月后发现，4 种浓度的青霉素均能使玻璃化苗转绿，以 20 万单位青霉素转绿效果最佳，不加青霉素的玻璃化苗没有转绿现象。

（5）调整组培的环境条件。引起玻璃化的因素之一是温度。特别是转接后 10 天内的温度至关重要。有研究认为，当温度日变幅在 ±2℃ 以内时，玻璃化苗发生率仅为 1%，而且出现时间晚，发生程度极轻；当温度日变幅在 ±4℃ 时，玻璃化苗发生率即达 9%，发生程度加重，且出现时间提前；当温度日变幅在±6℃时，玻璃化苗发生率高达 39%，在转接后 3 天即出现，程度极重。因此，要尽可能控制温度日变幅在 ±2℃ 以内，才可以有效减轻“玻璃苗”的发生，并使植株更健壮。

6. 香草脱毒种苗的获得　香草脱毒，即用各种技术和方法如组织培养、物理的热处理等使病毒类病源（包括病毒、类病毒、植原体、螺原体、韧皮部及木质部限制性细菌等）从植株体上脱去的过程。国内外大量的研究和生产实践表明，脱除病毒植株的表现明显优于感病植株，产量可提高 10%～15%，植株健壮，个体间整齐一致。

香草组织培养脱毒主要方法，包括茎尖脱毒、茎尖微芽嫁接脱毒、愈伤组织培养脱毒、珠心组织培养脱毒，以及其他脱毒方法等。植物组织培养脱毒依据的主要原理是病原物在植物体内的分布不均匀及植物细胞和组织的全能性，采用不含病原物的组织和器官，通过组织培养分化，繁育成无病毒的植株材料。

茎尖培养脱毒是以茎尖为材料，在无菌条件下把茎尖生长点接种在适宜的培养基上进行组织培养，进而获得无病毒植株的方法（图 4 - 15）。茎尖培养脱毒已经在菊花、兰花、百合、草莓、鸢尾等上应用，可脱除多种病毒、类病毒、类菌原体和类立克次体，很多不能通过热处理脱除的病毒可以通过茎尖培养而脱掉。茎尖培养脱毒直接从茎尖生长获得植株，很少发生遗传变异，能很好地保持品种的特性。

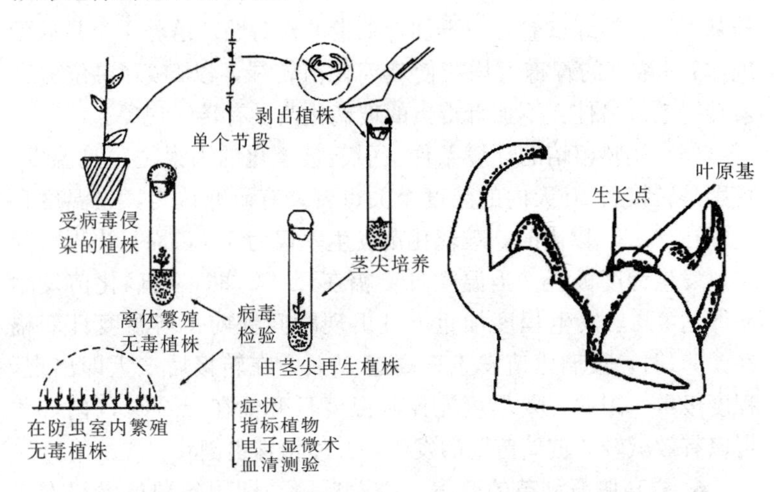

图 4 - 15　香石竹茎尖培养无病毒植株示意图

（张献龙和唐克轩，2005）

在剥取茎尖时，要把茎芽置于解剖镜下，一只手用一把细镊子将其按住，另一只手用解剖针将叶片和叶原基剥掉。解剖针要经常蘸入 90%乙醇，并用火焰灼烧以进行消毒。当形似一个闪亮半圆球的顶端分生组织充分暴露出来之后，可用一个锋利的长柄刀片将分生组织切下来，上面可以带有叶原基，也可不带，然后再用同一工具将其接到培养基上。应特别注意的是，必须确保所切下来的茎尖外植体不要与芽的较老部分或解剖镜台或持芽的镊子接触，尤其是当芽未曾进行过表面消毒时更需如此。

在茎尖脱毒的过程中，培养基、外植体大小和培养条件等因子，会影响离体茎尖（100～1 000μm）再生植株的能力。外植体的生理发育时期也与茎尖培养的脱毒效果有关。

应当指出，所谓无病毒苗只是相对而言，许多植物有多种已知的病毒类病原及尚未知道的该类病原。通过茎尖培养的幼苗，经过鉴定证明已去除主要危害的几种病原，即已达到目的，因此称之为“无特定病原苗”或“检定苗”，比泛称“无病毒苗”更合理。但为方便起见，多采用“无病毒苗”名称，这是特指无特定病毒类病原的一类幼苗。

脱毒苗的检测通常是在相关部门和权威机构的参与、指导和监督下进行的。通过以无病毒存在，才是真正的无病毒苗，才能在生产中推广应用。根据脱毒种苗的质量可简单地分为四个级别，其标准如下：

脱毒种苗：即对同一茎尖形成的植株经 2～3 次鉴定，确认脱除了该地区主要病毒的传染，达到了脱毒效果的苗木，使用效果最佳。这是脱毒后在不同要求的隔离条件下，扩繁而成的种苗的统称。

脱毒试管苗：又称脱毒原原种苗，由茎尖组织脱毒培养的试管苗和试管微繁苗，经 2～3 次特定病毒检测为不带病毒，主要用于繁育脱毒原种苗。

脱毒原种苗：由脱毒试管苗严格隔离条件下繁育获得，无明显病毒感染症状，病毒感染率低于 10%。本级种苗主要用于繁育生产用种。隔离效果好，病毒感染率低的，可继续留作本级种苗繁育，但一般沿用不超过 3 年。

生产用种苗：又称少毒苗，简称脱毒苗。由脱毒原种苗在适当隔离区避蚜繁育而获得，病毒症状轻微或可见症状消失，长势加强，可起到防病增产的效果，允许感染率 10%～20%。本级种苗主要用于繁育和供应生产使用。隔离条件好、病毒感染率低的可继续留用本级种苗，但一般以2～3年为限。

原原种苗和原种苗的保存需要在无毒网或专门生产的温室内进行。

只有采用一定的措施和繁育体系，才能保证4个级别脱毒种苗的质量，确保生产者的利益和顺利推广应用。脱毒种苗的繁育体系分为品种筛选→茎尖组培→病毒检测→脱毒苗快繁→各级种苗生产与供应等环节。这些环节既相对独立，又相互关联，只有协调好各个环节，才能确保生产需求。各地在应用无毒苗时要注意土壤消毒或防治蚜虫，以减缓无毒苗再感染的发生。一旦感染病毒，产量质量下降，应重新采用无毒苗，确保生产的正常进行。

经过脱毒的植株，也会因重新感染病毒而带病，而自然界中植物往往受多种病毒的传染，因此真正获得全脱毒苗是比较困难的。无病毒苗培育成功后，还需要很好地隔离保存，防止病毒的再感染。通常无病毒原种材料是种植在隔离网室中，隔离网以300目的网纱为好，网眼规格为0.4～0.5mm，主要是防止蚜虫进入传播病毒。

总之，各地应用无病毒苗时，要从当地实际出发，采取相应的措施来防治病毒的再感染，一旦感染，影响生产质量时，就应重新采用无病毒苗，以保证生产的正常进行。

第五章 香草的栽培技术

一、香草的生产栽培技术

（一）一二年生香草的栽培技术

一二年生香草，除了含义界定的种类外，在实际栽培中还有多年生作一年生栽培，或作二年生栽培的，同时这两类除了严格要求春化作用的种类，在一个具体的地区，以无霜期的情况和冬、夏季的温度特点，有时也没有明显的界线，可以一年生的也可以作二年生栽培，如紫苏、香薷、德国甘菊、薰衣草等。在寒冷的地区，大多数只能作为一年生栽培。

一二年生香草对环境的要求相对较高，栽培程序复杂，育苗管理要求精细操作，二年生的香草有时还需要保护才能过冬。

一二年生香草大多数喜阳光充足，仅少部分喜半阴的环境。除了重黏土和过度疏松的土壤外，其他类型的土壤都可以生长，但以深厚的壤土为好。

一二年生香草对水分的要求较高，不耐干旱，易受表土影响，要求根际土壤湿润。

一年生的香草不耐冬季严寒，大多不能忍受0℃以下的低温，生长发育主要在无霜期进行，主要是春季播种。

二年生的香草喜欢冷凉的气候，耐寒性强，可耐0℃以下的低温，要求春化作用，不耐夏季炎热，主要是秋季播种。

一二年生香草大多采用播种繁殖，直接在生产用地上播种，所以繁殖系数大，生长迅速，生产见效快。但是，由于种子大多为小粒或微粒种子，出苗率会因播种技术和播种管理技术不到位降低种子出苗率，且用种量较大，浪费种子，一般还需要经过间苗及其他管理，所以育苗管理费工。为了提高出苗率，获得整齐一致的植株，常常在花圃中采用苗床育苗的方式，这样不浪费种子。此时，要求先高规格整地作床，如做到地平如镜，土碎如面则更好，然后镇压、浇水，待水渗下后再拌土撒种，覆盖保湿。如果在大棚或温室内育苗则更好，特别是采用穴盘播种育苗时，环境条件易于统一控制，管理工厂化，则苗子长势和规格基本一致。当苗子长到四叶一心时即可以移栽定植。所以，生产上最好直接使用商品苗，尤其是穴盘苗，既方便灵活，种苗又有良好的根系，定植后缓苗期很短，且生长较好。但是，苗子的供应会受市场提供的种类限制。

商品苗移栽到应用地之前，需要事先整好土地。最好是秋季耕地深翻，在春季使用前再整地作畦。一二年生香草的生长期较短，根系分布浅，土壤一般需要耕翻 20～30cm 深即可；沙质壤土宜浅，黏质壤土宜深。新开垦的土地和多年未使用的土地最好秋季深翻后施入有机肥。如果发现种植的土壤过于贫瘠或土质较差，可将上层 30～40cm 客土，或换成培养土，再整地作畦，然后进行定植。移植最好带土坨，容易成活，缓苗期短。以后的管理主要是适时浇水，控制杂草，摘去残叶，剪掉败花。有一些香草还需要进行适当地整形修剪，加强水肥管理，才能获得优质的材料。但是要注意，有些香草的品种是不能摘心的。

对于二年生香草的栽培，由于要经过很长一段时间的冬季，故常常需要进行越冬保护。如北京地区，常是在阳畦中过冬的。10 月底到 11 月初，将播种苗以一定株行距定植或带小土坨囤在阳畦中。阳畦管理以天气而定，白天打开覆盖物，天冷可缩短打开的时间，大风天仅打开两头通气，雪天不打开，及时清扫覆盖物上的积雪。现在也有用塑料薄膜覆盖越冬的，但是由于温度相对较高，在光线弱和管理不良时，小苗易徒长。次年 3 月上中旬将小苗移出阳畦定植，一些品种需要适当摘心。将移栽过的种苗最后种植在盆、钵等容器待用。对于耐寒性差的种类，需要在塑料大棚或日光温室或加温温室中进行育苗，待露地气温适宜时，再移栽到室外或盆钵中，或大田中，或园林景观绿地中。

（二）多年生香草的栽培技术

多年生香草一般生长强健，适应性较强，如杭菊、百里香等。种类不同，在其生长发育过程中对环境条件的要求不一致，生态习性差异也很大。早春及春天开花的种类大多喜欢冷凉环境，忌炎热气候；而夏秋开花的种类则大多喜欢温暖。

多年生香草对土壤要求不严，除沙土和重黏土外，大多数都可以生长。一般栽培2～3年者，以黏质壤土为佳，小苗喜富含腐殖质的疏松土壤，根系较一二年生花卉强壮，故抗旱性也较强。

多年生香草的繁殖除可采用播种法繁育种苗外，主要以营养繁殖种苗为主，包括嫁接、分株、扦插等，有些还可以用根蘖、吸芽、球茎、鳞茎、走茎、匍匐茎等繁殖，不过最普遍、简单的方法是分株。为了不影响开花，春季开花的种类应在秋季或初冬进行分株，而夏秋开花的种类宜在初春萌动前分株。根据生态习性不同，分为春播、秋播。播种苗有的1～2年后可开花，也有的需要5～6年后才开花。

多年生香草小苗的培育也需要精心管理和养护，与一二年生香草不太一样的是，定植以后的管理相对较粗放一些。

由于大多数香草一次栽植后需多年生长才能开花，根系也强大。因此，整地时要求深耕至40～50cm，同时施入大量有机肥作基肥。栽植或定植时，深度要适当，一般与根茎齐，过浅或过深都不利于生长。栽植后灌1～2次透水，以后按照多年生草本花卉的管理即可，但在特别干燥时要注意灌水养护，特别是每次刈割过后，要注意及时补充肥料和水分，以促进植株尽快恢复生长（图5-1）。

为了使香草植株生长茂盛，开花繁茂，在生长期应追肥，也可在春季新芽抽出前，绕根部挖沟施用有机肥，或是在秋末枝叶枯萎后进行施肥。同时，在秋末枝叶枯萎后，应自根际剪去地上部分，防止病虫害发生或蔓延。

图5-1　肥水足，禾苗壮

对于不耐寒的香草种类需要在温室中进行栽培；对耐寒性稍差的种类，入冬后要培土或覆盖过冬；对生长几年后出现衰弱，开花不良的种类，可以结合繁殖进行更新，剪除老根、烂根，重新分株栽培；对生长快、萌发力强的种类要适时分株。

（三）香草的无土栽培技术

指不用土壤而是用特制的营养液或无土栽培基质进行的香草栽培技术。与有土栽培相比，植株健壮，叶色浓绿，花期较长，花多色艳，且产量高，质量上乘，无异味和尘土，无病虫害污染等；生长环境调控相对比较容易，不受水、土、空间等的限制，不受土壤营养限制，占用土地面积小，具有经营管理方便，节省养分、水分、劳力和劳动时间，并可避免土壤连任障碍，可拓展生产空间，便于工厂化生产。

无土栽培的形式有槽栽、袋栽、盆栽、立柱式栽培等。无土栽培的设施主要由种植槽、贮液池、营养液循环流动装置三部分组成。该技术最大的优点是香草植株根系一部分浸入在浅层营养液中，另一部分暴露于空气中，可以较好地解决根系的氧气供应问题。

无土栽培的营养液需要配制，配制时所用的各种元素及其用量应根据所栽培花卉的品种及其不同生育期、不同地区来决定。北方地区的营养液配方可采用：1L 水中加磷酸铵 0.22g、硝酸钾 1.05g、硫酸铵和硝酸铵各 0.16g、硫酸亚铁 0.01g。南方地区营养液的配方 1L 水中加硝酸钙 0.94g、硝酸钾 0.58g、磷酸二氢钾 0.36g、硫酸镁 0.49g、硫酸亚铁 0.01g。将以上配方的各种元素混合在一起，加水即成。但是，配制和贮存营养液的容器应用陶瓷、搪瓷、塑料或玻璃器皿，切勿用金属容器，以避免化学成分与金属容器发生反应。如果用于盆栽香草植株，在生长期每周浇营养液 1 次即可，使用量可根据香草植株的大小灵活掌握。

无土栽培基质的主要作用是将植株固定在容器内。目前，国内常用的无土栽培基质主要有六类：一是直径小于 3mm 的沙粒。二是直径大于 3mm 的天然砾石、浮石、火山岩等。三是具有良好的缓冲性、不沉于水的云母类矿物蛭石。四是珍珠岩（将它和泥岩、沙混合使用，这样效果会更好）。五是透气性能好、有较强持水性的泥炭，可单独作基质，亦可与炉渣等混合使用。六是炉渣、砖块、木炭、石棉、锯末、蕨根、树皮等。基质在使用前应彻底进行洗净和消毒，使用后的基质一般不作反复使用。如果再次使用，需要再次消毒。

目前，香草无土栽培处于上升阶段。特别是我国正在全面建设小康社会，构建社会主义和谐社会，香草无土盆栽培将会进入家庭、公共场所和屋顶花园等场所。随着栽培技术的日渐成熟，香草无土栽培服务工作也会逐渐到位，将为消费者提供更普及、更完善、更全面的服务。

（四）香草的水培技术

是无土栽培的另一种形式，是用营养液来培养香草的新技术，只是无土栽培所用的栽培基质是水，而不是固体基质。水培的最大优点是清新环保，格调高雅，简单易行，引导潮流。

由于是水培，不需要经常浇水，比普通盆栽管理简单，即使主人外出时间较长也不必担心香草会枯萎死亡。水培的容器形状有多种多样，颜色可多姿多彩，从审美和观赏的角度来看，如果选择适当的容器，再与香草植株巧妙搭配组合，则可形成一个艺术的花瓶、花箱。透明的容器可观赏香草植株的根系生长，并可与鱼共养，撒入一些彩色的石子，则能具有比插花更胜一筹的观赏效果。所以，水培香草是一种高雅化摆设，如可以摆放于宾馆或酒吧的服务台、会议桌、办公桌、电脑旁、卧室内等地方，使美化空间更加扩大（图5-2）。

图5-2 水 培

这种栽培方式适合各类人士的需求，如非专业的养花人士、赏花胜过养花的爱花人士、工作繁忙的花卉爱好者等。但是，由于水培是一项崭新的、科技含量较高的现代花卉栽培技术，目前还需要解决一系列技术问题。其关键是要采用物理和化学的生物工程的综合技术，诱导香草植株的根部组织结构变化，如细胞增大、根系吸收面积增加等，从而使香草植株适应水中环境，以确保健壮生长。

（五）香草在果园、菜园、烟草园中的栽培

在这些地点栽培香草，主要是作为趋避植物来栽培，即利用香草植株能够散发特殊的气味来驱避鸟类、害虫，或杀菌防病，或防虫、杀虫。其次是可以改善土壤微生物环境，促进碳、氮循环。此外，香草作为间作物，收获的香草产品，可用于食用或加工，增加经济效益。同时，由于香草的使用，减轻了病、虫为害，减少了农药使用的次数和用量，因此可降低生产成本，更重要的是，不仅美化、香化了果园、菜园的同时，而且增加了生态

系统的多样化，丰富了物种多样性，是建设生态果园、菜园，有机果园、菜园的首选，符合生态、环保、可持续生产的发展理念。2010年北京市质量技术监督局发布了《果园间作草本芳香植物的栽植与管理》地方标准，规定了果园间作芳香植物种类的选择原则：遵循能够驱害诱益、经济实用、美观，能改善果园生态环境，并产生一定的经济效益。选择要求是芳香植物首先要具有驱避主要害虫、诱引有益昆虫的功能，同时还应符合：耐阴，抗病性强，抗旱性强，能适应果园土壤环境条件；易于管理；兼具观赏、加工及食用等其他利用价值。

如梨园间作薄荷、孔雀草和罗勒，改变了梨园生态环境中的蚜虫及其天敌类群数量和组成，害虫种群数量明显减少，益害比（1∶1）明显大于自然生草区（1∶2.1）和清耕区（1∶3.3）。所以，梨园间作芳香植物能控制园内害虫数量，增加天敌数量，且对主要害虫和天敌相互关系具有调节作用。这是一种农业防治害虫的优选方法。

苹果果园内单一间作孔雀草、香薄荷、藿香蓟、罗勒，或混合间作，如孔雀草×香薄荷、孔雀草×藿香蓟、香薄荷×藿香蓟、孔雀草×香薄荷×藿香蓟，与自然生草区相比，间作区在苹果开花期、幼果期和果实膨大期，0～20cm土层的含水量提高，土壤pH降低，0～20cm和20～40cm土层中有机质、大量元素含量和微量元素含量有一定的提升；间作区土层中转化酶、过氧化氢酶及脲酶的活性提高；间作区碳循环过程中的含水量、微生物量、碳和氮含量、微生物碳氮比等提升，细菌、真菌、好气纤维素分解菌和嫌气性纤维素分解菌的数量增加，转化酶和过氧化氢酶活性增强，可促进有机碳含量的积累，从而有效地促进果园土壤的碳循环；间作区的细菌、真菌、固氮菌、硝化细菌及反硝化细菌的数量也增加，蛋白酶和脲酶活性增强，促进了氮循环过程中的有机氮和速效氮的年际积累，从而有效地促进了果园土壤的氮循环。

温室番茄与紫苏、薄荷、风轮菜、果香菊、除虫菊间作，结果表明，它们对白粉虱均有一定的驱避效果，以紫苏的驱避效果最好，其次是薄荷，然后是除虫菊、果香菊和风轮菜。但番茄的产量以间作果香菊的最高，因为果香菊植株较矮，而紫苏、薄荷的植株较高。

烤烟与迷迭香、薄荷、美国薄荷、柠檬草、甜罗勒、香叶天竺葵等的间作试验（按优质烟生产栽培措施进行肥水管理，在整个生育期，不施农药，不打杀菌剂）结果表明，有利于提高烟叶的农艺性状、性状品质，还可以增加土壤中磷和钾的有效性，特别是烤烟与迷迭香的间作，对土壤中有效磷的活化作用最明显。

目前，可以间作的香草种类主要有：大蒜、大葱、细香葱、洋葱、韭菜、辣椒、芝麻、金盏菊、万寿菊、孔雀草、香矢车菊、菊花、除虫菊、艾蒿、蒲公英、香雪球、藿香蓟、荆芥、紫苏、罗勒、薄荷、留兰香、薰衣草、百里香、罗马洋甘菊、德国洋甘菊等。

二、常用香草的栽培技术

（一）唇形科香草

1. 唇形科主要香草

(1) 薰衣草（*Lavandula officinalis* L.）

别名：爱情草、拉文达香草、宁静的香水植物、百草之王等。

原产地：地中海沿岸、欧洲各地及大洋洲列岛。

形态特征：薰衣草为唇形科薰衣草属多年生常绿耐寒亚灌木，高 30～40cm，呈丛生状，茎直立，叶片互生，呈长披针形或羽毛状，穗状花序顶生，以蓝紫色为主，另有深紫、粉红、白等色，花期 6～8 月，果熟期 7～9 月，种子小，种皮黑色发亮。在花、叶和茎上的绒毛均藏有油腺，全株均具芳香。

种类与品种：薰衣草属共有28个原生种，其中用于提取精油的薰衣草主要分为三大类。一是薰衣草类，又称狭叶薰衣草类（彩图5-1）。其叶片较细，即叶片较窄，故称狭叶薰衣草。花穗较短，但香味较浓，精油含量高且品质上等，提取的精油多被用来制造高级香水及香料。

二是长穗薰衣草，又叫宽叶薰衣草。叶片较宽，花茎及花穗较长，可用于提取精油。

三是杂种薰衣草，是上述2个种的杂交种。由于其产量高，质量好，现被大量引种栽培于各薰衣草商业种植基地。

薰衣草在法国普罗旺斯又分为英国薰衣草和法国薰衣草两个类型。

英国薰衣草分为狭叶薰衣草和宽叶薰衣草，市场最为常见的观赏类型为狭叶薰衣草。特点是耐寒、耐旱，但耐热性差。全株具浓郁的香气，主要代表品种有‘维琴察’、‘优雅’、‘莱文丝’、‘希德’、‘孟士德’等。

‘维琴察’，当年开花。株高40cm，花蓝色，能耐－28℃低温，需要通过人工摘心，以促使株形圆整。

‘优雅’，当年开花。株高30～35cm，花有蓝紫色、天蓝色、冰白、雪白等色。植株茂盛健壮，株形整齐，花穗较大，可耐－28℃低温。

‘莱文丝’，当年开花。株高25～50cm，花蓝紫色，非常鲜艳，在冷凉条件下生长缓慢，该品种更适合在长日照和温暖的晚春或夏季生产，耐－28℃低温。

‘希德’，第二年开花。株高30～50cm，花蓝紫色，分枝能力极强，株形非常整齐，花期6～9月，耐－28℃低温。

‘孟士德’，第二年开花。株高40～60cm，花深蓝紫色，花期6～8月，耐－28℃低温。

法国薰衣草（彩图5-2），特点是耐热、耐湿、喜阳，但耐寒性稍差。代表品种有‘蓝神香’，当年开花。株高40～70cm，蕨类植物状的叶片，花浅蓝色，常作一年生品种栽培，耐热性强，整个夏季开花不断，一直持续到霜降，耐－18℃低温。齿叶薰衣草，特点是耐湿、耐热性稍差于法国薰衣草，耐寒性也较差。

还有一类是西班牙薰衣草，特点是耐热性和耐寒决性均介于英国薰衣草和法国薰衣草之间，花序顶端有一两对兔耳苞片。代表品种是‘紫带’，当年开花，株高35～40cm，花深紫色，可作为一年生品种生产，植株健壮，叶片品质好，喜光。

除了专门提炼精油的薰衣草种类之外，还有一些种可作为切花或花坛之用。其中优良品种‘薰衣草夫人’是美国花卉品种选育奖的获奖品种，适合盆栽，也适合作一年生栽培，秋季播种，春季即能开出繁茂芳香的花朵，整齐一致的植株盛花不断。‘蒙斯特’薰衣草，每年6～8月开淡蓝色花，叶片灰绿色，有花边，带香味。开花比‘薰衣草夫人’稍晚，且整齐度不如‘薰衣草夫人’。

薰衣草品种若按叶片外形分类，可分为宽叶薰衣草、狭叶薰衣草、羽叶薰衣草、齿叶薰衣草品种等几类，其中羽叶薰衣草仅供观赏，不能食用和药用。目前，已经开发出数百个新品种。如1980年北京植物园在河南浚县农场选育出了4个新品种，即京豫1号（74－95）、京豫2号（74－40）、京豫3号（73－88）和京豫4号（74－26）。这些品种的特点是生长势和抗逆性强，出油率0.999％～1.137％，平均单株产花量430～600g，折合每666.7m^2产油量4.9～7.88kg，含酯量43.7％～53.92％，香气符合评香的标准。

生态习性：薰衣草的生态特性为半耐热性，喜阳光，耐热，耐旱，耐寒，耐瘠薄，抗盐碱，但若长期受涝，根烂即死。薰衣草是长日照植物，花芽和开花需要12～14h的日照长度。

繁殖与栽培：薰衣草育苗应使用肥沃疏松、微碱性或中性的壤土。大面积种植应选择肥力中等、土层深厚、排灌良好、有机质丰富，以及富含硅、钙质疏松肥沃的沙壤土，pH6.5～7.5为宜。而黏性重、地下水位高的地块，不适宜种植薰衣草。

对于当年开花的品种，播种育苗一般12月至翌年2月进行，春季为佳，但冬季在温室也可播种。种子因有较长的休眠期，播种之前应浸种12h，再用20×10^6～50×10^6mg/L赤霉素浸种2h，再播种。播种深度0.2～0.4cm，温度保持15（20）～25℃。苗床要求湿润，约10天即可出苗。如果不用赤霉素处理，则要一个月方能发芽。发芽后湿度降至16～18℃，2～4月定植，6～8月开花。

对于需要通过低温春化的第二年开花的品种，一般8～10月播种，10～12月定植。定植后小苗在1～3月温度0～5℃经过低温春化，4～5月营养生长，6～8月开花。

如果采用穴盘播种育苗，每克种子近1 000粒，采用进口草炭土促进苗壮整齐，播种后不覆土或覆盖1～2mm的蛭石。穴盘苗育苗周期为6～8周。小苗带叶移栽，株行距20cm×30cm，成活后视苗情管理。1周后方可施肥，随着植株的增大，施肥浓度可从2 000倍逐渐增加至1 000倍，肥料采用氮、磷、钾20∶10∶20的平衡肥料即可。薰衣草结实率低，种子播种后变异现象严重，故生产上可采用扦插育苗克服后代分离现象。

扦插繁育种苗，要选择地势平坦的地块建立扦插床，精细整地，深度约20cm。插条应选择半木质化健壮枝，以5～10cm长之顶芽为材料，不要用已经出现花序的顶芽扦插，否则发根不良，而且将来生长势也差，因为开花就意味着枝条已经老化，扦插繁殖成功率大大降低。插前剪去下部叶片，插条入土深度4～5cm，株间距离8～10cm。扦插后浇透水，之后视天气与苗情灌水。插条发根后酌情施1～2次薄肥，出圃时对已经抽穗的植株进行摘心，以促发新枝，使株形圆满。

薰衣草最佳的发芽温度为18～22℃，在5～30℃均可生长，生长适温10～20℃，若长期高于38～40℃，顶部茎叶会枯黄。

薰衣草在平地也能生长良好，但在夏季应注意遮去约50%的阳光。海拔1 000m之高冷地区，则适宜薰衣草，生长良好。相反地，冬季的气候，因光线较弱，应在全日照下栽培。北方冬季生长期在0℃以下即开始休眠。休眠时，成苗可耐－20～－25℃的低温。

定植薰衣草前要施足基肥。生长期结合灌水，每年追肥4次以满足植株对养分的需求，促进植株健壮生长，获得高产。第1次追肥在植株返青初期，每666.7m^{2}追施充分腐熟有机肥500kg，磷酸二铵10kg，尿素10kg，在距苗侧10cm处施入，施肥深度8～10cm。第2次追肥在现蕾初期，每666.7m^{2}追施尿素8kg，磷酸二铵10kg。此时植株由营养生长转入生殖生长，故氮肥用量不宜过大。第3次在收花后施抽条肥，结合灌水每666.7m^{2}追施尿素5kg，磷酸二铵10kg，钾肥5kg，促进植株后期生长发育。第4次追肥应在冬灌前进行，每666.7m^{2}追施腐熟有机肥1 000kg。返青后至开花前应注意叶面追肥2～3次，每666.7m^{2}用磷酸二氢钾200g，或喷施宝1支加尿素80～100g。每隔7～10天喷1次，能够促进花期整齐一致，提高产量。收花后可补喷1次。栽培过程中如果发现干旱缺水，要及时浇水，但要注意掌握宁干勿湿的原则，否则根系腐烂而死。

为了使株形整齐，需要定期进行整型修剪。定植第一年的幼苗，要及时修剪，一般修剪3次，分别在5月下旬、6月中旬和7月下旬，方法是将植株上部的花蕾全部剪除，促进分枝生长。定植多年的薰衣草1年内需要修剪2次，第1次在4月中下旬，剪除老枝、断枝、干枯枝、病虫枝。第2次在8月下旬，剪除干枯枝、病虫枝、下垂枝、密生枝，疏除衰老枝，短截营养枝，促发新生枝，将植株修剪成圆冠形。

在冬季寒冷的地方，需要埋土防寒越冬。埋土工作应在土壤上冻前进行，将地上部分枝条全部埋入土中，埋土厚度10cm，到来年春季将土扒掉，注意不要损伤枝条，并剪去不整齐枝、老弱枝、枯死枝、折断枝，使植株发育健壮，开花整齐。

薰衣草病虫害较少，不用经常喷洒农药。但当发现根腐病、枯萎病、叶斑病出现时，也要积极防治。对于根腐病、枯萎病，要选用抗病品种，选择地下水位低，排灌好的地块种植，并应轮作倒茬，种植前施足基肥，增施磷肥，加强栽培管理，及时中耕松土，破除土壤板结层，并做好清园灭菌工作。药剂防治时，可在春季开墩后、秋季埋土前，以及在发病初期用灌根或叶面喷施。对于叶斑病，要合理密植，合理施肥，增强植株抗病能力。药剂防治重点是在发病前喷1∶200倍波尔多液预防或其他药剂在发病期防治。

薰衣草的虫害主要有红蜘蛛、叶蝉、跳甲等。秋季注意做好清园灭菌工作，消灭虫害越冬场所，并在春季出土后、秋季埋土前结合药物进行杀虫。防治红蜘蛛可用1.8%阿维菌素600～1 000倍液叶面喷雾。防治叶蝉、跳甲，要在第一代若虫集中发生期（5月中下旬）进行。

采收：薰衣草的精油含量以花朵最丰富，所以不论是提炼精油或是料理使用，均是以花朵为主。最佳收获期为盛花期，即花穗50%～70%开放时为好，过早或过晚收获都会影响产量和质量。收获前7～10天浇一次水，收获时在花穗最低花轮以下5cm左右收割，以剪刀剪取花序，不要带花穗以外的杂物。收获后要及时蒸馏加工，如欲保存则加以干燥备用。株龄3年生以上的地块，每666.7m^2基本苗1 000～1 300株，单株产花600～700g，亩产精油6～7kg。为方便收获，栽培初期的一些小花序不妨以大剪刀整个理平，新长出之花序高度一致，有利于一次收获。有些品种高度可达90cm，也利用这个方法使植株低矮，促使多分枝并开花，增加收获量。但是，修剪时要注意在冷凉季节如春、秋时分，且注意不要剪到木质化的部分，以免植株衰弱死亡。

应用：薰衣草原产于地中海沿岸、欧洲各地及大洋洲列岛，被称为“百草之王”，香气清新优雅，性质温和，是公认为最具有镇静、舒缓、催眠作用的植物。它具有舒缓紧张情绪，镇定心神，平息静气，愈合伤口，去疤痕的多种功能，自古以来就被用在香料和医疗上，由于疗效广泛且容易栽培，故称之为“穷人的草药”。由于兼具有药用、食用价值和美化环境功能，如今已是欧洲常见的庭园植物。

薰衣草除了专门提炼精油之外，还可作为切花或花坛绿化使用。将其栽培在庭院及公共场所，叶形花色优美典雅，其香气能醒脑明目，使人有舒适感，还能起到驱除蚊蝇的效果。

薰衣草全株具清淡香气，植株晾干后香气不变，花朵还可做香包、干燥花束、押花、薰衣草杖等。甜蜜薰衣草口感佳，可以制作糕点。

薰衣草花开时，一片紫艳花海，如法国南部普罗旺斯的薰衣草田景观尤其著名，后被广泛栽种于英国及南斯拉夫，现在美国的田纳西州、日本的北海道也有大量种植。我国最大的薰衣草生产地在新疆伊犁地区，其他如广东、北京、河北、河南、山东等省（直辖市），都已经将薰衣草用于农业观光、都市农业、旅游业、芳香保健园、婚纱摄影园等，并取得了可观的生态效益、经济效益和社会效益。这时，一般种植的株行距较大，如可采用60cm×60cm，3年后隔行移栽成60cm×120cm，以便于游人观赏、拍照。

（2）迷迭香（*Rosmarinus officinalis* L.）

别名：万年香、乃尔草、海水之露等。

原产地：非洲北部地中海沿岸，已在美洲温带地区和欧洲归化，在美国温暖地区和英国广泛栽培于花园。

形态特征：唇形科迷迭香属常绿多年生亚灌木。株高盆栽约30cm，地栽50～80cm，植株若不修剪高度可达150cm，展幅60～80cm。茎直立，多分枝，干褐色，表皮粗糙，幼枝四棱形，老枝近圆形，木质化。叶对生，无柄，革质，披针形或线形，长2.5～3cm，宽0.2cm，叶表深绿色，叶背银灰色，叶干燥后呈针状，叶缘稍微向内反卷。全株皆有芳香味，食用略带一些苦味及甜味。春夏开花，着生于小枝顶部或叶腋间，总状花序。花唇形，花色有蓝色、紫色、白色、黄色或粉红色。小坚果，千粒重1.1g，种皮深褐色，种脐白色。

种类与品种：迷迭香的品种有很多，近年来不断有新品种问世。根据枝条生长状态分为直立种、半匍匐型及匍匐种，经济栽培大多以直立种为主（彩图5-3），因为它生长所需的空间较小，采收也比较方便。

生态习性：迷迭香适应性强，较能耐旱，耐瘠薄，对土壤要求不严，pH4.5～8.7的土壤均能生长。生长缓慢，再生能力弱。适宜排水良好的富含沙质或疏松石灰质土壤，有一定的耐盐碱能力。性喜通风、温暖气候，生长最适温度为9～30℃。但耐寒性较差，北方寒冷地区冬季应覆土护根，以利越冬。忌高温、高湿环境，不耐涝，雨季时生长常不良，喜良好通风条件。迷迭香喜日照充足的场所，全日照或半日照均可，也适于在半阴的环境中生长。

繁殖与栽培：3～4月或9月用种子播种，因种子发芽困难，发芽率低，播前应用30℃温水浸种8～12h，并搓去表面黏膜。若发芽温度介于20～24℃，发芽率低于30%，而且发芽时间长达3～4周，但如果先于20～24℃发芽1周后，再以4.4℃温度处理，4周后发芽率可提高至70%。发芽适温为15～20℃。种子有好光性，将种子直接播在介质上，不需覆盖土，覆盖地膜保温保湿，2～3周后发芽。苗床一定要注意整细整平，否则影响种子出苗。种子繁育出的种苗品质差，夏季易受病虫害。

扦插繁殖迷迭香是既快又有保障的做法，宜在大棚或温室中进行。也可用穴盘扦插，穴盘内装上新的培养土，取顶芽扦插即可。若要加速发根，可在扦插前将基部沾些生根粉。扦插前，先以竹签插一小洞再扦插，以免发根粉被培养土擦掉。穴盘放在荫凉的地方，白天温度控制在18～25℃，夜间在8～15℃，湿度在

75%以上，土壤持水量为60%左右，要间干间湿，并注意通风和透气，每10天喷1次1 500倍的百菌清并加0.2%磷酸二氢钾以增加插穗的抗病性，经过大约1个月即可生根。当插穗长出2～3对叶片时开始炼苗，以备定植。匍匐类型的迷迭香，可利用横躺的枝条于接触泥土处先刻伤再浅埋，约一个月后切离母株，就是一棵新迷迭香植株了。

迷迭香栽培地以富含沙质使能排水良好的土壤为宜。种植前认真整地，翻地一般深30～50cm。整地前先施足腐熟的农家肥，每666.7m² 约5 000kg，磷肥20kg。然后进行耕翻、耙碎、整平。可采取高床或平床，高床优于平床。高床方便排水，床高20～30cm，宽1.2～1.5m，步道宽20～30cm。床土可掺沙20%～30%，以改善土壤的透气性、透水性，增强传热能力。定植前用800～1 000倍的百菌清对高床进行地面喷雾消毒。当幼苗长至6～8片真叶时进行定植，选用植株健壮、根系发育良好、无病无损伤的种苗。定植前用1 500～2 000倍雷多米尔加0.2%磷酸二氢钾泥浆蘸根，可有效提高苗木成活率，预防病害的侵染。定植株行距为40cm×50cm，每666.7m² 种植数量4 000株左右。定植后要浇足、浇透定根水，如有苗木倒伏要及时扶正固稳。定植迷迭香最好选择阴天、雨天和早、晚阳光不强的时候。栽后5天视土壤干湿情况浇第2次水。待苗成活后，减少浇水次数和浇水量。发现死苗要及时补栽。缓苗后主茎高15cm时摘心，促发侧枝。

迷迭香在5℃开始萌动，10℃缓慢生长，20℃左右生长旺盛，30℃进入半休眠期。在年周期内，迷迭香5～7月为第1个生长高峰，7～8月上旬为浅休眠，8月中旬至10月初为第2个生长高峰，11月到次年3月下旬为半休眠期（保护地内），9月份露出花蕾，如无高温可开花结实。在生长期，由于迷迭香叶片本身就属于革质，较能耐旱，但喜水。生长季节浇水，根据土壤墒情一般每7～10天浇水1次，中后期结合气候条件和土壤墒情适时灌溉，但严禁漫灌和田间积水。生长季节注意松土、除草和排水防涝。苗期和灌溉后及时进行机械和人工松土，消灭杂草，提高地温。根据土壤条件不同在中耕除草后施少量复合肥，每次收割后要追施1次速效肥，以氮、磷肥为主，每666.7m^2施尿素15kg、过磷酸钙25kg，或迷迭香专用肥25kg。迷迭香并不是很喜肥的植物，每3个月施1次肥即可。在两个生长高峰前期每666.7m^2分别施尿素10kg和磷肥2kg。采取隔株穴施或行间机械条施方式均可。盆栽时基质要排水良好，可以用市售栽培土混合蛭石及珍珠石，比例为2∶1∶1。如果栽培介质排水不良，易因浇水过多而引起根腐，并导致叶片大量掉落。如果是买市面上贩售的盆栽，回家后最好能更换成排水较佳的基质。盆栽在夏季要保持湿润，避免干燥；在冬季要干后再浇。

迷迭香要适时修剪，种植成活后3个月即可进行修枝。迷迭香再生能力不太强，修剪采收时就必须要特别小心，尤其老枝木质化的速度很快，一下子太重的强剪，常常导致植株无法再度发芽。比较安全的做法是：每次修剪时，不要超过枝条长度的一半。虽然每个叶腋都有小芽出现，将来随着枝条的伸长，这些腋芽也会发育成枝条。腋芽长大以后，整个植株因枝条横生，不但显得杂乱，同时通风也不良，容易成为害虫的栖息地及容易得病。因此，定期的整枝修剪是很重要的。直立的品种容易长得很高，为方便管理及增加收获量，在种植后开始生长时要剪去顶端，侧芽萌发后再剪去顶端2～3次，这样植株才会低矮整齐。迷迭香在种植数年后，植株的株形会变得偏斜，下部叶片脱落，根部萎缩。所以，应在10～11月或2～3月时从根茎部进行更新修剪。

迷迭香根腐病常发生于高温、高湿条件，可用多菌灵、敌克松、甲基托布津、雷多米尔等药物防治。

采收：迷迭香一次栽植，可多年采收，以枝叶为主。当株高达30cm时即可用剪刀修剪，或直接以手折取。但是，必须特别注意枝条伤口所流出的汁液很快就会变成黏胶，粘在手上很难去除，有些人的体质还会发生过敏。因此，采收时必须戴手套并穿长袖服装。采收次数可视生长情况而定，一般每年可采 3～4 次，每次采收每 666.7m^2 可采 100～300kg。

应用：迷迭香是常用的食材和药材。如西餐中，它是经常使用的香料，在牛排、土豆等料理中，以及烤制品中经常使用。迷迭香叶为风靡多时的药草，具杀菌、抗氧化作用，可用来保存食物，有助于消化脂肪，也常被放入数种减肥药、染黑头发的润丝精和去头屑的洗发精中，至今受欧洲人的喜好。如果直接采2～3片叶子放入口中咀嚼，可以消除口臭。烹调肉类或海鲜时，加几片新鲜或干燥的叶子可去除腥味。迷迭香还有防腐作用，一直被用来作肉类保鲜。

迷迭香除了烹调时作为香料外，将干燥的茎叶放在室内可使空气中弥漫清香。将茎叶放入洗澡水中沐浴，可促进血液循环，做成布包放入衣橱可驱除蛀虫。花、种子可减轻头痛、帮助睡眠、防止掉发，同时还具有一定的杀菌抗病毒效用。药理上迷迭香具有重要的药用价值，具止痛、抗抑郁、抗风湿、抗菌、抗氧化、提神醒脑、收敛、利尿、通经等功效，可促使病症消退或解除，能治疗头痛、神经紧张、胃口不佳。茎叶提炼的精油可制造古龙水，加入洗发精还可去除头皮屑，但是剂量不要太大，否则有癫痫或痉挛之虞。一天的使用量，新鲜茎叶 4～6g，要当药物使用，还必须请医师来处理。由于迷迭香会造成流产，怀孕妇女必须避免使用。迷迭香可装成枕头，可达到明目清脑、改善睡眠、缓解头痛的神奇效果。迷迭香的花和嫩枝能提取芳香油，用于工业或其他用途。如可用于调配空气清洁剂、香水、香皂等化妆品原料，最有名的化妆水就是用迷迭香制作的，并可在饮料、护肤油、生发剂、洗衣膏中使用。据说在埃及的法老古墓中，用作尸体防腐的香料。希腊人和罗马人把迷迭香视为再生的象征和神圣的植物，认为它能使生者坚定、死者安详，因而以迷迭香的枝条来献祭神祇，用迷迭香焚香以驱散鬼邪。摩尔人在果园周围大量栽植迷迭香，用以驱走有害昆虫。匈牙利曾有个倾国倾城的美皇后青春常驻的秘密就是她在晚年时经常用迷迭香来洗脸，脸部皮肤很明显地回复年轻的模样。故迷迭香的溶液有“匈牙利皇后之水”的美誉。

叶的芳香气味还被认为有增强记忆的功效。如用迷迭香泡制的别有风味香草茶，能令人头脑清醒，能增强脑部的功能，减轻或改善头痛，增强记忆力，需要大量记忆的学生不妨多饮用迷迭香茶。此外，对伤风、腹胀、肥胖等亦很有功效。冲调方法是迷迭香叶适量、热开水、蜂蜜或砂糖（因个人需要使用）少许，把迷迭香放入壶中，加入热开水冲泡3～5min，稍凉后加入蜂蜜或砂糖便可饮用。

迷迭香的整棵植株均可利用，以枝叶为主。采收后除非是要立刻使用，否则应迅速烘干，放入密闭容器中保存，以免香气逸失。将干燥的茎叶放在室内有使空气清香的效果，茎叶放入洗澡水中沐浴可促进血液循环，做成布包放入衣橱可驱除霉味。

迷迭香株形优美，花色迷人，生长季节会散发一种清香气味，能使人神清气爽，具有提神醒脑、增强记忆力、调节人体情绪的作用，号称圣母玛利亚的玫瑰。它的茎、叶和花具有宜人的香味，可作观赏植物地栽于庭院内，或盆栽摆放于卧室、客厅、厨房等。在家庭和屋前后种上几盆，将带来满室飘香。现在，迷迭香在欧洲地中海沿岸已成为亮丽景观植物，台湾地区引入做趣味栽培，以盆花的方式上市销售，消费者手碰一下就有浓郁的香气。迷迭香枝条的可塑性强，也可栽培修整成姿态优雅的盆景。新鲜枝叶可做成花环，在圣诞节时挂在门上，象征祝福，也可用作插花。

（3）百里香（*Thymus vulgaris* L.）

别名：麝香草、千里香、地椒、银斑百里香等。

原产地：地中海沿岸，现广泛分布于非洲北部、欧洲及亚洲温带地区。中国也有分布，主要分布于甘肃、陕西、青海、内蒙古、山西及河北等省（自治区），常自然生长于多石的山地、溪旁和杂草丛中。

形态特征：唇形科百里香属，性状、株高依品种而异，20～50cm，除了宽叶百里香外，其他的种叶片都很小，呈椭圆形，略带肉质。部分种类具有短绒毛，叶片边缘略向背面翻卷。轮伞花序紧密排列成头状花序或疏松成穗状花序；花具梗，萼管状钟形或狭钟形，具10～13脉。花冠筒内藏或外伸，冠檐唇形，上唇直伸，微凹，下唇3裂，裂片近相等或中裂片较长。雄蕊4，分离，外伸或内藏，前对较长；花药2室，药室平行或叉开。花小，颜色有红色、粉红色、淡紫色、紫红或白色，在枝条顶端叶腋7～8朵集生。小坚果卵球形或长圆形，光滑。种子极小，每克约6 000粒，无胚乳或少胚乳。4～5月为盛花期，6～9月常有星星小花点缀绿叶间。许多在9～10月间，还有一次盛花期。

百里香小叶有侧脉2～3对，两面均有凹陷的腺点，下面的腺点较为明显。所有腺点都可分泌一种浓郁的香气，只要轻轻掠过，就会弥漫出阵阵香味。老枝因成熟木质化而呈现淡褐色，全株均具有芳香的味道。

种类与品种：全世界百里香属共有300余种，中国有11种2个变种。一般按枝条的分生状态分为直立及匍匐百里香两种；按叶型分，则有宽叶、窄叶和花叶等类型。常见的种类有百里香、铺地百里香（彩图5-4）、地椒、黑龙江百里香、柠檬百里香等。

生态习性：百里香适应性强，抗寒、抗旱、耐高温。冬季可抵御－30℃以下的低温，夏季能耐受40℃以上的高温。其根系发达，母株根长超过匍匐茎，细根如网，又有匍匐茎随处生根，故在十分干旱的流沙阳坡、风化的砂岩上均可正常生长，但在条件稍好、疏松肥沃的土壤中生长会更好，扩展更快。喜光也稍耐阴，但不耐潮湿。性喜酸性土，需要阳光充足、排水良好的土壤。

百里香可于早春2、3月即返青吐绿，整个夏季绿叶青翠欲滴，小花争奇斗艳，深秋叶子又变成紫红，颇具特色，至12月白雪皑皑中尚见“冻”的发紫的小叶挺立，观赏期较长。

繁殖与栽培：繁殖主要有播种、扦插、压条及分株法。播种期在秋季至春季之间，宜在大棚或温室中进行。发芽前基质须充分的浸湿，发芽后长出2～3对真叶时，宜先移植至128格穴盘，充分发育后再换至9cm盆定植。小苗期保持棚内湿度，温度22～25℃，湿度80%左右。定植的株行距20～30cm见方。值得注意的是，有些品种如斑叶百里香不能用播种法繁殖，否则后代即不具有斑叶之性状。

扦插法极易发根，很容易繁殖。大量生产时为求品质一致，以切取具3～5个节间，长约5cm带顶芽的枝条扦插。不带顶芽的枝条扦插虽可成活，但发根速度慢，根群也较少。此外，也不要剪取已木质化的枝条扦插，发根率不高。扦插时，宜插在128格穴盘中，方便成活后移植，且不伤根。

压条及分株法更易，因为其枝条接触地面会自动长根，直接切取就是独立的一棵植株，比较适合家庭园艺种植者采用。

适合百里香生长的温度在20～25℃。夏季时，植株的表现通常是虚弱的，只有在冷凉的地区栽培，或是放在荫凉的地方越夏，进入秋季转凉之后，再改放在日照充足的地方，比较适合百里香的生长及发育。百里香对栽培介质要求是排水性能要好。因为，百里香的叶片厚，具肉质的特性，故它不耐潮湿的介质。所以，若采用泥炭土为栽培材料，应加入大约20%的有利于排水的介质成分，如珍珠岩、粗砂等。栽培管理应遵从宁干勿湿的原则，否则根部无法强壮伸展，通气性差，植株生长不好。百里香的生长速度慢，并不需要太多的肥料，以泥炭为介质的话，加入5%～10%的腐熟有机肥即可。植株长大后，剪取枝条利用。新芽开始生长时，酌情每1～2周浇灌1 000倍液肥。夏季生长衰弱，此时施肥易导致植株烂根死亡。

采收：百里香以剪取枝叶来利用，当植株高度达30cm以上时即可采收。在开花前剪取5～10cm的顶端的部分，顺便兼做修剪工作。若不修剪，枝条成熟后开花，结种子后很容易致死。因此，采收兼更新的动作是必要的，而且还能促使长出的枝条长度一致，下次收获时很容易以手握取枝叶剪下。但是需注意，不要因为光顾及追求大的收获量而把木质部剪断，至少应在保留4～5片叶片的地方剪取，因为枝条基部老化部分再生力差，很容易全株死亡。收获的枝条以干净的冷水刷洗过一遍。甩掉多余水分，就可利用。若要长期保存，以切口向下的方式放入塑料袋中，不要密封，放入冰箱或在冷库中处理。

应用：百里香是最古老的调味料之一，1970年百里香国际标准化组织就公布并被许多国家承认的香辛料。因其所含精油具有很强的抗氧化性和抑菌性而被广泛应用于医药、食品、化妆品等行业中。

在药理上，百里香具有改善鼻喉不适的作用，民间用药时，是取其帮助消化、利尿、驱逐蛔虫等功效。著名的漱口药水李施德林即含有百里香的成分，但应注意的是，一天的食用总量不要超过10g。

百里香用于食品料理上，其新鲜枝叶可直接生食，也可作为菜、汤、馅的调味品，也可干燥后使用。厨艺中，百里香被称为“调和者”，常作为各式肉类、鱼贝类、牛肉等的香料用，或在饼干、糕点等各式食品加工中应用；也可提炼香精，加工利用作为其他用品；可制成干制品、酊剂、流浸膏作为食品加工业的调味品，可制成百里香保健酱油。

鲜叶或干叶可制作成百里香健身茶系列，如与红枸杞搭配制成红枸杞百里香保健茶，具有温中散寒、祛风止痛、杀菌消炎等功能，可预防中暑、感冒、清暑解热、和胃止呕，治疗牙痛、咽肿、肌肤瘙痒等。同时，它又具有促进消化、恢复体力、抗菌、防腐之效。

百里香新鲜枝叶及花可直接剪取插于花瓶中，自然散发芳香。浸于水中取浸出液可做成简易消毒水。干燥的茎叶可作为熏肉的香料或以小布袋包裹置于房中角落有驱虫的功效。

百里香具有园林观赏价值。野生种花小繁多、花冠淡紫色；栽培种花色、叶色多样，花朵变大且繁多。百里香美丽而柔和，花期长，植株成簇状匍匐生长，耐干旱、耐瘠薄、耐寒，是不可多得的优良地被植物，可作为新型开花地被植物在园林上加以利用。百里香是阳性植物，对于新土地被植物建植、花坛、花柱、花匾、花镜及大面积铺种阳光直射的地被植物园林景观是理想的植物。由于株型小巧精致，花香而淡雅，配以精巧的微型花盆，匍匐茎垂于盆外，或悬吊，或摆设，姿态飘逸，超凡脱俗，别有一番情趣。鲜叶或干叶也可以用作插花、干燥花、押花等。

（4）香蜂草（*Melissa officinalis* L.）

别名：香蜂花、蜜蜂花、柠檬香蜂草、柠檬（香水）薄荷等。

原产地：地中海东部和亚洲西部，主产地在法国，我国主要分布于的中南部、西南部和台湾省。

形态特征：为唇形科滇荆芥（山薄荷、蜜蜂花）属多年生草本植物，株高30～60cm。茎呈方形并具分枝，分枝性强，易丛生。叶对生，着生于每一茎节上，宽卵形或心脏形，叶缘具圆锯齿或锯齿，叶脉明显，具长柄。茎及叶片正反两面均密布细绒毛及透明腺点，繁茂呈深绿色，柠檬香味较浓烈。花顶生或腋生，轮伞形花序，花小，多数，花冠白色或淡红色或淡黄色，唇形，花萼表面有细绒毛，在欧美地区于7～10月开花。坚果小，长椭圆形，黑褐色，有光泽，顶端有白色的芽眼。种子千粒重约0.5g，萌发力可保持4年以上。

种类与品种：目前生产上栽培的仅本种1种（彩图5－5）

和斑叶变种，但斑叶现象不稳定。还要注意应与薄荷相区别，两者的主要差异在开花时可明显区分。香蜂草的小花花萼呈唇形，薄荷则呈圆筒状。

生态习性：植株强健，性喜湿润土壤，较耐干旱，具有耐热和耐水特性，但忌积水，又有一定的耐寒能力，也耐轻度盐碱。在我国华北地区露地栽培，冬前稍加培土覆盖可安全越冬，在黑龙江省冬季在温室内越冬。

繁殖与栽培：播种、分株或扦插法繁殖均可。香蜂草种子极小，种皮坚硬，发芽较缓慢，宜育苗移植。种子喜光性强，所以播种时以在盆钵或育苗盘（穴盘）内为好，且不必覆盖。容器内置园艺用栽培土，播种深度12mm，萌芽期2～4周。也可直接于田间播种，但最好于室内先行播种育苗，待成株后再移植田间，栽培株距30～45cm，行距60～90cm。

一年生植株，可采用分株或扦插法繁殖。由于植株茎部接触地面的部分很容易长根，故分株时切取下来重新种植即可。扦插时，用泥炭∶珍珠岩1∶1混合是较理想的扦插基质；对插条用吲哚丁酸钠300mg/L浸泡10min后再扦插，生根效果较好，生根率达76.67%；枝条上部3节带叶插条生根效果最好，生根率可达72.22%。

香蜂草在全日照下或半遮阴条件下栽培均可，对土壤适应性广，但以通风良好、排水良好的沙质壤土为佳。栽培时可以田间、庭园及盆栽等方式进行。田间或庭园全日照栽培时，茎叶生长繁茂呈深绿色，香味较浓烈。终霜过后，一般5月下旬至6月初定植，缓苗期间，要保持土壤见干见湿，缓苗以后无雨天，约15天浇一次水。雨天要注意排除积水防涝。每次采收后适当追氮肥。病虫害防治方面，要注意防止叶斑病、斜纹叶稻虫、毒蛾幼虫或聒蝓等。

采收：香蜂草以采收新鲜叶片为主，也可干燥后使用，于开花前直接收获叶片，叶基很容易再度发芽。

应用：全草具有清新的柠檬香气，是一种药食兼用的特色芳香植物。作为传统的民间药用植物，可治疗失眠、焦虑、胃痛、偏头痛、高血压及慢性气管炎，并具有镇定、降血压等诸多功效，与蜂蜜混合食用，有促进消化、缓解嗓子疼痛的作用，新鲜的叶子可直接贴于虫咬处或创伤处，是“绿色的伤口药”。作为蔬菜食用，富含蛋白质、胡萝卜素及多种维生素等，尤其是硒元素的含量很丰富，对人体具有保健功能，可作凉拌菜生食，也可作色拉配料、肉汤的调味料。此外，柠檬香蜂草精油还可作为食品调味剂和天然的抗氧化剂应用于食品行业，以及用于加工保健茶、香袋、香枕等。所以，可开发利用产品包括茶饮、袋茶、沙拉、香蜂草醋、香蜂草加味水、鱼肉类料理、沾酱、腌制料、药草枕头及香蜂草冰块等。叶片捣碎可制作防虫药膏、驱虫剂等。香蜂草可单独使用，也可混合其他保健药草使用。

生活中多用香蜂草新鲜茎叶泡茶，1L 开水中投入 1.5～4.5g 的新鲜香蜂草，浸泡 10min 后过滤，即得风味清香的饮料。注意，香蜂草不适合干燥保存，因为干燥会导致香气减弱。

（5）鼠尾草（*Salvia* spp.）

别名：洋苏叶、药用鼠尾草、圆丹参、英国鼠尾草等。

原产地：欧洲南部与地中海沿岸地区，主要分布于墨西哥、巴西等地。中国也产，有 79 种，产全国各地，尤以西南为最多。

形态特征：唇形科鼠尾草属一至多年生丛生草本或亚灌木。株高 30～90cm，茎四棱有毛，下部略木质化，呈亚低木状。叶对生，长椭圆形，长 3～5cm，先端圆，全缘或有钝锯齿，质厚且有折皱，灰白色，里面有白毛覆被。花着生叶腋，花冠紫、青色或白色，花期 4～9 月。

种类与品种：鼠尾草属在全世界有 900 余种，习性不一，栽培广泛，应用形式多种多样，可根据食用、香料用、药用和观赏用进行归类。

食用鼠尾草类，如黄金鼠尾草，其叶片上带有斑点，种籽为金黄色，故得名（彩图5-6）。营养价值高，最适合作食品调味料。水果鼠尾草，高30cm，花粉红色。全株散发综合水果的香气，适合茶饮及甜点制作。凤梨鼠尾草，茎红色，叶卵形，边缘红色；秋天开花，红色；由于叶子带凤梨般香味而得名。叶子可新鲜或干燥后泡茶，或做甜点，也可制成干燥花装饰之用。菠萝鼠尾草，叶子具有淡淡的菠萝香味，不耐寒，味道独特。深红色花序，在折花、花束、插花及花坛方面很受欢迎。彩苞鼠尾草，一年生直立草本，花朵有纸质苞片环绕，白色、粉红至浅蓝色，有深色条，花期夏季。兼具观赏性与食用性，生长强健，抗病虫害，为稀有的鼠尾草类。叶干燥后可食用，具美容养颜的功效，含雌激素，孕妇应避免使用。

香料用鼠尾草类，如莲座鼠尾草。叶皱缩，密被绒毛。轮伞花序，花两性，苞片宽卵形，粉红至白色；花冠雪青色，花冠筒内前方有一毛状环。有强烈的龙脑香气。快乐鼠尾草，经济价值较高，其精油最适做护肤及药用保健品原料。另外，还有芳香鼠尾草。

药用鼠尾草类，如原生鼠尾草，台湾栽培广泛。‘巴格旦’鼠尾草（‘Berggarten’），叶形宽大，银灰色；花紫蓝色，夏季着生顶端或腋生的花穗，为耐热品种（彩图5-7）。用于制作抗菌止痛药及妇女调经止痛药，还可食用或作沐浴使用。

观赏用鼠尾草类，灌木鼠尾草为常绿亚灌木，原产地中海沿岸。茎木质化坚硬有韧性，茎叶均披银灰色绒毛。开花量多，主枝及侧枝均开花，花穗长10～20cm，其上有花10～20朵。花期长，4～9月开花不断。植株低矮紧凑，适于盆栽，也是切花配置的好素材。如，粉萼鼠尾草，又名蓝花鼠尾草、蓝丝线、一串蓝，原产北美南部。花冠蓝紫色或白色，醒目，以颜色取胜。耐寒，不耐炎热。本种非常适合园林中栽培应用。褪色鼠尾草，香味清淡，叶子背面呈白色，还有绿白色萼片及黑色花朵，是颇受欢迎的观赏用香草。金边鼠尾草，叶片绿色，边缘具有金黄色边。三色鼠尾草，多年生草本。叶片具有紫朱色、黄金色与青色三色，花期夏季至初冬，为非常协调漂亮的庭院装饰植物。可食用，制作火腿、馅饼及油炸料理。

生态习性：鼠尾草生长强健，适应性强，耐干旱瘠薄，抗病虫害，荒坡路边和庭前屋后均生长良好。怕长期水涝，不宜低洼处生长。耐热抗寒，7～40℃条件下都能正常生长，生长适温12～35℃，冬季可耐－20℃低温，在极寒冷地区作一年生栽培。土壤条件则以排水良好的沙质壤土或土质深厚壤土为佳，不可过度潮湿，以保持干湿适度即可。连作种植，长势较差。栽培时勤施肥，有利于开花茂盛，可以摘心。

繁殖与栽培：春季或初秋播种，为提高出苗率并早出苗，种子可先用50℃温水浸种5min，同时搅拌，待温度下降至30℃时再用清水冲洗几遍，于25～30℃的催芽。如有条件可提早用温室或塑料大棚保温育苗移栽。早春2月之前温室育苗播种可当年开花，4～5月播种要到第二年才能开花。露地直播，每穴3～5粒，播深0.5cm，保持地温15～25℃及苗土湿润，5～7天即可发芽，株高5～10cm时间苗，当苗长出5～6片真叶时即可带土移栽。

也可在春夏季扦插繁殖。从母株上剪取6cm左右长的当年健壮枝条，遮阳保湿在沙土中或珍珠岩中扦插。

露地栽培时，按行距60cm、株距25cm定植。栽后浇透水，以后见干见湿，不能浇水太勤，多雨季节要排水防涝。保持土壤疏松，田间无杂草。鼠尾草喜肥，除种植时施足基肥外，还需在开花前和冬季分别施用肥料。宜少量多次地适时施氮、磷和钾肥或腐熟的禽畜粪。当小苗长到10cm高时需要打顶摘心1次。2年以上的大苗在夏季长势过旺时，要将过多过密的枝条疏剪掉，以通风透光。盆栽时，用12～16cm口径的盆，每盆1棵。花后宜将花茎及时剪除，以促进其腋芽成枝，继续开花。北方地区入冬后灌一次封冻水，东北高寒地区要用土掩埋以越冬。如果要留种，要选择健康的植株，播种的当年不采割，全株花序有80％

变为褐色时，为合适的收种时间。种子圆形，深褐色，千粒重约4g，种子寿命3～4年。

采收：鲜叶可以提取精油，或阴干后作为商品出售。定植的第1年鲜叶产量不高，第二年以后鲜叶产量逐渐增加。当株高40cm，花未现蕾时，在分枝上采摘嫩梢约8cm上市。第2次收割在9月中旬左右。第3次收割在10月下旬下霜之前。每次收割后及时施肥、浇水。10月末或11月初第3次收割后，即进行越冬覆盖，以保证第2年的产量。也可秋季全株采割，晒干、粉碎后储于密闭容器或塑料袋中备用。或将花与叶分别采摘，风干储放备用。以开花期间香味最浓，叶茎及花在背阴处阴干，色泽好，香味浓。

应用：欧洲于9世纪就已经栽培，用作医用的收敛剂和止血剂，现作为芳香调料在欧洲和美洲广泛应用于家庭及饮食业。鼠尾草多用于赋香和药用，适于肉类和鱼类的调味。可制作糕点，拌入沙拉中食用，更能发挥美容养颜的功效。花和叶可用来泡茶，鼠尾草具有类似樟脑的清香和苦味，但是泡出来的茶味很温和。在尚未从中国和印度输入红茶以前，英国人经常饮用鼠尾草茶，可清除体内油脂，促进血液循环，抗衰老，增强记忆力。提取的精油，其天然振奋剂可消除沮丧，对风湿疼痛、肌肉撞伤、肿胀酸痛、关节僵硬、精神紧张、头痛、喉咙痛、头昏、消化不良、杀菌、增加免疫力等具有功效。

鼠尾草属植物也是非洲的传统用药，近年来Kamatou等对非洲鼠尾草属17种植物进行研究，发现其还具有抗疟和抗癌的作用。Pemr研究了西班牙的一种鼠尾草，发现其对痴呆症的治疗具有一定的疗效。因此，鼠尾草属植物资源尤其是药用植物资源，还有非常广阔的开发利用前景。

我国华北、华中、华南及华东地区也有鼠尾草属植物分布，如丹参、红根草、云南鼠尾草和甘西鼠尾草等，具有重要的药用价值，但人们常用的有丹参、南丹参等少数种类，其余大多数药用植物只是偶尔在民间利用，它们的药用价值还没有得到充分地发掘。

鼠尾草属植物也具有重要的观赏价值，如一串红、朱唇、蓝花鼠尾草、紫绒鼠尾草等花冠奇特并集成花序，花色艳丽，具有较高的观赏价值，在庭园中广为栽培，如夏秋季摆放一盆鼠尾草，在室内对逐蚊蝇和驱虫蚁有很好的效果，也可自然摆放于建筑物前、小庭院中，更觉典雅清幽。其培育容易，花期也长，也是非常适合花坛与花箱种植的花卉。其适应性强，也是点缀岩石园、林缘隙地的极佳材料，也可在临水岸边种植。注意，鼠尾草一般情况下不以个体形式出现，其群体观赏植效果最好，故常以大片的群植形式应用于园林中。所以，用成片的红色、蓝堇色组成花带、花海，景观柔美优雅，很有气势，非常壮观，真切地给人一种团结就是力量的感悟。

(6) 牛至（*Origanum vulgate* L.）

别名：俄力冈、奥力冈、野马郁兰、披萨草、滇香薷、土香薷等。

形态特征：唇形科牛至属多年生草本植物，全株具有芳香气味（彩图 5-8）。原产于欧洲，从地中海沿岸至印度均有分布，尤其在法国，牛至是一种非常普通的野生植物。

种及品种：同属还有甘牛至，别名甜牛至、马郁兰，为多年生香草。

生态习性：极耐寒，在我国长江以南为常绿多年生。于北京郊区露地种植，冬季略培土覆盖即能安全越冬。在高温多雨的夏季仍能生长，不择土壤，对环境适应性强。

繁殖与栽培：播种和分株繁殖。一年生栽培时，于春季播种。冬季用保护地栽培及温暖地区可作多年生栽培，春播或秋播均可。播种前，注意把土壤耕耙细碎，畦面要平。播种前一天，把畦或苗床浇透水，次天开浅沟播种。播后浅覆土，撒约 0.2cm 的细土，或不覆土而略加镇压后保温。经 10～15 天即萌芽出土。

苗高 10cm 左右即可移植于大田。

分株繁殖于早春或秋季进行。挖起老株，选择较粗壮并带 2～3 芽的根剪开，即可种植。栽植后保持土壤湿润，直至新根长出。

大面积栽培时，宜选择较高地段，种植株行距 30cm×50cm。牛至长势旺盛，无病虫危害，管理较粗放。种植后在小苗期进行除草，干旱时适时灌溉，秋收后施肥，土壤封冻前松土后浇一次水，再培土防寒。

采收：作调味品的鲜叶、嫩茎尖，可按需要随时采收。秋后整株割下晒干，研末干制后储藏备用。作为提取香精油材料栽培时，可于植株长大后，选高温晴朗天气在无露水时收割，留茬约 10cm，割后摊开晒干，完全干后送加工厂加工。用作留种采种的植株，花前应追施一次磷钾肥，花后要灌溉 1 次，保持田间湿润。种子成熟后要割下果穗，用布袋盛装晾干，手拿种穗把种子抖落布袋内，除去杂梢后保存备用。

应用：牛至可作药用及作烹饪调味料，全草可以提取精油，又是良好的蜜源植物。它含很丰富的活性物质，1mg 叶中含抗衰老素超氧化物歧化酶 187.80μg，是蔬菜中含量最高者；同时含有较高含量的芳香挥发油、苦味素和单宁，以及具有防腐、消炎和祛痰、助消化等性能的某些物质，故在医药、蔬食、工业香精油等领域作用非凡。

(7) 薄荷（*Mentha* spp.）

原产地：薄荷属的起源可能是在欧洲地中海地区，因其原始类群多分布在这些地区，如二倍体（2n＝24）*Mentha longifolia* 和 *Mentha suaveolens* 等。该属植物很可能是在第四纪冰期和间冰期时，由欧洲经三条线路（西伯利亚线路、新疆线路和喜马拉雅线路）进入我国。

形态特征：唇形科薄荷属植物多为多年生或稀为一年生草本。茎直立或上升，不分枝或多分枝。叶具柄或无柄，上部茎叶靠近花序者大都无柄或近无柄，叶片边缘具牙齿、锯齿或圆齿，先端通常锐尖或为钝形，基部楔形、圆形或心形；苞叶与叶相似，变小。轮伞花序稀2～6花，通常为多花密集，具梗或无梗；苞片披针形或线状钻形及线形；花梗明显。花两性或单性，雄性花有退化子房，雌性花有退化的短雄蕊。同株或异株，同株时常常不同性别的花序在不同的枝条上，或同一花絮上有不同性别的花。花萼钟形、漏斗形或管状钟形，萼齿5。花冠漏斗形，大都近于整齐，管筒通常不超过花萼，喉部稍膨大或前方呈囊状膨大。雄蕊4，近等大，叉开，真伸，大都明显从花冠伸出，也有不超过花冠筒，后对着生稍高于前对。小坚果卵形，干燥，无毛或稍具瘤，顶端钝。

种类与品种：薄荷属植物由于多型性、雄花两性花同株或异株现象、杂交与无性繁殖等原因，种数极不确切，保守的估计有15种左右。近几十年来，由于细分及新增加的种数，本属约有30种，变种约有140种，衍生出的栽培种数量众多（彩图5-9），广泛分布于北半球温带，以及南美和热带亚洲。我国现今经过整理，包括主要栽培种在内，比较确切的有12种，其中有6种野生。江苏、河南、安徽、江西有大面积栽培。我国常见的一些薄荷属植物种名见表5-1。

表5-1　我国常见的一些薄荷属植物种

中文名	拉丁名	栽培地
假薄荷	*Mentha asiatica*	四川、新疆、西藏、哈萨克斯坦、吉尔吉斯斯坦、俄罗斯、塔吉克斯斯坦、土库曼尼斯坦等
薄荷	*Mentha canadensis*	中国、柬埔寨、日本、韩国、马来西亚、老挝、泰国等
柠檬薄荷	*Mentha citrata*	北京、杭州、南京及欧洲等
皱叶留兰香	*Mentha crispate*	北京、杭州、昆明、南京、上海、俄罗斯和欧洲

（续）

中文名	拉丁名	栽培地
兴安薄荷	*Mentha dahurica*	黑龙江、吉林、内蒙古、日本和俄罗斯等
（亚洲）薄荷	*Mentha haplocalyx*	国内南北各地均有分布，国外在热带亚洲、苏联远东、朝鲜和日本及北美均有分布
欧薄荷	*Mentha longifolia*	南京、上海、俄罗斯、西南亚和欧洲
胡椒薄荷	*Mentha*×*piperita*	北京、南京、印度、日本、吉尔吉斯斯坦、俄罗斯等，以及欧洲、西南亚、北美
唇萼薄荷	*Mentha pulegium*	北京、南京、俄罗斯、塔吉克斯斯坦、土库曼尼斯坦，以及西南亚、欧洲等
东北薄荷	*Mentha sachalinensis*	黑龙江、吉林、辽宁、内蒙古、日本、俄罗斯
留兰香	*Mentha spicata*	广东、广西、贵州、湖北、江苏、浙江、四川、云南、西藏，俄罗斯、土库曼尼斯坦，以及非洲、西南亚、欧洲
圆叶薄荷	*Mentha suaveolens*	北京、南京、上海、云南丽江和昆明，以及欧洲等
灰薄荷	*Mentha vegans*	新疆、塔吉克斯斯坦、土库曼尼斯坦，以及西南亚

国内常用的中药代表种是（亚洲）薄荷（*Mentha haplocalyx*）、留兰香（*Mentha spicata*）和胡椒薄荷（椒样薄荷）（*Mentha*×*piperita*）等（彩图5-10），并选育出了一些品种。例如，新疆生产建设兵团第四师农业科学研究所以椒样5号的变异单株经无性繁殖、品系鉴定、区域试验、生产试验等育种程序选育出了‘新薄1号’，其生长势强，开花期提前，落花期延迟。山东省科学院生物研究所培育的“科院1号”椒样薄荷通过了山东省草品种审定委员会审定。“科院1号”椒样薄荷是生物所从

国内引种的薄荷品种中经自然选育发现的高耐盐单株，具有较高的耐盐性。目前生产生活中应用的耐盐碱植物，一般仅能够在土壤含盐量低于0.3%的地块中生长，该品种在土壤含盐量0.5%的地块可以正常生长，在土壤含盐量0.8%的地块仍然可以存活，而且抗寒耐涝，抗病虫害能力强，每666.7m^2产量可达500kg以上，是目前发现的最耐盐碱的椒样薄荷品种，经山东东营、河北唐海等滨海盐碱地3年以上连续种植，其性状表现稳定，是适宜环渤海盐碱地种植的新品种，提取的精油也完全符合轻工业部QB/T4228—2011椒样薄荷（精）油质量标准。

生态习性：喜阳光充足、温暖湿润环境，萌蘖力强，耐移植。春季当温度达到2～3℃时可萌芽出苗，幼苗可耐－5～－8℃低温，生长适宜温度为20～30℃，以24℃最佳，地下根茎在－30～－20℃的情况下仍可安全越冬。陕西省西安市农业科学研究所通过研究陕西省不同海拔高度地区的生态因素（如温度、光照等）时其精油品质和产量的影响，发现陕西省较低纬度(33°～37°)、较高海拔（1 000～1 500m）地区（如陕北、渭北和秦岭北麓）是椒样薄荷的优生区。这不但打破了国外一直认为椒样薄荷必须在较高纬度地区（北纬41°以北）栽种的结论，而且为我国种植椒样薄荷提供了依据。

繁殖与栽培：多用播种繁殖，每666.7m^2播种6～10kg，保苗1.6万～2万株。

也可采用地下茎或匍匐茎作种根播种。方法是在秋末将薄荷根从田间挖掘出来，在贮存窖或是背阴处挖长1.0～1.5m、宽1.0m深的土坑，底铺湿沙。首先去掉地上茎叶进行种根杀菌和沙土杀菌。一层种根埋一层细沙，种根之间互相填满细沙，互相不接触。埋种根至与坑面20cm处不再埋根，填满细沙，以后随气温下降，再加土保温。发现埋土干燥时要泼水以保持湿度。春季播种前，将贮藏的种根从土壤中挖出，切成10～15cm长的茎段，按6～10cm株距将种根平放于开好的沟内，边放边覆土，栽后镇压、浇水。出苗后，查苗补种，对缺苗地立即人工补栽。

亦可用嫩枝扦插（水插或基质扦插）繁殖。

不同方式繁殖的种苗栽种到田间，待苗行显现后，立即进行人工松土保持田间湿润。除去杂草以免影响精油质量。小水常浇，保持土壤湿润即可，如有积水，要及时排除。苗高15cm左右和每次收割后，应及时追肥浇水。追肥应结合中耕除草进行，掌握苗期轻施、中期重施、后期少施的原则。当苗高10～15cm时根据苗情，每666.7m^2追施尿素3～8kg，苗高40cm左右时，重施分枝肥，尿素10～13kg，分两次施入，第一次分枝时可施入尿素3～4kg。蕾期、花期进行叶片喷施，可以防止早衰、防止落叶，用喷施宝或磷酸二氢钾叶面喷施2～3次。施肥后及时浇水，苗期和分枝期需水较多，现蕾和花期需水较少，采收前20天停止浇水。

薄荷主要有锈病、黑茎病，5月多雨季节多发，为害叶片。在发病初期注意用药防治，每隔7～10天喷1次，连喷2次。虫害少，但会有少量红蜘蛛，应及时防治，但禁止使用三氯杀螨醇。

采收：薄荷采收的要求是夏秋两季茎叶茂盛生长或花开至3轮（主茎10%～30%花蕾开放）时，选晴天，分次采割，晒干或阴干。采收原则是阴雨天不割，露水不干不割，太阳不大不割。在江苏和浙江地区，每年可收割2次，华北地区采收1～2次，四川可采收2～4次。第1次一般在7月的初花期，第2次在10月的盛花期。选晴天于中午前后，用镰刀贴地将植株割下，摊晒2天，注意翻晒。七八成干时，扎成小把，再晒至全干，即可作为药材出售。如将薄荷茎叶稍晾晒至半干，再分批放入蒸锅内蒸馏，即可得到薄荷油。一般地，晴天采收的挥发油含量高，雨天采收的含量甚微，待天晴1周后上午11时至下午2时采收挥发油含量最高，而早、晚采收的则较低。所以，薄荷适时收割是获得丰产的一个重要环节。植株开花前叶子含油量最高，开花后含油量迅速下降；挥发油中薄荷脑含量在开花末期最高，含酯量在花蕾形成时较高，开花时下降，开花后又增高。因此，一般每年收割 2 次，第 1 次在 6 月下旬至 7 月上旬，不得迟于 7 月中旬，否则影响第 2 次收割量。第 2 次在 10 月，适宜收获期在开花 3～5 轮的初花期，此时薄荷叶厚，边缘反卷下垂，薄荷油、薄荷脑含量最高。在晴天的中午 12 时至下午 2 时进行收割，精油产量高而且品质优。采收后全园喷施一次农药防治病虫害，施一次肥，灌一次水。

应用：薄荷是中医临床常用解表药，具有疏散风热、清利头目、利咽、透疹、疏肝行气的功效，用于风热感冒、风温初起、头痛、目赤、喉痹、口疮、风疹、麻疹、胸胁胀闷等。薄荷用途很广，除医药领域以外，还可用于食品、化妆品、香料、烟草工业等。薄荷主要含挥发油、黄酮、有机酸、氨基酸及以二羟基-1,2二氢奈二羧酸为母核的多种成分，2010 年版《中华人民共和国兽药典》规定薄荷药材含挥发油不得少于 0.8%，饮片含挥发油不得少于 0.4%。薄荷挥发油的主要成分为薄荷醇、薄荷酮等，其含量高低常与品种、采收加工、包装贮藏方法等密切相关。薄荷是全球栽培面积最大的香料作物之一，薄荷精油具有十分重要的经济价值，在世界香料行业占据重要地位。近年来，随着全球对薄荷油产品需求增加，价格不断上涨，世界薄荷油主产国美国和印度薄荷产业发展格局出现新的变化，我国已由薄荷油主产国转变 为世界主要的薄荷油消费国和进口国。这些变化为我国薄荷产业的发展带来新的机遇。此外，薄荷精油在糖、酒、油、酱、醋等中皆可添加薄荷，餐后的甜点或饼干、蛋糕也可酌量加入，以增加料理风味。薄荷也具有抗炎、利肝、健胃、提神、清新等保健功能。现在，在观赏农业园、芳香园林、保健型园林中，薄荷也是主要的种植材料。

（8）罗勒（*Ocimum basilicum* L.）

别名：甜罗勒、毛罗勒、西洋九层塔、九层塔、零陵菜、矮糠等。

原产地：热带和温带地区，在国外主要分布于印度、泰国等东南亚地区及沙特阿拉伯、巴西，以及非洲等地，我国主要分布于新疆、四川、云南、广西、广东等地。

形态特性：唇形科罗勒属一年生草本植物。全株被稀疏绒毛，不同种、变种或品种在植物学特征上略有差异。一般株高20～100cm；茎为四棱；多分枝；叶对生，卵圆形；花分层轮生，每层有苞叶2枚，花6朵，形成轮伞花序；每一花茎一般有轮伞花序6～10层；花萼筒状，宿存；花冠唇形，白色、淡紫色或紫色；每花能形成小坚果4枚，坚果黑褐色，椭圆形，遇水后种子表面形成黏液物质。种子千粒重1.3～3.0g。

种类与品种：品种较多，主要品种有紫罗勒、甜蜜罗勒、柠檬罗勒（彩图5-11）、绿罗勒、莴苣叶形罗勒、超大叶罗勒、大叶紫罗勒、小叶罗勒、极细叶罗勒、圣罗勒（姝丽罗勒）、桂皮罗勒、暹罗皇后罗勒、茴芹香味罗勒、密生罗勒、东印度罗勒、丁香罗勒等。超大叶罗勒种子发芽率高，发芽时间短，长势较佳，叶片产量高，精油含量高；大叶罗勒发芽率次于前者，长势良好，叶片产量、精油含量较高；丁香罗勒只可作为生产冻干蔬菜。

生态习性：罗勒喜欢温暖湿润的生长环境，耐热但不耐寒，耐干旱而不耐涝。生性强健，具有特殊芳香味道，很少发生病虫害。

繁殖与栽培：采用种子繁殖及扦插方式来进行，通常采用播种育苗，以春秋两季播种最为合适。种子应选择发芽力旺盛的新鲜饱满的种子，经筛选、风选和水选除去杂质、细土和瘪粒，再用于播种。播种前，应对种子进行温烫浸种催芽处理，浸种时间以种子吸水刚好饱和为准。罗勒浸种7～8h后，种子表面通常出现一层黏液，在催芽过程中容易发霉，导致烂种。因此，在浸种后要用清水反复漂洗种子，直到去掉种子表面的黏液。将种子放入纱布袋里，将水甩净，用湿毛巾或纱布盖好，保温保湿，在

25℃左右的温度下进行催芽。催芽前期温度可略高，促进出芽，当芽子将出（种子将张嘴）时，温度要降3～5℃，使芽粗壮整齐。

罗勒对土壤要求不严格。但若要获得高产及优质的产品，宜选用土质肥沃、排水良好的土壤种植。施足基肥。幼苗长出2对真叶，可行移植到栽培畦上定植，或假植至3寸盆钵（作为观赏用途）。罗勒定植田间后生长快速，当主茎发育生长到约20cm高，或本叶达12片时，保留6～8片叶给予摘心，以促进分支产生。直播一般在5月中旬进行播种，播种后3～5天出苗。在温室或大棚内育苗，5月下旬，当苗5～6片叶，高约8cm时可定植。每次采收后，结合浇水追施氮肥。罗勒一般无病虫危害。

罗勒作为一种食赏皆宜的盆栽芳香保健植物日益被人们所认识，并逐渐在中国城市园林和生态农庄景观建设中得以应用。经试验，最适合盆栽罗勒生长的基质为草炭∶纯土∶珍珠岩∶蛭石＝3∶1∶3∶1。

采收：采收方式因利用性质不同而异。当做烹调或蔬菜食用时，茎高20cm后可直接用手采摘未抽花序的嫩心叶，一般间隔10～15天可采收1次。采收时，前期只采收分枝上各节叶腋抽生的嫩梢，以促进植株的生长发育。中期对主茎、侧枝摘心，如此可不断促进侧芽产生，以便日后继续采收保证后期的产量。后期选留侧枝，适度采收，以延长采收期。若为加工用途或萃取精油，宜待花序抽出开花初期采收最为适当。此时，植株含油量最多，且风味最佳。罗勒能够形成大量的枝叶，植株十分繁密，而且其明快翠绿的叶色、鲜艳的花簇和芳香的气味，在欧美早已是一种应用较为广泛的绿叶庭院美化香化草本园艺植物。当运用于休闲香草观光园区时，则任其生长与开花，以欣赏不同罗勒品种的花色与花姿。罗勒不耐贮藏，采收后在室温下放置半天就会转黑，故要立即上市，或放入低温冷库中，在5℃室中预冷后贮存于2℃左右库中，可保持7天。生产上多使用干燥叶。

应用：罗勒通常作为医疗用品和香辛调味料来种植，是一种食药兼用的资源植物。罗勒有香草之王，是欧洲使用最广泛的料理香草，通常在一道菜品中起着至关重要的作用。近年来随着人们绿色环保认识的提高，罗勒日益成为国内外医疗保健、食品、化工领域的研究热点。药用方面，在传统医学中罗勒辛温，发汗解表、祛风除湿，散淤止痛，常用于治疗风寒感冒、头痛、胃腹胀满、消化不良、胃痛肠炎腹泻等症。鲜叶和根捣碎外敷可用作毒蛇咬伤和蝎蛰的解毒剂。据《神农本草经》及其他医书记载，罗勒具芳香，能除晦避疫，闻之香能治病。儿童佩带用罗勒的干燥茎叶做成的荷包，可强身健体，预防感冒。罗勒种皮富含有黏性多糖，民间用罗勒种子泡水得到的胶状物可用于清洗眼睛以除去眼内的不洁物、尘埃。口服种子的水煎液，能治疗因眼疾引起的头痛。因此，罗勒种子又叫光明子。现代医学研究证明，罗勒不同部位的提取物具有不同的药用功能。研究发现，罗勒茎叶提取物在动物体内能有效防止射线引起的染色体畸变，防止老鼠辐射致死的最大保护剂量为50mg/kg。其作用机理是罗勒提取物能消除动物体内的自由基，有助于染色体的损伤修复，进而减少畸变。人体肿瘤的发生与体内补体的数量呈线性关系，补体数量增多人体就容易发生肿瘤。罗勒茎叶有明显的补体抑制功能，是一种天然的补体抑制剂。开发罗勒的抗癌新药，已逐渐引起人们的注意。罗勒还具有降低血糖作用及降低血压作用。罗勒干燥叶片具明显的抗氧化性，可减少体内过氧化的脂质引起的动脉硬化、高血压、糖尿病、心肌梗死等疾病。

罗勒是一种药食同源的植物，其嫩茎及叶鲜脆可口，清香扑鼻，自古就有“西王母菜，食之益人”的美誉。所以，可做烹调或蔬菜食用，如沙拉、汤类、烘烤等，有强身、健胃、美容、茶饮等方面功效。罗勒叶片有特殊的香气可以直接食用，在烹调意大利式菜中使用较多，也可做凉拌菜、油炸或做汤。罗勒芳香油中的主要成分之一对烯丙基苯甲醚对消化系统有着极大的益处，可以刺激胆汁的流动，促进食欲，减轻由于消化功能不好带来的肠胃痉挛引起的病痛。

罗勒可作调味料，如用干燥叶可做成粉剂调味料，即将罗勒干燥叶片磨粉直接供人们调味使用。也可制成酊剂调味料，即将罗勒茎叶用酒精提取制成，主要用于酒精饮料、酱油、醋的调味。也可制成精油调味料，好将罗勒的地上部分用蒸馏法提取精油，直接用于非酒精饮料、糖果、果冻、烘烤食品等的调味。

罗勒在农业上应用，因其种子含油率14.0%，主要是棕榈酸、油酸、亚油酸、亚麻酸、十六碳烯酸、二十碳二烯酸、硬脂酸等不饱和脂肪酸，其不饱和程度与鱼油相当，开发以罗勒为主要成分的成鱼饲料代替进口鱼油用于珍贵鱼类的人工养殖上，以降低养殖成本。罗勒种子含灰分、蛋白质、脂肪、纤维、水分和碳水化合物，开发罗勒种子为主要原料的饲料添加剂用于畜牧业，能够促进牲畜的发育，减少疾病。罗勒精油还具有杀虫作用，因精油内的芳樟醇、丁香酚、薄荷脑等单萜类成分对小麦线虫、大豆根线虫有杀线虫活性，对家蝇也有熏蒸毒杀作用，且这种作用不可逆转。所以，罗勒精油可防止蚊虫叮咬。也可将罗勒精油用于制造农药，防治植物病虫害，可减少农药污染，保护环境。而且制造农药对精油的品质要求低于化妆品行业和食品行业，可给低品质的罗勒精油开辟新市场。

此外，罗勒也是休闲香草观光园的主要观赏材料之一。

(9) 紫苏［*Perilla frutescens*（L.）Britton］

别名：赤苏、红苏、白苏、香苏、回回苏、牛排草、紫薄荷、夏薄荷等。

原产地：喜马拉雅山一带和中国中部和南部地区。世界上主要分布在缅甸、不丹、印度尼西亚、朝鲜、日本、爪哇和前苏联等地。国内主产于河北、河南、江苏、浙江等省，全国各地广泛栽培，长江以南有野生。

形态特征：唇形科紫苏属一年生草本，株高1～2m。茎直立，多分枝，一级有效分枝数为 8～12 个。茎钝四棱形，具 4 槽，被细毛，紫色或绿紫色。叶对生，有长柄，叶片椭圆形至宽卵形，两面呈绿色或一面紫色。轮伞花序组成偏向一侧的顶生或腋生总状花序，密被长柔毛；每节有白色唇形花 2 朵，每花有 1 苞片，卵圆形；花萼钟形；花冠二唇形，紫红色或粉红色，雄蕊 4，离生；雌蕊 1 枚，花柱先端二浅裂；花盘前言呈指状膨大。小坚果近球形，灰棕色，具网纹。果皮薄，硬而脆，极易压碎。种仁黄白色，富含油质，气味清香，味微辛。花期 6～8 月，果期 8～11 月。

种类与品种：紫苏属植物有 1 个种，3 个变种。我国古籍根据叶片颜色不同将紫苏属分为两种，将叶全绿者称为白苏，叶两面紫色或叶背紫色者称为紫苏（彩图 5－12）。两种紫苏属植物的花也有很大区别，白苏的花通常为白色，紫苏花为紫色或粉红色。白苏通常被毛稍密，果萼较大，香气比紫苏稍逊，但两者差别细微，故合为一种。野生紫苏为变种，其叶较小，果萼也小，茎叶背面被毛疏松柔毛。马齿苏亦为变种，其植物学性状与野生紫苏相近。回回苏亦为变种，其植物学性状与原变种紫苏比较相近。

生态习性：紫苏对气候、土壤条件适应性强，在沙土、壤土及枯土均能良好生长，但在温暖湿润、土壤疏松、肥沃、排水良好、阳光充足的环境生长旺盛。抗逆性强，具有抗寒、抗旱、耐瘠薄、耐湿、耐阴的特性。种子能抗－17℃的严寒，刚出土的幼苗可抗 1～2℃的低温，结实灌浆期在不低于 12℃条件下照常成熟。在少雨干旱季节，种子能正常出苗。种子容易萌发，发芽适温为 25℃。种子寿命为 1 年。

繁殖与栽培：用种子繁殖，直播或育苗移栽均可。直播于 3 月下旬至 4 月上、中旬进行。紫苏种子休眠期长达 120 天，采收后的种子需打破休眠。方法是将种子放在 3℃温度下 5～10 天，然后放在 18～23℃环境下催芽，发芽率可达 80％以上。播种时在整好的畦上按行距 50～60cm 开 0.5～1.0cm 的浅沟条播，或按穴距 30cm×50cm 开穴播种，5～7 天即可出苗。每 666.7m^2 需要种子 1kg。采用育苗移栽，苗床宜选向阳温暖处，施足基肥，并配加适量磷肥，先浇透水，然后撒种，覆细土约 1cm。如果气温低，可覆盖塑料薄膜，幼苗出土后揭除。苗高 5～6cm 时间苗，苗高 15～20cm 时，选阴雨天或下午，按株行距 50cm×60cm 移栽于阳光充足、排灌方便、疏松肥沃的壤上种植为好。栽后及时浇水 1～2 次，即可成活。幼苗和花期需水较多，干旱时应及时浇水，雨季应注意排水。紫苏喜温喜湿，生长时间较短，从定植到采收成品叶只要 75 天左右。7～8 月进入生长旺季，需氮肥较多。大田生长期一般需追肥 2 次，第 1 次在直播定苗后或移栽缓苗后，结合松土、除草、浇水施入硫酸铵 5kg；第 2 次在孕蕾期施入尿素和过磷酸钙各 10kg。近几年，有人通过叶面喷施硒肥，提高叶片含硒量，获得了富硒的紫苏叶，使其营养和保健价值更高。

由于紫苏具有特异香气味，一般病虫害发生较少，常见病害有斑枯病、锈病和白粉病等，虫害有红蜘蛛、银纹夜蛾等。在防治上应以农业防治为主，以预防为主。留种时选择无病植株以防种子带菌。合理密植，并搞好田间排水，营造不利于病菌生长的田间小气候。实行轮作，减少田间病原基数。搞好苗床的消毒工作，培育无病的健壮苗。清除田埂杂草，防止病菌转主寄生。发现病株及时拔除，集中烧毁，并注意发病初期撒生石灰消毒等。同时配合药剂防治。使用药剂要严格执行农药安全间隔期制度。

采收：采收期因用途不同而异。以食用鲜叶为主时，要适期摘叶。一般在春季采收幼苗，开花结果前采收嫩茎叶和嫩芽。采收的紫苏用清水洗净，可做烹调食用，也可凉拌、做汤使用。若以干叶为用途，适时采叶，然后阴干即得苏叶。为了获得优质足量的叶片，需要进行摘心促进分枝。紫苏定植 20 天后，对已长成 5 段茎节的植株，应将茎部 4 茎节以下的叶片和枝杈全部摘除，促进植株健壮生长。摘除初茬叶 1 周后，当第 5 茎节的叶片横径宽 10cm 以上时即可开始采摘叶片，每次采摘 2 对叶片，并将上部茎节上发生的腋芽从茎部抹去。5 月下旬至 8 月上旬是采叶高峰期。5 月下旬采叶进入高峰期间，可每隔 3～4 天采叶一次。9 月初，植株开始生长花序，此时对留叶不留种的可保留 3 对叶片摘心、打杈，使其达到成品叶标准。全年每株紫苏可摘叶 36～44 片，每 666.7m^2 可产鲜叶 1 700～2 000kg。以提取精油为主时，一般在花穗抽出 1.5～3cm 时，植株含挥发油最多。因此，8～9 月花序初现时，收割全草作药用。果实成熟时，全株割下，晒干，打出果实即为苏子。茎下半部，除去侧枝即为苏梗。待种子充分成熟呈灰棕色时收割脱粒，晒干，去杂，置阴凉干燥处保存。近年来紫苏籽被大量用于开发新药、特药和中成药，市场对紫苏籽需求量不断扩大。

应用：紫苏能药食两用，其根、茎、叶均可入药，长期食用经紫苏提取的紫苏油对治疗高血压及冠心病效果较好。紫苏醛具有强力杀菌和解毒作用，将紫苏与水产品一同蒸食，不仅可增加香气和美味，还可起到解毒散寒的作用，可治疗风寒感冒、胸闷、头疼等症。紫苏茎叶具有低糖、高胡萝卜素、高纤维、高矿质元素等特点，并具特异香味，嫩叶可炒食、腌渍、生食、做馅或做汤，还可用作菜肴佐料，是一种很有发展前景的外销蔬菜。在日本紫苏叶是餐饮业中不可缺少的佐料，市场需求量大，每年需大量进口。目前，我国紫苏种植获取嫩叶，主要供应日本、韩国以及中国香港、台湾等东南亚地区。

紫苏全草名为全苏，具散寒解表、理气宽胸之功能。紫苏的果实、叶片和茎干燥后分别称苏子、苏叶和苏梗，均作药用。紫苏子具润肺、消痰的功能；紫苏叶和紫苏梗药效同全苏。

紫苏籽出油率高达 45%～55%，不饱和脂肪酸占总含油量的 90%以上。紫苏籽油不仅油质优良，而且味道芳香，富含多聚不饱和脂肪酸，主要有棕榈酸、硬脂酸、油酸、亚油酸和 α-

亚麻酸等。紫苏籽油含 α-亚麻酸高达 60%，远高于菜籽油、豆油和花生油等主要食用油。而且，紫苏籽油不含有害物质胆固醇，其营养价值明显比一般食用油高。因此，紫苏籽油被医学界认为是深海鱼油的更新换代产品。紫苏籽油是高血压、血栓病患者的理想食疗油，其中的 α-亚麻酸是人体重要的必需脂肪酸，有调节免疫力、降血脂、降血压、延缓衰老、抗癌和预防多种疾病等保健功效。紫苏籽油具有交换值高、挥发性强、易干燥等特点，在工业上具有很大的用途，既可用于制备油布和油漆，又可用于制备油墨、肥皂、涂料、人造革等。紫苏油中的亚油酸及其衍生物可配制出具有各种功能的化妆品。

(10) 藿香［*Agastache rugosa*（Fisch. et Meyer）Kuntze.］

别名：土藿香、合香、排香草、大叶薄荷、猫尾巴香、山茴香等。

原产地：全国各地均有分布。俄罗斯、朝鲜、日本及北美洲也有分布。

形态特征：唇形科藿香属多年生草本植物。茎直立，高 0.5～1.5m，四棱形，粗达 7～8mm，上部具能育的分枝。叶心状卵形至长圆状披针形，长 4.5～11cm，宽 3～6.5cm，向上渐小，先端尾状长渐尖，基部心形，边缘具粗齿，纸质，上面橄榄绿色，下面略淡。轮伞花序多花，在主茎或侧枝上组成顶生密集的圆筒形穗状花序，长 2.5～12cm；花序基部的苞叶长不超过 5mm，宽 1～2mm，披针状线形；轮伞花序具短梗，总梗长约 3mm，被腺微柔毛。花萼管状倒圆锥形，被腺微柔毛及黄色小腺体，浅紫色，萼齿三角状披针形。花冠淡紫蓝色，长约 8mm，外被微柔毛；冠檐 2 唇形，上唇直伸，先端微缺，下唇 3 裂，中裂片较宽大，平展，边缘波状。雄蕊伸出花冠，花丝细，扁平。花柱与雄蕊近等长，丝状，先端相等的 2 裂。花盘厚环状。子房裂片顶部具绒毛。成熟小坚果卵状长圆形，腹面具棱，先端具短硬毛，褐色。花期 6～9 月，果期 9～11 月。

生态习性：适应性强，喜温暖湿润的气候，不耐旱，耐寒性强，在北方寒冷地区 －30℃的气温条件下地下部分能露地越冬。耐热，对土壤要求不严，耐肥、耐贫瘠，但以排水良好的沙壤土为好。发芽适温为 15～25℃出苗天数为 7～10 天，生长适温 20～28℃。

繁殖与栽培：以种子繁殖为主，北方以春播为主，南方多秋播。直播或育苗移栽均可。条播或点播，行距 25～33cm，点播的穴距 30cm 左右。种子小，应与 20 倍左右的细沙、细土或草木灰混匀后播种。也可分株繁殖，在春、秋雨季进行。每年除草和施肥 3～4 次。第 1 次于苗高 3～5cm 时进行松土，并拔除杂草，施稀薄肥。第 2 次在苗高 7～10cm 时进行第 1 次间苗后，结合中耕除草追肥。第 3 次在苗高 15～20cm 时进行，中耕除草后施肥。第 4 次在苗高 25～30cm 时进行，封垄后不再进行追肥。每次收割后都应中耕除草和追肥 1 次。苗高 25～30cm 时第 2 次收割后进行培土。雨季要及时疏沟排水，以防积水引起植株烂根，旱季要及时浇水，抗旱保苗。病害有褐斑病，常于 5～6 月发生，可及时摘除病叶烧毁。实行轮作，发病前及发病初期喷 1∶1∶100 波尔多液。枯萎病可在雨后及时疏沟排水，降低温度。发病初期，拔除病株，并用药剂浇灌病穴。虫害有朱砂红叶螨，应及早喷药防治。注意收获前半个月停止喷药，以保证药材无农药残留。

采收：选生长健壮无病虫害的植株留种。9 月待种子大部分变为棕色时收割，置于阴凉处，后熟几日。打落种子，除去杂质，贮藏备用，种子千粒重为 0.3～0.5g。株高 25～30cm 时采收嫩茎叶食用，植株花序抽出未开花时可采收食用。做药用时，要在花序抽出但还未开花时第 1 次收割，下部留 2～3 对叶，10 月份收第 2 次，迅速晒干包好，减少香气挥发。萃取精油，于初花期、晴天上午割取地上部分，以茎枝色绿、茎干叶多、香气浓郁者为佳，暴晒 1 天，用水蒸气蒸馏法萃取精油。每 666.7m^2

产鲜叶 300～400kg，鲜梗 700～800kg。将割取的全草薄摊晒至日落后，收进堆叠过夜，次日再晒，也于日落后收进。第 3 天早晨理齐，捆扎包紧，以免走失香气。存放于干燥处，防潮湿及霉变。

应用：可作蔬菜食用，既美味可口，又是保健佳品。可以凉拌、炒食、做馅或做汤，也可制干菜。鲜嫩茎叶洗净，沸水浸烫 1～2min，捞出沥水蘸酱吃，或晾干包装贮藏。作为药用，在我国有着十分悠久的历史。全草均可入药，性微温、味辛，入脾、肺、胃经，是知名的芳香健胃、清咳解暑药。主治中暑发热，暑日内伤生冷，外感风寒，胸闷腹胀，脾胃气滞，食欲不振，口臭等。外用治手、足癣。茎叶、花序含精油，曝晒 1 天，用水蒸气蒸馏法萃取精油，得油率 1.2%～1.8%。藿香精油可供食品工业和化妆品工业作为香原料。现代医学研究表明，藿香精油能促进胃液分泌，增强消化力，对胃肠有解痉作用，对常见的致病性皮肤癣菌有较强的抗菌作用。叶绿花香，花期长，花朵粉紫色，观赏期长，可用于园林绿地中花坛、花境及盆栽观赏（彩图 5－13）。

（11）香薷［*Elsholtzia ciliata*（Thunb.）Hyland.］

别名：土香薷、山苏子、紫花香菜、蜜蜂草、排香草。

原产地：原产我国，全国广大地区都有分布，主产于东北、华北、长江中下游及中国台湾、陕西、四川、云南及西藏等地，俄罗斯、蒙古、朝鲜、日本、印度及中南半岛有分布。

形态特征：唇形科香薷属一年生草本（彩图 5－14）。株高 40～80cm，茎自中部以上分枝，直立，四棱形，具槽，老时紫褐色，有强烈香气。叶对生，有细柄，卵状三角形、长圆状披针形或披针形，长 3～9cm，宽 0.8～2.5cm，边缘具疏锯齿，下面密布凹陷腺点。轮伞花序密集呈穗状，顶生，偏向一侧，长达 7cm。苞片近圆形或宽卵圆形。花萼钟形，具 5 齿，三角形，先端刺毛尖头。花冠唇形，约为花萼长的 3 倍，淡紫红的，上唇 2 裂，下唇 3 裂。雄蕊 4，二强，花药紫黑色。花柱比雄蕊长，柱头2浅裂。小坚果4，藏于宿存花萼中。卵圆形，花期6～9月，果期7～10月。

种与品种：香薷的主要变种有重圆齿变种，叶缘具重锯齿。疏穗变种，穗状花序疏离。少花变种，植株矮小，花序较疏落。多枝变种，自茎基部多分枝，花序苞片紫色。香薷目前多为野生种的开发利用，尚缺乏自主培育的栽培品种。

生态习性：喜温怕寒，喜肥沃的黏质土或红壤土。幼苗有一定耐盐性，怕积水，不耐干旱。成年株不宜大肥大水，否则遇风易倒伏。香薷植株叶片和花序中的存在化感物质，具有一定的自毒作用。

繁殖与栽培：香薷种子小，千粒重在0.36g左右。春季或夏秋季可露地直播。春播在3月下旬至4月上中旬，夏播在6月上中旬。春季整好畦，先浇透水，3～5天后浅锄1遍，耧平后顺畦做行距20～25cm，深1～2cm的浅沟，将种子均匀撒入浅沟，覆土后稍加镇压。夏播在小麦等收获后播种，然后浇水。出苗前不太干旱不要浇水。种子要求籽粒饱满，每666.7m^2播种量为0.5kg左右。发芽适温18℃左右。苗高10～15cm时，间去过密苗，结合追肥，浇水。以后逐渐增加浇水的次数，需水最多的时候是开花前后，1/3的种子成熟的时候停止浇水。

香薷病害主要有根腐病等，可以用50%多菌灵1 000倍液浸种或喷施。虫害主要有蝼蛄，可用80%晶体敌百虫配成毒饵，在土表撒施。

采收：果实成熟后晾干，打下种子，充分干燥，常温可保存1年尚能正常发芽。

以嫩叶作为蔬菜或调料，可以随时采用，以枝嫩、穗多、香气浓者为佳。做药材用，采收时间为8月下旬（春播者）或9月上旬（夏播者），当香薷生长到半籽半花时收获，晴天采摘，将全株拔下，除去杂质，晒干于通风干燥处存放，或加工成长30～50cm的枝段存放。

应用：香薷的嫩叶可以生食或调味。香薷味辛、性微温，有发散解表、和中利湿的功能。用于暑湿感冒，恶寒发热无汗，腹痛，吐泻，浮肿等。茎、叶均可提取精油，得油率为0.26%～0.59%，干茎、叶得油率为0.8%～2%。种子含植物油38%～42%。精油有发汗解热作用，能刺激消化腺分泌及胃肠蠕动。此外，有利尿作用。香薷香气纯正悦人，有抗菌作用。作为蜜源植物，其蜂蜜性平、味甘，能补益脾胃，润肺止咳，润肠通便，缓中止痛，解毒等。

香薷花期长，花紫红色，具香味，且能吸引蜜蜂等，是良好的园林观赏地被，可于花丛、花境、花坛中布置，也可点缀假山、岩石园和林缘，尤其适于水边、岸边种植。

（12）木香薷（*Elsholtzia stauntonii* Benth.）

别名：紫荆芥、野荆芥、香荆芥、山菁（荆）芥。

原产地：主产河北、山西、河南、陕西、甘肃、江苏、浙江等省（自治区），全国各地广泛栽培。

形态特征：唇形科香薷属多年生亚灌木，株高0.7～1.7m。茎直立，上部多分枝，小枝下部近圆柱形，上部钝四棱形，具槽及细条纹，带紫红色，被灰白色微柔毛。叶披针形至椭圆状披针形，长8～12cm，宽2.5～4cm，先端渐尖，基部渐狭至叶柄，边缘除基部及先端全缘外具锯齿状圆齿，上面绿色，下面白绿色；叶柄长4～6mm，腹凹背凸，常带紫色，被微柔毛。穗状花序伸长，长3～12cm，生于茎枝及侧生小花枝顶上，位于茎枝上者较长，因而在茎或枝上如圆锥状，由具5～10花、近偏向于一侧的轮伞花序所组成；花梗长0.5cm，与总梗、序轴被灰白微柔毛。花萼管状钟形，外面密被灰白色绒毛，内面仅在萼齿上被灰白色绒毛，余部无毛，萼齿5，卵状披针形；果时花萼伸长，明显管状。花冠玫瑰红紫色（彩图5-15），长约9mm，冠檐二唇形，上唇直立，先端微缺，下唇开展，3裂，中裂片近圆形，侧裂片近卵圆，先端圆，较中裂片稍短。雄蕊4，前对较长，十分伸出，花丝丝状，花药卵圆形。子房无毛。小坚果椭圆形，光滑。花、果期7～10月。

种与品种：本种有白色变种。目前处在野生种的开发利用阶段，尚无人工自主培育的栽培品种。

生态习性：喜温暖、阳光充足，也稍耐阴，喜水湿，耐干旱，但不耐水涝，耐寒性也较强，对土壤条件适应性强，以通风良好的沙质壤土或土质深厚的壤土为好，中度以下盐碱土及瘠薄土壤也能适应。苗期要求土壤湿润，成株较耐旱，在华北地区即使在寒冬，植株下部仍有绿叶。

繁殖与栽培：繁殖可用播种和扦插法。种子繁殖，播种前要精细整地，重施基肥。圃地每666.7m^2先施入农家肥2 000～2 500kg，灌透水，能进土后再深翻30cm，将土块打碎、整平、耙细、做垄，垄距40～50cm。春播于4月上旬，夏播可在5月中下旬至6月上旬。播种方式可采用条播或撒播。播种时，由于种子微小，所以要将细沙土混合种子，然后播种。播种后立即覆0.5cm左右的细土，以免播种地土壤和种子干燥，并稍作镇压以提高种子出苗率、整齐度。最后用草帘覆盖以保蓄土壤水分。当幼苗大量出土后，撤去覆盖物。当苗高4～6cm时进行间苗1次，株距3～5cm。要及时中耕除草、灌水、施肥。肥力低的土壤，苗高12～15cm时施硝酸铵1次。干旱时适当浇水。幼苗长至15cm时进行移栽，栽前去掉顶芽以促进分枝。

扦插繁殖时，选取地势平坦、避风向阳、排水良好、土层深厚、肥沃、疏松的沙壤土作扦插育苗床，每平方米用50%多菌灵2g撒于土中进行土壤杀菌消毒，再用6g的50%锌硫磷颗粒剂撒施杀灭地下害虫。然后深耕、细耙、整平土地、清除杂草等杂物，做畦。畦长根据苗床地而定，畦宽1m，畦与畦之间留沟，沟宽0.3m，深0.2m。做好后稍加镇压，将畦面中耕耙平，准备扦插。一般选用春季扦插，插条在木香薷落叶后采集贮藏。剪取生长健壮、芽眼饱满、无病虫害的当年生枝条，注意保湿，以防失水影响成活。在高燥、排水良好、背风向阳的地方挖沟，将枝条捆扎成束埋于沟内，盖上细沙和泥土。次年3～4月份取出枝条剪成插穗。此时气候温和，枝条活力强，成活率高，插后一个月即可生根。插穗长度约15cm，留3～5个芽，要求下剪口距芽节0.5cm左右，插穗下端近芽处剪成光滑斜面，以增加形成层与土壤的接触面，以有利于生根。扦插前在苗床上洒水，插穗用ABT生根粉处理以利生根。扦插时先用小木棒或用手指在插床上插出一个小洞，再将插穗放入洞内。扦插深度为插条长度的2/3，株行距为10cm×10cm。插后用手将土压实，浇一次透水，使插穗与土壤紧密结合。最后，搭塑料薄膜小拱棚保湿。上面用遮阳网对苗床遮阴，遮阳网的透光率以20%～30%为宜。新购遮阳网覆盖一层即可，旧的遮阳网因网孔变大而稀，以覆盖两层为好。除覆盖遮阳网外，还要在苗床的东、西侧挂帘遮光，以减少早晚的阳光照射。注意检查插条生长情况，若叶片挺立，嫩叶不勾头，表明生长正常；如嫩叶上出现黑霉状或土壤出现灰白霉状物，则应喷洒50%多菌灵1 000倍液或70%甲基托布津1 500倍液灭菌。空气湿度应保持在90%以上，温度在25～30℃。半月检查1次。苗木生根半年后，适当延长其通风和光照时间以练苗，提高苗木适应外部环境的能力。

也可采用嫩枝扦插，于6月上旬采取生长健壮、无病虫害的枝条，剪成长12～15cm的插穗，每一插穗有2～4个饱满芽，2/3以下的枝叶全部去除，尽量保持下端剪口平滑。下端对齐，立即放入准备好ABT1号生根粉溶液中进行催根处理。扦插后立即喷雾，及时观察喷雾效果，在高温高湿情况下注意插穗表现，如落叶、下层叶片及下部插穗腐烂则应喷多菌灵，以防病菌危害。对插床上的杂草，要及时拔除。为提高已成活插穗的质量，可施用叶面肥。一般插后15天创面开始愈合，20天开始生根，35天即可移栽。

木香薷是多年生亚灌木，生长发育物候期为：叶芽膨大期2

月 17 日，叶芽开放期 3 月中下旬，展叶始期 4 月上中旬，展叶盛期 4 月中旬，始花期平原地区 8 月上旬，山地 10 月上旬，花期达 1～2 个月。其开花前后需要水分较多，当花序有 1/3 种子成熟时要停止浇水。危害木香薷的病害主要有根腐病和蝼蛄等，可以用 50%多菌灵 1 000 倍液浸种或喷施。虫害有蝼蛄，可用 80%晶体敌百虫配成毒饵撒施于土表。

采收：采种可设采种田，也可在生产田中选择穗大健壮的母株，且不要进行摘心处理。当上部花序的种子已成熟落地时，于早晨将整个果序轻轻割掉，置于通风阴凉处的塑料薄膜上晾晒 3～5 天即可脱粒打下种子，并充分干燥，去除杂质。在常温下，种子可保存 1 年，并能正常发芽。种子的千粒重 0.36～038g，生命力 60% 以上。采种时间很重要，割早了种子没有成熟，割晚了则种子都散落在地上，且很难收集。木香薷每 666.7m^2 可产种子 24kg。

如果以鲜嫩器官为使用目的，以枝嫩、穗多、香气浓者为佳。如果以干燥的器官为使用目的，采收后晾干，切成长 30～40cm 的茎段，表面灰绿色，微显棕紫色，密被茸毛，节明显，节间长 2～3cm。易折断，断面纤维性，黄绿色。叶皱缩，绿色，完整者为卵圆形，表面有短小茸毛。

应用：木香薷是常见的中草药中的解表药。性味辛、微温，具发汗解表、祛暑化湿、利尿消肿的功能。主治外感暑热、身热、头痛发热、伤暑、霍乱、吐泻、水肿等症。常用量 5～15g。其发汗力较强，表虚有汗者忌用。作兽药可治水肿、发汗、呕逆、肺热等。

木香薷具有生根的工业价值。由于其种子含有脂肪酸38%～42%，榨油可用于调制干性油、油漆及工业用。在香料工业上，木香薷花、茎、叶有浓厚的芳香味，可提取香料。

食品工业上，由于木香薷含有挥发油，全株含有香气，可作为调料植物，用于炖鱼、鸡、猪肉等，应用后因香味浓、口感清香而备受消费者欢迎。茎叶含有丰富的维生素 C 和人体必需的微量元素，且嫩叶中含有薄荷香，所以可用于凉拌或烹调。

新鲜或干燥茎叶、花序及种子均可提取挥发油，鲜茎、叶得油率为 0.26%～0.59%，干茎、叶的得油率为 0.8%～2%。精油具发汗解热作用，能刺激消化腺分泌及胃肠蠕动。香气纯正悦人，有抗菌作用。

木香薷的假穗状花序，花冠蓝紫色，繁而艳丽，花期长达 2 个月，可与山石配置应用，观赏价值高，且植株含芳香油，气味芬芳，也是上等的蜜源植物，所以是园林绿化中夏、秋季节难得的观花植物，国庆节期间观花正适时。园林绿地中可丛植、片植、大面积种植及庭院造景等。北京公园中应用较多，如香山公园在草坪上以孤植或是 2～3 株丛植的方式栽植，开花时，绿色草地上呈现点点粉红，蝴蝶、蜜蜂在花丛中翩翩起舞，营造出了城市园林中少有的自然、和谐的生态景象；在奥林匹克公园中也有大量应用。木香薷也可盆栽观赏，盆栽基质是将腐殖土、炉渣各半混合，每盆 1 株。木香薷植株耐修剪、萌发力强，可开发作绿篱用。

2. 唇形科其他香草（按属名首字母排序）

藿香属（*Agastache*）的藿香、茴藿香等，二者均为多年生香草。

水棘针属（*Amethystea*）的水棘针，一年生香草。

排香草属（*Anisochilus*）的排香草，一年生香草。

青兰属（*Dracocephalum*）的毛建草和香青兰等，二者均为一年生香草。

广防风属（*Epimeredi*）的广防风，多年生香草。

活血丹属（*Glechoma*）的活血丹、欧活血丹，二者均为多年生香草。

山香属（*Hyptis*）的山香，一年生香草。

神香草属（*Hyssopus*）的神香草，多年生香草。

野芝麻属（*Lamium*）的短柄野芝麻、紫花野芝麻，均为多年生香草。

益母草属（*Leonurus*）的细叶益母草和大花益母草，均为一、二年生香草。

地笋属（*Lycopus*）的地笋，多年生香草。

姜味草属（*Micromeria*）姜味草和清香姜味草，亚灌木。

美国薄荷属（*Monarda*）的美国薄荷和拟美国薄荷等，均为一年生香草。

石荠苧属（*Mosla*）的石香薷、台湾荠苧、小花荠苧等，均为一年生香草。

荆芥属（*Nepeta*）的小裂叶荆芥、裂叶荆芥，均为一年生香草；荆芥、多裂叶荆芥，均为多年生香草。

夏枯草属（*Prunella*）的夏枯草，多年生香草。

香茶菜属（*Rabdosia*）的香茶菜、毛萼香茶菜等，多年生香草。

香科科属（*Teucrium*）的山藿香、蒜叶香科科、沼泽香科科等，多年生香草。

（二）伞形科香草

1. 皱叶欧芹［*Petroselinum crispum*（Mill.）Nym.］

别名：香芹、荷兰芹、法国香芹、洋芫荽。

原产地：原产于地中海，欧美及日本栽培较为普遍。

形态特征：伞形科欧芹属2年生草本。根纺锤形，有时粗厚。高30～100cm，茎圆形，光滑，稍有棱槽，中部以上分枝，枝对生或轮生，通常超过中央伞形花序。叶深绿色，表面光亮，基生叶和茎下部叶有长柄，2～3回羽状分裂，未回裂片倒卵形，基部楔形，3裂或深齿裂；齿圆钝有白色小尖头；上部叶3裂，裂片披针状线形，全缘或3裂。伞形花序有伞辐10～20（30），近等长，约2.5cm，光滑；总苞片1～2，线形，尖锐，革质；

小伞花序有花 20 朵，小总苞片 6～8，线形或线状钻形，长约为花柄的一半并与之紧贴；花瓣长 0.5～0.7mm。果实卵形，灰棕色，长 2.5～3mm，宽 2mm。花期 6 月，果期 7 月。

种与品种：生产上常见的是皱叶香芹，依成熟时间分为早、中、晚熟品种。国内市场喜欢早熟、叶柄短、直立性强、叶色绿、抗性强的品种类型。

生态习性：喜冷凉、湿润环境，半耐寒，不耐热，高温干旱时生长不良。

繁殖与栽培：播种育苗每 666.7m^2 用种量 50g 左右，直播需 100g。春季播种采用地膜加小拱棚双层覆盖，出苗后揭去地膜。夏、秋播种需要用遮阳网或稻草覆盖降温保湿。

从播种到初收需要 100～130 天，延续采收 120～180 天，春秋两季栽培，配合设施可周年生产，全年供应。秋季栽培一般 6 月中下旬到 8 月播种育苗，9 月上旬定植，11 月开始采收，一直采收到 5 月开花前，苗期气温高，需要遮阴避雨栽培，冬季低温时大棚保温，延长采收期，增加产量。春季栽培，12 至翌年 2 月大棚育苗，1～3 月定植，3～7 月采收；露地栽培可在 2～3 月育苗，清明前后定植，5 月下旬始收，夏季遮阳避雨，可以延续收获到 11 月上旬。高山栽培可于晚春初夏进行。

早春可定植前浇透水，然后定植，避免出现干旱，缓苗后中耕松土，7 天后萌发新叶，15 天左右开始浇水，小水勤浇，保持土壤湿润，苗期一般不追肥。到了生长旺盛期，结合浇水适量追肥。

香芹作为蔬菜多生食，追肥不宜用粪肥。保护地栽培，要早晚及时通风换气，随时调节温度，风口用防虫网封严。夏栽最好铺草降温，同时可以防止雨水和泥土溅污叶子。冬栽要注意温度的管理，及时灌溉，保持土壤湿润，一般每隔 10 天要浇一次透水。同时注意及时摘除植株的老黄叶和基部腋芽抽生的侧叶。

香芹本身具有特殊气味，生长期间受病虫危害较少。做好田间管理，改善田间小气候，采取农业防治、生物防治等综合防治措施。常见病害为早疫病（即斑点病），防治时可用70%代森锰锌等防治。虫害有蚜虫和胡萝卜蝇、蚜虫等，注意及时防治。在高温和缺素情况下易出现生理病害，如缺钾、缺硼症等，可通过叶面喷施0.2%磷酸二氢钾、0.1%硼砂来缓解症状。通过采取多种有效的综合防治措施，科学使用农药，加强田间管理和监控，增强植株抗性，提高生产的安全性，以保证香芹产品的绿色保健功效。

采收：香芹为一次栽培多次采收叶片的特色芳香蔬菜，一般在植株生长旺盛时期采收，要适时适量进行，以保证产品的质量和中后期产量。定植30天后当香芹植株叶片数达15片，心叶已经团棵并横向伸展，已开始封垄时陆续采收上市，过早采收会影响植株的生长，降低产量。采收时要注意基部一轮的老叶不要采摘，留作功能叶，靠上部的新生幼叶和未长成的叶片未完全舒展，也应留下，待长大后再采收。每次采收时只摘取植株中部3～4片叶，春夏季每3～4天采收1次，冬季需7～10天采收1次，采收时手要轻，不要扯伤嫩叶和新芽，用剪刀在叶片基部留1～2cm叶柄剪下，并及时放置于2～4℃的冷藏库。经挑选、加工、分级、包装，提早上市，提高外销能力，增加附加值。7月上旬之前，每666.7m^2平均采收量为200kg左右，进入7月中旬达到采收盛期，一次采收量为600～700kg，年采收13～15茬，总产可达5 000～7 500kg。

应用：目前，香芹普遍应用于宾馆饭店作盘菜的装饰，普通消费者食用较少。因此，市场对香芹的需求量相对有限。且产品鲜嫩，不耐贮运，栽培时需要坚持多茬小面积种植，通过设施栽培达到四季生产，全年供应。出口根据订单确定种植面积和栽培季节，加强田间管理，符合出口标准，以满足国外市场需要。随着我国经济水平的提高和人们消费观念的不断更新，香芹将具有更好的市场前景和生产潜力。

2. 伞形科其他香草　主要有孜然芹属、岩风属、蛇床属、芫荽属、芹属、胡萝卜属等一、二年生香草，阿魏属、白苞芹属、柴胡属、刺芹属、当归属、独活属、藁木属、葛缕子属、茴芹属、欧当归属、芹属、山芹属、水芹属等多年生香草。

（三）菊科香草

1. 西洋甘菊（*Matricaria recutita* L.）

别名：洋甘菊、母菊、德国母菊。

原产地：欧洲及亚洲西部温带地区，欧洲各国、美国及日本等地早已被广泛利用。

形态特征：菊科母菊属多年生草本植物，常作一二年生栽培。株高 30～60cm，茎直立，多分枝，光滑。叶互生，2～3 回羽状分裂，裂片窄，线形，叶基部抱茎。头状花序，直径 1.2～1.5cm，顶生，有浓郁芳香气味；总苞片几等长，边缘膜质，花序托圆锥形，成长后中空；外层为舌状花，白色，先端 5 裂，雌性，盛开后花冠下垂；中央为管状花，花冠黄色，顶端 3 裂，两性，多数而聚成半球形；柱头 4 裂。花期 4～6 月。瘦果细小，长 0.8～1.2mm，稍弯曲，有 3～5 条细棱，不具冠毛。种子千粒重 0.026～0.053g。

种与品种：我国目前栽植的共有 3 种，德国洋甘菊、罗马洋甘菊（彩图 5－16）和摩洛哥洋甘菊。

生态习性：适应性强，较耐寒。对土壤要求不严，需日照充足、通风良好、排水良好的沙质壤土或土质深厚、疏松壤土为佳。生长最适温度为 20～30℃，瘦果在 6℃就能发芽，存放 7 年后仍有一定发芽力。

繁殖与栽培：常用播种、分株和扦插繁殖。播种，9 月秋播，播后 7～10 天发芽，发芽整齐。春播者，从出苗到开花约需 2 个月，花期长 1～2 个月，生长期共约 4 个月。秋播者次年开花早，比冬播者早 15～20 天，比春播者早 20～30 天。上海地区秋播，越冬前长成莲座状，翌年4月中旬以后，便陆续开花，7～8月枯死，生长期8～10月。种子直播，每穴2～3粒，植株间距15～25cm，行距45～60cm。播种后撒上一层0.5cm，滚压或用脚踏实。发芽适温15～18℃，土壤过于干燥则会使出苗推迟，或影响植株的正常发育。北方秋末播种者大多要到早春才能出苗。出苗后应注意除草和行间松土，2～3个月施肥一次，充分浇水，植株才长得肥大茂盛。幼苗期温度不宜过高，以13～16℃为宜，否则易徒长罹病。

分株繁殖，秋季进行好于春季，开花早而繁盛。

扦插繁殖，在花前剪取顶端嫩枝，长5～7cm，插后10～12天可生根。

苗高10cm时定植于花盆或移栽于生产田。生长期每月施肥1次，控制用量，否则花期推迟。花后剪除地上部，有利基生叶的萌发。平常要多维持通风良好，以免滋生蚜虫。松软而湿润的土壤，阳光充足，排水良好是西洋甘菊生长的条件。

病害主要有叶斑病和茎腐病为害，可用65%代森锌可湿性粉剂600倍液喷洒。虫害有盲蝽和潜叶蝇，用25%西维因可湿性粉剂500倍液喷杀。

采收：选择健壮、无病虫害的植株作种株，单收、单晒、单脱、单贮，作为下年用种。

药材质量要求花梗不应长于3cm，花序采下后堆放不得超过2h，否则易发热变质。由于洋甘菊的主要有效成分是挥发油，因此应以风干为宜。国外通常将花序放在有铁皮屋顶的天花板与屋顶之间，分层铺开风干，或在35～45℃的温度下烘干。药材不宜过分干燥，也不可干燥不透。前者易使药材弄碎和挥发油含量降低，后者会使药材变质，产生酸味而失去药用价值。药材产量一般每666.7m^2可收干花序30～80kg。

挥发油为花序中最主要的有效成分，含量一般为0.2%～0.8%，有的报道可高达1.9%。挥发油呈暗蓝色，芳香，久置或在日光照射下不久即可变成绿色，直至呈褐色。精油有水果香，似苹果的香气。据国外报道，在舌状花序呈水平展开时采下的花序，挥发油含量最高。如采收过迟，由于已形成瘦果，则在干燥后花序会散开，挥发油含量也就大大降低。

洋甘菊精油具强烈的刺激气味，其中兰香油薁是洋甘菊精油中最有价值的成分之一，为蓝色黏稠液体，欧洲各国常根据它在精油中的含量，作为评定药材质量的标准。因产地、生长条件的差异及化学变种的存在，各地洋甘菊精油中的兰香油薁的含量往往变化很大，以花盛开时的含量最高。

洋甘菊是重要药用植物和香料植物，具有安眠、消除压力、不安、利尿、皮肤柔软、利消化、能减轻头痛、帮助睡眠、舒畅心情、改善过敏的皮肤。西洋甘菊自古即被视为可镇静及舒缓效果绝佳的药草。近年来，上海等地在民间使用中，发现它有镇静、止痛及改善肺癌病人症状等作用。洋甘菊在上海郊区不仅生长良好，且已逸为野生，成为一种归化植物，其野生面积正在逐年扩大，某些地区已成为路边杂草的优势种。此外，洋甘菊在湖南、南京、北京等地也有少量栽培。

洋甘菊也是常见的观赏花卉，长江流域冬季基生叶常绿，夏季开花繁茂，花梗挺拔，花瓣洁白、平展，开花时从花朵里散发出淡淡的苹果香味。既可盆栽，也适用于花坛、花境和建筑物前种植，翠绿有光、自然飘逸。切花或盆栽点缀阳台、窗台也颇佳，观赏期长，风姿雅韵，清晰明朗。

洋甘菊为欧洲常用草药，多用于保健食品和化妆品中。古希腊曾用它来作为处方，欧洲人将其列入最常饮花草茶的排行榜中，啤酒厂亦用它来添加啤酒的香味。国外的美容沙龙，常在美容前招待客人饮用西洋甘菊茶，来使客人精神放松。

2. 杭菊［*Chrysanthemum morifolium*（Ramat.）Tzvel.］

别名：小白菊、小汤黄、杭白菊、茶菊、纽扣菊、白菊花、药菊、野菊等。

原产地：原产我国，由野菊演变并经人工选育而成。主产于浙江省桐乡、海宁、吴兴、嘉兴等地。浙江桐乡杭白菊栽培历史悠久，据史料记载，迄今为止已有370余年历史，是浙江桐乡的特产。现在江苏、安徽、福建、广东、江西、湖北、湖南、四川等地都有种植，全国栽种面积超过0.67万hm^2以上，年产量1.5万吨。

形态特征：菊科菊属多年生宿根草本，株高60～150cm。茎直立，带紫红色，基部有时木质化，上部多分枝，具白色细毛或绒毛。单叶互生，具柄，卵圆形至窄长圆形，长3～5cm，宽3.4cm，先端钝，缘有粗大锯齿或深裂，叶背有白色柔毛。秋季开花，头状花序大小不等，直径2～5cm，单生枝端或叶腋或排列成伞房状，外层总苞片绿色，舌状花白色，花瓣长22～25mm，宽5～7mm，雄蕊1，子房下位，花柱线形，柱头2裂。花期9～11月。瘦果短圆形，果期11月下旬至12月上旬。

种及品种：生产上按花色将杭菊分为白菊花和黄菊花两大类。白菊花主要有小洋菊、大洋菊和异种大白菊。黄菊花分为小黄菊、大黄菊2种。黄菊花只作药用，产量低。白花菊是主栽品种，特别是小洋菊，具有花朵品质好、生育期适中、适应性广、丰产性好等优点。目前新品种有‘香仙子’、‘金菊1号’、‘金菊2号’、‘早熟小洋菊’、‘晚熟小洋菊’等。

生态习性：性喜温寒冷，幼苗发育至孕蕾期要求气温稍高，一般要求日平均温度在15℃以上，适宜温度15～30℃。花后期能耐受微霜，根可忍受－16～－17℃的低温。喜湿润，怕积水，尤其在开花期不能缺水，否则影响产量和质量。土壤水分过多容易烂根，雨季应注意排涝。干旱土壤水分不足，分枝少，发育缓慢。喜肥富含腐殖质的沙性壤土和壤土，黏重土或低洼积水地不宜栽植，盐碱地生长发育差，pH6～7为宜。喜短日照，日照时数近10h就会现蕾开花。

繁殖与栽培：以无性繁殖为主，通常采用扦插法和分根法，也可用播种和嫁接法。扦插于4～5月份，剪取嫩枝作插条，长10～12cm，顶端留2～3片叶，选择向阳背风、排水良好的沙质壤土扦插，株距6～7cm，上端露出地面3～4cm，插后及时浇水，遮阴并保持湿润，半个月内便可生根。如果在扦插前将插条在生根剂溶液中浸10～12h，更利于长出新根。分根法在大面积栽培时采用。一般在早春进行分根繁殖与定植同时进行。利用阴天，将母株挖起，从茎部分开各株宿根，选择强健的苗，适当剪去枝叶，以株行距60cm×40cm挖穴栽种，种后适当将根际土壤压实，及时浇水。土壤潮湿，水分足，栽后阴天可不必浇水或少浇水。栽前先进行翻耕、整地与开排水沟，施入足量有机肥和磷钾肥作基肥。畦宽一般为1.2～1.3m。定植时间以清明前后为宜，密度一般每666.7hm^2在3 000～6 000株。穴植畦宽1.2m，株距20～30cm，每穴2株。大棚种植，6m宽跨度作畦4条，8m宽的大棚作畦5条，畦沟宽40cm。

压条是小白菊及优系增产的有效措施。第1次压条一般在菊苗栽后15天左右，当苗长至30～50cm高时进行。压条前，在菊苗行两边铺施一次腐熟有机肥，并用松土覆盖。压条时把枝条向两边按倒，每隔10cm左右压上泥块，确保枝条与松土接触，有利于菊苗节节生根和节部侧枝生长，待新侧枝长至20cm左右时进行第2次压条。压条的方向由密处向稀处压，使菊苗生长趋于平衡。压条以2次为宜，并于7月底前结束，以确保正常采收。压条2次的单个头状花序重量较压条1次的可提高11.9%。摘心也是取得小白菊及优质高产的重要措施之一。摘心时间在8月份，当新梢长至10～15cm时摘心，与压条相结合。摘心次数一般2～3次。每次摘心后每施入腐熟有机肥或复合肥。

应用高新技术可以增加头状花序重量。9月中旬现蕾期，追肥促进花蕾增多、增大，开花整齐等，叶面追施以细胞酶为主要成分的生物制剂1 500倍液，每隔15天喷1次，连喷3次可提高单个头状花序重量15%～34%。

采花以后，将植株地上部分割除，根部培土以利于安全越冬，第二年再进行分株移栽，可结合当地情况留足下年种根外，其余植株连根挖出，腾出茬口，间作冬季作物，开春后再分株移栽。

采收：采收实行分期、分批、分级采摘，以确保产量和提高鲜花品质，原则上是先开的花先采。用途不同，采摘标准不同：用作胎菊，在花蕾充分膨大而花瓣刚冲破包衣但未伸展为标准。一般饮用菊，在花蕊散开10%～30%为标准。药用时，以花蕊散开30%～70%为标准。

采花时间应安排在晴天上午露水干后或下午，做到随采、随运、随摊、随加工，保持松散通风，让其自然散发水分，防止发热变质或霉变。采收时要剔除泥花、虫花、病花，采后须及时加工或出售鲜花。鲜花一般分特级、一级、二级共3级。生产试验表明，在胎菊期采收最佳，总黄酮、绿原酸、木犀草苷、3,5-O-双咖啡酰基奎宁酸含量均较高，产量明显高于花蕾期，且提前采收也有助于花芽进一步分化。

杭白菊的干制加工有传统干制和机械两种方法。传统干制，将经晾干的鲜花均匀放入蒸埭内，采用灶锅或蒸气蒸制。灶锅蒸埭部分温度约90℃，每批蒸制1次约蒸5min。注意锅内水要保持适中，发现锅水浑浊，全部更换锅水。蒸气蒸制采用安全锅炉，控制好温度，以蒸熟为度，一般比灶锅快8～10倍。蒸制时严禁用硫磺处理。

蒸好的花朵可采用自然太阳曝晒法或烘干法2种。太阳曝晒法，是将蒸熟的花朵每埭像圆饼一样放置在竹帘或芦帘等晒具上，白天把晒具连同花饼搬到晒场的晒架上曝晒，夜里搬回室内分层设架放置，每2天将花饼翻身1次，直至晒到花朵花蕊变硬（含水量≤16%）。烘干法，是将蒸熟的花朵等冷却后，将花朵从埭内分散取出，均匀放置在烘干设施上烘干。

机械干制，将鲜花均匀置于微波杀青流水线的运输带上，厚度重叠3～4朵花，根据微波流水线的加工功率，确定输送速度，进行微波杀青、灭菌。再将杀青后的花朵移入烘箱或烘干房内，温度控制在 55～65℃，烘 5～6h，当花朵含水量在 16%以下时取出保存。

若遇连续雨天，要用烘笼炭火烘干，但产品香气低、质量差，还带有木炭异味。成品花的含水率为 12%±2%，晒得太干则花瓣易断碎；干度不足，水分含量近 18%时，存放数天后则会产生黑霉烂心，成为残次品。

应用：杭白菊是 2010 年版《中华人民共和国兽药典》收载的正品菊花，味甘、苦，性微寒，具有散风清热、平肝明目、清热解毒等功效。除入药外，还可以泡茶和制作饮料，畅销国内外。杭白菊是一种无毒副作用的清凉保健饮品，气味芬芳，已有数百年的饮用历史。它含挥发油、菊苷、黄酮类等成分，长期饮用，能增强毛细血管的韧性，特别是对老年高血压患者有辅助疗效，还有明目、解毒、减轻感冒头痛、消除心烦等作用。目前，全国的茶叶零售商店、食品店等均有杭白菊销售，喜爱饮用的人群很广。种植杭白菊，可收到经济效益、社会效益和生态效益三利共赢。

3. 菊科其他香草　白酒草属、杯菊属、苍耳属、鬼针草属、醴肠属、母菊属、胜红蓟属、矢车菊属、鼠麴草属、向日葵属等均为一年生香草，艾纳香属、滨菊属、菜蓟属、刺儿菜属、苍术属、川木香属、雏菊属、春黄菊属、大丽花属、大吴风草属、蜂斗菜属、果香菊属、蒿属多数种、火绒草属、苦荬菜属、蒲公英属、蓟属、菊属、漏芦属、牛眼菊属、三七草属、甜叶菊属、香青属、蟹甲草属、旋覆花属、亚菊属、一枝黄花属、泽兰属、紫松果菊属、紫菀属、银胶菊属等，均为多年生香草。

（四）十字花科香草

1. 欧白芥（*Sinopis alba* L.）

别名：白芥子、胡芥、蜀芥等。

原产地：欧亚大陆，传入我国已有 1 500 余年的历史。我国主要产于山西、山东、安徽、新疆、四川、云南等地，可作为辛香料和药材应用。欧美和日本也有商业性栽培。

形态特征：十字花科欧白芥属一年生草本。株高 50～100cm，茎直立，分枝，具单毛；叶羽状半裂或深裂；总状花序具多数花，下部常有苞片，果期伸长；花大，黄色，有花梗，果期略开展；萼片长圆形，近相等；花瓣倒卵形，爪比瓣片短；子房短，柱头近 2 裂；长角果近圆柱形或线状圆柱形，具数种子，果瓣有 3～7 粗脉，喙长；种子 1 行，球形灰黄色至淡黄色。千粒重约 1.2g。花期 4～6 月，果期 6～7 月。

图 5－3　欧白芥

种及品种：本属约 10 种，产于地中海地区。我国有栽培的欧白芥 *S. alba* Linn. 1 种，图 5－3。

生态习性：半耐寒性植物，喜冷凉气候，喜光，能耐－5℃的短期低温。种子发芽最适温度 18～20℃，前期营养生长适温 15～20℃，后期生殖生长适温 25～27℃；开花期比较长，幼苗在 4～5℃下通过春化。因此，一般秋播，翌年 4～5 月抽薹开花。本品对土壤适应性强，有一定的耐旱力，宜土层深厚、肥沃、排水良好的沙质壤土或轻度黏质壤土上生长。适宜在海拔 1 300～1 900m，年均气温 13～18℃，冬春有雨和有水灌溉的地区种植。

繁殖与栽培：种子繁殖为主。根系发达，可采取育苗移栽，也可直播。直播可春播，也可秋播，以秋播为好。每 666.7m^2

用种量 0.4～0.5kg。于 9 月 20 日至 10 月 10 日，即秋分节令开始播，寒露播种结束。播种过早因温度高，容易早花早蕾，受霜冻危害而造成减产；播种太晚，由于气温低，土壤水分散失，难以出苗，且营养生长期短，不易获得高产。在整好的墒面上按株行距 33～40cm×33～40cm 播种，以细粪细土各半的营养土盖种 1～2cm，当气温 15℃左右，土壤含水量 80%左右时，5～7 天即可萌发出苗。

水源条件较好的地方，可采取菜地育苗，大田移栽。即 10 月上旬育苗，10 月下旬或 11 月上旬移栽，每穴栽植 2 株，栽后浇 1～2 次水。10 月中旬 5～6 叶期，移栽苗成活正常生长，第 1 次中耕松土，并除草、间苗、定苗，每穴选留壮苗 2～3 株。需要追肥 2～3 次，特别在摆盘期到抽薹期要重施 1 次蕾肥，促进多分枝、多开花、多结果和籽粒饱满。紫色土和沙土普遍缺硼，结荚率很低，应在蕾薹期喷洒两次 0.1%～0.2%的硼砂溶液，以防止花而不实，促进结荚和壮籽。

易感染病条斑、花叶和丛枝 3 种毒病，可用 40%乐果乳油 1 000 倍液喷洒，防治传毒媒介蚜虫；蕾薹期喷洒 80%代森锌可湿性粉剂 300～500 倍液，可抑制病毒，或用 1.5%植病灵乳油 500～600 倍液喷雾防治。

虫害有叶蜂、跳甲，又叫小黑蛆和叶跳虫。这两种都是苗期害虫。咬食茎和叶片，易造成缺苗，要注意防治。

采收：选健壮高产植株，留主轴中部、荚大粒多、籽粒饱满、无病虫害的荚果作种，单收、单晒、单脱、单贮，作为下年留种地用种。种子圆球形或近球形，灰白色或淡黄色，光滑，有细微网纹，有明显的点状种脐。种皮薄而脆，子叶 2 枚肥厚，油质。采收过早，成熟度不够，芥子色泽不佳；采收过迟，种子炸荚落地。以种子纯净无杂物，种皮薄而黄白具光泽，无臭，味辛辣为佳品。6～7 月当果实大部分呈黄白色时割下全株。置阴凉处，晾开使后熟 5～6 天，再晒干，打下种子，簸去杂质，装于布袋内，置阴凉干燥处贮藏。种子贮藏3～4年仍有80%左右的发芽率。果实成熟变黄时，割取单株晒干，打下种子。种子除去杂质，在通风干燥处贮存备用，注意防潮。晒干后的种子无臭，味微辛辣。用时捣碎，经水调掏临有强烈香辣味。种子经文火炒至深黄色，有香辣气，用时捣碎。

应用：种子供药用，籽中含精油0.25%～1.25%，为辛香料，广泛用于调配各种调味剂，如芥末粉、芥末酱及其他复合调味品，作肉制品、海鲜品的调味料。整粒者常用于腌渍、煮肉、浸渍酒等，也可与蔬菜共煮，用量一般视需要而定。种子除作辛香调味料外，还是《中华人民共和国兽药典》收载的“白芥子”。其味辛、性温，归肺经。有利气、祛痰、温中，消肿止痛之功效。药理试验表明，芥子能刺激皮肤，扩张毛细血管，对皮肤黏膜有刺激作用。白芥子水浸剂对堇色癣菌、许兰氏黄癣菌等皮肤真菌有抑制作用。食用过量芥子能使心容量和心率下降。

芥末作为辛香调味料，在我国虽不及欧式烹调那样普遍，但也是许多肉类和水产品的必备调味料，作为烹调用主要用于腊味的肉食品，如香肠、腊肠、火腿等；烤肉类、烘烤豆类、蔬菜冷拌、各种海鲜等也都可使用芥末，有些菜肴（如某些海鲜）还必须使用芥末。

2. 十字花科其他香草　主要有独行菜属的独行菜，桂竹香属的桂竹香，萝卜属的萝卜，荠属的荠，菘蓝属的欧洲菘蓝，芸薹属的芥菜、甘蓝和油菜等，芝麻菜属的芝麻菜，紫罗兰属的紫罗兰等，均为一或二年生草本。豆瓣菜属的豆瓣菜，辣根属的辣根，山葵属的山葵，香雪球属的香雪球等，为多年生草本。

（五）百合科香草

1. 细香葱（*Allium schoenoprasum* L.）

别名：虾夷葱、香葱、细葱、西洋丝葱。

原产地：在北半球广泛分布，原产地在北欧及北美的东北区，亚洲也有野生种，但很早就被驯化，现广泛分布于热带、亚热带地区。中国长江以南各地有栽培。广西灵川县灵川镇于20世纪70年代开始种植。

形态特征：百合科葱属多年生草本。鳞茎不膨大，不明显，只外包鳞膜。株高20～30cm，叶基生，线形，叶片中空细长，绿色。花茎由叶丛中抽出，与叶等长或稍短，头状花序顶生，花多数，花冠粉红色或紫色，花期从春末到初夏，花后叶片枯萎，至秋季重新长出。蒴果近圆形，细小。

种及品种：我国常见的栽培种有四季小香葱、德国小香葱和福建细香葱等。

生态习性：喜凉爽的气候，耐寒性和耐热性均较强，发芽适温为13～20℃，茎叶生长适宜温度18～23℃，根系生长适宜地温14～18℃，在气温28℃以上生长速度慢。因根系分布浅，需水量比大葱要少，但不耐干旱，适宜土壤湿度为70%～80%，适宜空气湿度为60%～70%。对光照条件要求中等强度，在强光照条件下组织容易老化，纤维增多，品质变差。

繁殖与栽培：以种子繁殖为主，一般是在春、秋两季播种，也可分株。种子具有遇到光就不会发芽的特性，因此播种之后，务必要在上面覆盖泥土。3～5月和9月用分株法繁殖，株行距15cm×15cm，每穴栽5～7株。播种育苗采用条播或撒播的方式，条播间距10cm，覆土0.5～1cm厚，播种量1.5～2kg。

忌多年连作，也不宜与其他葱蒜类蔬菜接茬，一般种植1～2年后，需换地另栽。11月下旬浇一次水，为封冻水。2月底至3月初，到田间及时清理干叶，及时浇返青水。早春浇水易勤易多，小水勤灌保持土壤见干见湿。后期根部要培土1～2次，以防止倒伏。根据实际情况进行追肥1～2次，收获前15天内禁止使用速效氮肥。

主要有霜霉病、疫病和灰霉病3种病害，可选用百菌清750倍液，可湿性粉剂（扑海因、朴霉特等）500倍液喷雾防治。虫害主要有蓟马和潜叶蝇，在干燥少雨、高温天气较易发生，应在发现虫口初期就用高效低毒的农药进行全田喷洒。

采收：留种田栽培与生产大田相同，但氮肥施用量要适当减少，磷、钾肥要适当增加。一般春季栽植的留种田，可用于秋季分株栽植；秋季种植的留种田，可用于第2年春季分株栽植。种子千粒重2g。种子成熟后可采收整个花序，自然风干后，打落种子，簸去杂质，贮藏备用。商品种子要求纯度不低于97.0%，净度不低于97.0%，发芽率不低于70%，水分不高于11.0%。

收获茎叶，在栽后约2个月苗高20cm以上时可陆续收获，晚秋减少采收，使保持旺盛的生长势，提高耐寒力。栽培3～4年后，叶子变短，株丛分蘖减少，产量降低，需要更新。可立即剪短，这样就能很快长出新芽，而且每月都能采收，每666.7m^2每年产量4 000～5 000kg。采收好的香葱应去除枯萎、变黄的病虫叶，然后用草绳把每2～3kg香葱捆绑成1捆即可上市。

应用：细香葱也是制作食品和食用香精的母体香料，可调配各种食用、医药和化工原料。嫩叶和假茎，具特殊香味，多作调味用。除了叶子之外，它的花也是可利用的部位。花除了可做沙拉外，也可制成干燥花。细香葱精油含量为0.3%～0.5%。庭园栽培，既可观赏，又可食用。近年来，随着种植结构调整，种植面积不断扩大，并出现了许多种植专业户和专业村，经济效益显著，深得菜农喜爱。

2. 百合科其他香草 主要有百合属、贝母属、葱属、风信子属、黄精属、吉祥草属、铃兰属、嘉兰属、芦荟属、萱草属、延龄草属、郁金香属、玉簪属、知母属等。

（六）禾本科香草

1. 香茅［*Cymbopogon citratus*（DC.）Stapf.］

别名：柠檬香茅、香茅草、柠檬草、爪哇香茅、熏香茅、蜂花草。

原产地：原产东南亚热带地区，现广泛分布于北纬 24°至南纬 23°之间，现主要生产国家是中国、印度尼西亚、斯里兰卡、印度、危地马拉等，以中国和印度尼西亚的生产最多。

形态特征：禾本科香茅属（曾被列为须芒草属 *Andropogon*）多年生草本。植株分蘖性强，丛生，高 60～150cm。节明显，每节生叶一片，节上生不定根。叶舌膜质，无毛。复生圆锥花序，佛焰苞革质，无毛，狭披针形。小穗成对，无芒，无柄小穗具两性花，有性小穗仅具雄花，根系较浅。

种及品种：在世界上作为经济作物栽培的香茅有爪哇型和锡兰型两个品种。我国栽培的属爪哇型香茅，一般种后 6 个月即可收获，经济寿命 3～4 年。爪哇型香茅出油率、油的总醇量和香茅醛的含量都比锡兰型香茅高。所以，除斯里兰卡利用旱瘠地种植锡兰型香茅外，世界其他地方都种植爪哇型香茅（图 5-4）。

图 5-4　香　茅

香茅属约 60 种，为禾本科植物中唯一在叶片中含有特殊香气之物种。常见的栽培种分为五类：香茅（*C. Citratus*），又名柠檬草，精油市场称为西印度香茅。全株具柠檬香气，杆粗壮，高达 2m，呈淡绿至中绿色。蜿蜒香茅（*C. flexuosus*），精油市场称为东印度香茅。其中有两个种，一个茎干呈苹果绿至白色，另一个为红色茎干，茎节间常见蜡粉。锡兰香茅（*C. nardus*），亦称斯里兰卡香茅，叶鞘呈暗红色，且上面密生细刚毛，精油化学成分与爪哇香茅基本相同。爪哇香茅（*C. winterianus*），全草精油含量 1.2%～1.4%，而锡兰香茅全草含精油 0.37%～0.4%。马丁香茅（*C. martini*），亦称玫瑰草、玫瑰香茅。叶鞘呈绿色或淡绿色，生长与香茅相似，精油除含香茅醛、香茅酚之外，还含大量香叶醇，所萃取之精油产品名称为玫瑰草油。

生态习性：对光照要求高，强光、长日照利于生长，含油量高；喜高温多湿的气候，在冬季低温期长、霜害严重地区难以过冬；一般要求年降雨量 1 300～1 800mm 且分布均匀。根系发达，耐旱、耐瘠，但长时间干旱不利生长；忌积水，低洼地不宜种植；对土壤要求不严，不论沙土、黏土、瘦瘠土壤等都可以生长。但是，如果要得到高产，还需选择肥沃、疏松、深厚、排水良好和偏酸性的土壤种植。

繁殖与栽培：播种繁殖，先平整土地，开 1.3m 宽的高畦，按行、株距各 30～35cm 开穴，深 7～10cm。于 3～4 月播种，把种子和草木灰用少量人畜粪水充分拌匀成种子灰，每 666.7m^2 播种量为 1～1.5kg，把种子灰撒到穴里，覆土即可。

还可用分根繁殖，选土层深、保水保肥能力强的土地，以利于根系发育。

定植，在广东大致可分为早春（一般在 1～2 月份）、小雨季（4～5 月份）和大雨季（7～8 月份）3 个时期。早春抗旱定植，不久即进入适宜生育季节，当年发生的分蘖生长期长，分蘖数多，夏季叶片的生长旺盛，比夏、秋定植可多收获叶片 1～2 次。

宜在强光、通风、肥沃、平坦而开阔的地区种植，坡地必须做好水土保持工作。根系浅，生长极易受土壤干旱影响，春季第 1 次割叶后进行深中耕（12～15cm），切断老根，结合施有机肥和培土，促进萌发大量新根。每年最后 1 次割叶后要进行浅耕 5cm 左右，以利保水。栽培中需培土，在每年第 1 次或第 2 次割叶后进行，高度在分蘖着生部位以上 3～5cm。

病害有叶枯病等，多在夏季高温多雨时发生严重，因此要做好防治工作。此外，也会受到香茅蓟马等害虫的侵袭。

采收：抽出花序后，每 666.7m^2 增施 P、K 肥 20kg 左右，秋季收获花序，晒干后，打落种子，至通风处贮藏。当年生植株割叶 3～5 次，2～3 年生植株割叶 5～6 次，每 666.7m^2 产鲜茎叶 1 500～2 000kg。当年生植株首次割叶要在定植后 6 个月左右，每 4 个月左右收割 1 次，4～5 年后就必须重新栽种。割叶在叶片与叶鞘交界以上的 3～5cm 处下刀。割叶时不要将株丛扭转，尽量减轻下部的摆动，不要混入杂草，以免降低精油的品质。叶片含油量夏季最多，冬季次之，秋季最少，采收依季节而定，不要割叶过多影响生长。雨天及早上露水未干时不要割叶，否则易感病害和降低出油率。受霜害或风害叶片撕裂的香茅应提前收割，以减少水分损失。割下的叶片，要随割随加工。堆放、曝晒过久都会降低叶片的含油率和含醛量。

应用：地上部植株，水蒸气蒸馏，每锅需 3h 左右，产油率较高，精油品质也较好。鲜茎叶得油率为 0.26%～0.50%，干茎叶得油率为 0.8%～1.0%。

叶片中提取的精油为世界重要的香料油之一，是我国对外贸易的商品之一，进入国际贸易市场已有 30 多年的历史。主要用途：一是日用品香料，广泛用作皂用香精，在世界香茅精油的消耗中所占量最大；其次用于制香水、香粉等化妆品。三是用作食品香料，经加工制成羟基香料植物醛、柠檬醛等，是重要的食品香料，如饼干、糖果、汽水等均含有香茅精油制成的香料。四是用作医药制品原料。香茅精油具有杀菌、消炎、止痒、舒筋、活络、治头风、止腹痛等功效，也是防蚊油的主要原料，曾大量用于制造合成薄荷脑，被广泛应用于芳香疗法中。因香茅精油香味强烈，会刺激敏感性皮肤，使用浓度在 1%以下才更为安全。

傣家人最爱用香茅草做调味料，用其把腌制入味的鲫鱼、罗非鱼捆裹好，用木炭小火慢烤至鱼熟透，食之味道鲜嫩奇香。中国香茅精油主要出产于海南、广东、台湾、福建、广西、云南等省（自治区）。

2. 禾本科其他香草 主要有大麦属、稻属、狗尾草属等一年生香草；香根草属、香茅属、茅香属等多年生香草。

（七）报春花科香草

1. 灵香草（*Lysimachia foenum-graecum* Hance.）

别名：零陵香、广零陵香、驱蛔虫草、满山香、佩兰、蕙草。

原产地：主要分布在我国台湾、广东、广西、湖南、湖北、四川、云南和贵州等地，以及西南、华南地区，生于海拔300～2 000m处的山谷林下和溪边。目前主要利用的是野生资源，近年来广西、云南等地开始引种栽培。

形态特征：报春花科珍珠菜属多年生草本（图5-5）。茎柔弱，直立或下部匍匐生长，具棱或狭翅。一年生茎长40～50cm，二年生可达1～2m以上，直径4～6mm。叶互生，纸质，卵形至椭圆形，顶端锐尖，基部渐下狭延，全缘或成皱波状，长4～9cm，宽1.5～4cm。叶与茎的表面密布棕色小腺点，新鲜时香气不显著，干燥后香气浓郁。花单生于茎上部叶腋间，花梗纤细。花冠黄色，5深裂，长12～16mm，宽9mm。萼宿存，雄蕊5枚，着生于花冠管口，花丝极短，分离，基部着药。子房上位，花柱高出雄蕊，宿存。蒴果球形，果皮灰白色，膜质，种子细小黑褐色。花期5月，果期7～8月。

图5-5 灵香草

种及品种：同属其他种有细梗香草（*L. capillipes*

Hemsl.)，别名排草、香排草、香草、毛柄珍珠菜，为一年生草本，高40～60cm。茎直立，中部以上分枝，下部有时匍匐。叶互生，卵形至卵状披针形，长1.5～7cm，顶端锐尖或渐尖，基部楔形，全缘或微波状，无毛或上面被极疏的小刚毛，侧脉4～5对，叶柄长2～8mm。单花腋生，花梗纤细，丝状，长1.5～3.5cm。花萼长2～4mm，5深裂近基部，裂片卵形或披针形，顶端渐尖。花冠黄色，直径6～10mm，5裂近达基部，裂片狭长圆形或近线形，宽1.8～3mm，顶端稍钝。雄蕊5，基部与花丝合生约0.5mm，分离部分明显，花柱丝状。蒴果近球形，带白色，直径3～4mm，比宿存花萼长。

生态习性：适应冷凉湿润气候，要求土壤肥沃、透水透气。不耐阳光直射，要求一定的荫蔽条件，不耐高温，越过30℃会影响生长，甚至会死亡。

繁殖与栽培：宜采用仿生栽培，即选择与野生的生态环境相差较小的地区进行人工栽培。多选择在成片阔叶林下的缓坡栽植，要求土壤肥沃、疏松、排水良好的地块。要求林下荫蔽度控制在70％～80％，清除林下杂草、碎石、枯枝落叶，然后耕翻10cm以内。然后作床等待播种。由于种子萌发率较低，实生苗生长缓慢，故很少用播种方法。生产上一般采用扦插繁殖，直接将枝条插植到地里即可生根成苗。扦插在每年4～5月间进行，株行距5cm×6cm，深度以入土3/4为宜，然后将土压紧，浇水，保持土壤湿润。采收后要及时把地里的杂草和枯枝叶清除干净，然后用磷肥100kg和氮肥2.5kg拌土150～200kg，覆盖根部。

生产中，细菌性软腐病是一种毁灭性病害，一年四季均可发生，以开花前后流行速度最快，主要为害叶片、茎秆、花朵等部位。在田间尚未形成明显的发病中心前为施药关键时期，可用农用链霉素0.2ml/L加75％百菌清可湿性粉剂500倍液喷雾。注意喷药前不宜施氮肥，收获前1个月应停止用药。冬季要清园，处理和烧毁残体，减小越冬病源。种植时选用无病种苗或进行种苗消毒，及时清除田间杂草和避免机械损伤，加强田间管理，注意通风透光，降低田间湿度。另外，斑枯病可引起落叶，且常有软腐病细菌混生，并加剧软腐病的为害。防治方法同细菌性软腐病。

采收：由于种子萌发率较低，实生苗生长缓慢，故很少采种。如果需要留种，则不要采收枝叶，否则开花少或不开花，收不到种子。

商品标准是，根须状，棕褐色。茎呈圆柱形，表面灰绿色或暗绿色，茎下部节上生有细根；质脆，易折断，断面类圆形，黄白色。叶片多皱缩，基部楔形具翼，纸质，有柄。叶腋有时可见球形蒴果，类白色；果柄细长，具宿萼。气浓香，味微辛、苦。以茎叶嫩细、色灰绿、气香浓者为佳。一年四季可采收，但以冬季采收为好，产量高，质量好。将全株拔起，去净泥沙即可。为了不影响翌年的面积和产量，达到少种多收，可只采收地上部分，不除根，特别是土质肥、病害少、长势较好的场地，更是如此。采取茎叶而留根的方法是：从根部以上 4～5cm 处采收，以利再生。

应用：据考证，在 400 多年前，灵香草就是贡品，皇帝用来保存衣物、书画等，起到驱虫防虫的作用。还可用来香化居室、衣料、身体、填充睡枕等。全草均可利用，得油率 0.21%。干草采用水蒸气蒸馏法、超声波辅助萃取与微波辅助萃取方法提取精油，得油率分别为 0.39%、2.88%和 3.09%。为享有“香料之王”美誉的名贵香草，气味芳香，浓郁持久，具有防腐杀菌、消炎解毒、提神醒目、避瘟疫等功效。入药，味甘，气香，性平无毒，民间用于治疗感冒咳喘、风湿痛、月经不调、神经衰弱、驱蛔，酊剂或浸膏可以调配烟草香精，对突出烟香、除苦辣涩味效果显著。在国际上，提取的精油被誉为“液体黄金”，广泛用于食品、医药、烟草、纺织、日用化工等方面。

2. 报春花科其他香草 主要有矮桃（*L. clethroides*）、过路黄（*L. christinae*）等，均为多年生香草。

（八）牻牛儿苗科香草

1. 香叶天竺葵（*Pelargonium graveolens* L'Hér.）

别名：香洋葵、芳香天竺葵、驱蚊香草、柠檬天竺葵等。

原产地：牻牛儿苗科天竺葵属植物大都原产南非好望角一带，现世界各地栽培广泛。我国上海、江苏、浙江、福建、广东、云南、四川、台湾和北京等地有栽培，其中云南、四川两地栽培面积最大。现在欧美、亚洲日本及非洲等国均有栽培。

形态特征：牻牛儿苗科天竺葵属多年生亚灌木，株高30～60cm（图5-6）。茎粗壮多汁，密布腺毛。叶对生，具长柄，阔心脏形，掌状分裂，裂片再呈深裂或浅裂，密被绒毛，具强烈特殊香味。伞形花序腋生，花6～9朵，左右对称。花萼有距，与花梗合生，花瓣与花萼均5枚。花淡红色，有紫色条脉。花期夏季。

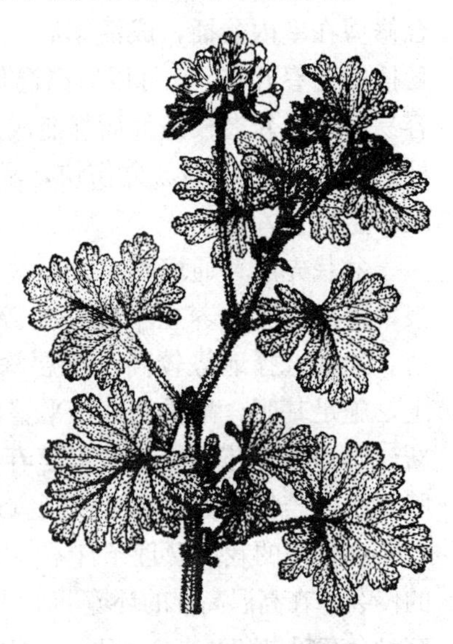

图5-6 香叶天竺葵

种及品种：相近种类有玫瑰天竺葵（*P. roseum*），全株散发浓烈的玫瑰香气，花期从早春到秋末，开粉红色花，花冠2～3cm。生性强健，栽培容易。采叶作香料，可制作蛋糕。花用于干燥花、插花、沐浴。

生态习性：性喜温暖，忌高温高湿，生长适温为15～26℃。冬季不应低于5℃，夏季25℃以上植株处于休眠或半休眠状态，宜放于疏荫环境养护，低于20℃以下时，又需光照充足。栽培土质以富含有机质而疏松肥沃的沙质壤土为佳。土壤宜湿润稍干，不可积水久湿和雨涝。给予充足阳光，但是夏季日光强烈需遮阴，力求通风凉爽。

繁殖与栽培：由于植株很少结种子或结种子甚少，故少用播种法。即使获得种子，以采用室内盆播育苗为好。发芽适温为20～25℃。种子不大，播后覆土不宜深，14～21天发芽。经播种繁殖的实生苗，变异较多，可选育出优良的中间型品种。

生产上多用扦插繁殖，除6～7月植株处于半休眠状态时不易扦插外，其他时间均可扦插，但以春、秋季为好。3月上旬结合修剪在室内盆插，成活率高，当年秋季即可旺盛生长并开花，秋插的翌春开花。5月以后高温伴随多湿，扦插成活率低，往往容易腐烂。新老枝条扦插都能成活，但以1年生的壮枝自基部分枝点切取，伤口小，愈伤快，易成活。以顶端部最好，生长势旺，生根快。

盆栽先用普通培养土上小盆养苗，待苗长壮自盆底孔冒出白根，再用加肥培养土下垫一些碎蹄片作基肥，换到桶或盆中定植。地栽选择地势较高、土层深厚、土质肥沃、通透性的沙壤土，施足基肥，翻耕耙细，平整地面后作畦。光照充足，空气清新，则连续开花不绝。秋末至春季为生长盛期，每1～2个月施肥1次。若植株老化，秋末则宜进行强剪。

在良好的栽培管理条件下，不易感病，亦较少受到有害动物的侵袭。在高温高湿的环境下，可见根腐病。一经发现，及时拔除。有时会有蚜虫和红蜘蛛为害，但危害不大。严重时要喷药防治。

采收：由于植株很少结实，种子不易获得。如果不是为了育种，则不常使用采集种子之法留种，多采用保留植株的方法采集种条进行扦插繁殖。以采收嫩枝叶进行提取精油为目的，当植株生长丰满、散发出较浓郁的玫瑰香气时即可采收。如果作食用和药用，则采收鲜花用于凉菜的配置和装点饮料，枝叶晒干可入药，或制作香包。每年6～7月及10月中旬可各收割1次，剪取植株上部的茎叶和花序，剪长枝、老枝及匍匐枝，留短枝、嫩枝及直立枝，多者可收3～4次。可连续采收2～3年，有些地区则可连续采收2～4年。

应用：枝、叶、花均有利用价值。如全株具有强烈的、持久的玫瑰样底蕴的香气，叶和花可制成香包，红色鲜艳的花可用于凉菜的调配、装点糕点和饮料添香。枝、叶含香叶醇、右旋香茅醇、芳樟醇和少量的萜类等芳香油，用于提取香精，供化妆品、香皂工业用。采用微波辐照诱导萃取法萃取香叶天竺葵的挥发油，得油率为0.7%。茎叶具有一定的防蚊虫作用。入药，对于静脉曲张、创伤止血、扁桃腺炎、咳嗽、肌肉痉挛、平衡皮肤酸碱、刺激毛发生长等有特别功效，可使夜间放松、心情清新舒畅，也可治疗粉刺、皮炎、湿疹和水肿等皮肤病症。

花期长，除夏季天气炎热时外，从10月至次年春季4～5月均可开花，花色艳丽而繁多，是很好的盆栽花卉。露地可装饰岩石园、花坛及花境。也可用于切花生产。

2. 牻牛儿苗科其他香草　主要有老鹳草属、牻牛儿苗属、薰倒牛属等，既有一年生香草，又有多年生香草。

（九）败酱科香草

1. 缬草（*Valeriane officinalis* L.）

别名：痊愈草、欧缬草、满山香、猫食菜、半边愁等。

原产地：产于欧洲和亚洲温带地区，广泛分布于美洲、欧洲、亚洲的北温带，我国缬草属植物资源十分丰富，东北、河北、山西、内蒙古、陕西、甘肃、青海、山东、河南、湖北、西藏等地均有野生缬草，一般生长在海拔1 300～1 900m的山坡、荒山、草地、林间湿地、林缘路旁。宽叶缬草分布于我国东北至西南和华东。黑水缬草产于东北，集中分布于长白山及其余脉地区。

形态特征：败酱科缬草属多年生草本植物（彩图5-17）。

高 50～150cm。茎直立，有纵条纹，具纺锤形根状茎及多数细长须根。基生叶丛出，长卵形，为奇数羽状复叶或不规则深裂，小叶片 9～15，顶端裂片较大，全缘或具少数锯齿。叶柄长，基部呈鞘状。茎生叶对生，抱茎，奇数羽状全裂，裂片每边 4～10，披针形，全缘或具不规则粗齿，向上叶渐小。伞房花序顶生，排列整齐。花小，白色或粉红色，花萼退化；花冠管状，长 5mm，5 裂，裂片长圆形；雄蕊 3，较花冠稍长。蒴果光滑或具冠毛，具一粒种子。种子千粒重为 0.5～0.6g。花期 5～7 月，果期 7～9 月。

种及品种：相近的种类：

宽叶缬草（*V. officinalis* L. var. *latifolia* Miq.），分布于我国东北至西南和华东。生于高山山坡的林下或溪边。宽叶缬草与缬草极相似，主要区别在于宽叶缬草被毛较少，叶裂较薄而宽大，中裂较大，裂片为具有锯齿的宽卵形，裂片数 5～7；而缬草的裂片数通常为 7～11。种子和果实（瘦果）不可分离，有性繁殖中所用种子实为果实。宽叶缬草具有镇静、抗抑郁活性、调节血脂及抗脂质过氧化作用，对肾脏有保护作用，对胆囊结石和心脑血管系统疾病也有一定作用。提取的精油可配制烟用香精，亦用于食品和化妆品上。可采用水蒸气蒸馏法提取精油。

黑水缬草（*V. amurensis* Smir. ex Komar.），多年生草本植物，高达 150cm。茎直立中空，有纵棱，具粗毛。根状茎有强烈的特殊气味，锥形柱状，具多数细长须根。叶对生，羽状全裂，中央裂片最大。基生叶柄长达 20cm，茎生叶柄渐短至近无柄。花序顶生，较大形。花冠筒状，蔷薇色或淡紫色，5 裂。雄蕊 3，子房下位。瘦果窄三角卵形，具种子 1。花期 5～6 月，果期 7～8 月。多生长在林间草地、灌丛及针阔叶混交林下和林缘，喜湿润环境和酸性肥沃土壤。

此外，还有窄裂缬草（*V. stenoptera*）、中国缬草（*V. pseudofficinalis*）等，均为多年生香草。

生态习性：喜光，也喜适当遮阴的地方，根喜冷凉，叶喜温暖。适宜在肥沃湿润的黏质土壤。

繁殖与栽培：可采取分根繁殖和种子繁殖。分根繁殖要选择地上茎较多的植株挖出，剪去地上茎，按其芦头数目将根状茎分开，按行距60cm、株距30cm开穴移栽。每穴1～2株，压实、浇透水。用种子直播，可在春季、秋季和冬季。春播在3～4月。秋播宜在8月，种子成熟后即采即播，发芽率可达90%以上，可使幼苗在土壤封冻前长出3～5片真叶，以利越冬。冬播常在11月上旬，播种种子不出苗在土壤中完成春化作用，第2年春出苗。

育苗移栽时要作高垄，以利排水。播种前作成高畦或垄，垄距65cm，高12～16cm，垄上开沟，深1～2cm，播后覆以薄土，稍镇压，浇水。每666.7m^2播种量500g。播后13～15天出苗，50～60天幼苗即长出3～4片叶。入冬前，畦面上盖一层干草，再压一层薄土，即可安全越冬。第2年春天除去防寒土，待幼苗长出3～5片叶时，适当间苗或补苗，株距为30cm。如果密度大，可将间下的苗进行移栽，每穴2～3株。

缬草喜湿，每隔半个月或1个月灌水1次。追肥分两次进行，第1次在早春返青后，以腐熟的厩肥为主，第2次在7月下旬，以施厩肥为主，配合适量磷、钾肥，以促进根系发育。

主要病害为花叶病毒，幼苗期比较明显，可用1∶0.5∶100半量式波尔多液1 000倍液喷洒。有蝼蛄为害时，可在发生期用40%乐果乳油0.5kg原药加水5kg，拌料50kg，煮至半熟或炒出香味，于傍晚将毒饵均匀撒于苗床。

采收：根及根茎在前期生长缓慢，8～9月生长最快，10～11月仍继续生长，故应在第2年或第3年的秋末土壤解冻前采收。根细小，多分布于2.3～2.6cm的浅土层。若土壤干燥板结，可于采收前几天灌水1次，使土壤松软，减少收获时根的折断。挖出根茎及根，抖掉泥土冲洗干净后切成1～1.5cm厚片，在荫棚内晾干1～2天，使大量水分蒸发，然后放在35～40℃烘房内烘干。烘房内设置竹架数层，把根摊开 6cm 厚，每天翻动 1～2 次，使干燥均匀。干透后贮藏待用。

应用：花、叶、茎、种子和根均可利用，主要利用叶和根。缬草属植物含挥发油 0.5%～2%，少数高达 6%～8%。根含有 0.5%～2%的挥发油。采用水蒸气蒸馏法提取精油，得油率为 0.2%～0.6%，颜色为天蓝色，主要成分为异戊酸龙脑酯、丁酸酯、莰烯、α-蒎烯、β-蒎烯、柠檬烯等。根茎和根所含的挥发油，含抗癌微量元素硒和多种氨基酸，被广泛应用于医药业和香料工业，主要用于调配烟、酒、食品、化妆品、香水香精等。目前，国际市场上缬草精油价值甚高。

缬草是一种多用途植物，开发利用潜力很大。根和根茎具有较高的药用价值，入药，味辛、甘、性温，有祛风除湿、镇静、调经作用，对神经过敏症、神经衰弱症及失眠效果良好，尤其对妇女的神经衰弱症效力尤佳。此外，根系中的异缬草酸（α-烯丙基异缬草酸）有镇痛作用。有抗菌作用，特别对革兰氏阳性细菌的效力较好。根有麝香味，可作调味品和香料。植株可治疗头痛、肌肉痉挛和过敏性肠道症状，局部用于创伤、溃疡、湿疹等。黑水缬草还具有利尿、抗胃弱、腰痛、行气止痛、活血通经、治疗跌打损伤、外伤出血、关节炎、心脏病等药效。

缬草花多，色艳，花期长，且香气宜人，是较高的观赏价值，在园林中或庭院中可丛植于花境、花径及野趣园和地被，也可盆栽观赏。

2. 败酱科其他香草 主要有败酱属的白花败酱、糙叶败酱、黄花龙芽等，多年生香草；甘松属大花甘松，多年生香草。

（十）鸢尾科香草

1. 番红花（*Crocus sativus* L.）

别名：藏红花、西红花。

原产地：巴尔干半岛和土耳其，我国西部新疆地区有分布。

西班牙、法国、荷兰、伊朗、印度和日本亦有栽培。由于历史上作为商品经印度输入中国西藏，故名藏红花。现中国浙江、江苏、上海、北京等地均有栽培。

形态特征：鸢尾科番红花属多年生草本植物。地下鳞茎扁球形，外被褐色膜质鳞叶。自鳞茎生出2～14株丛，每丛有叶2～13片，自鳞茎生出，无柄，基部为3～5片广阔鳞片，叶线形，长15～35cm，宽2～4mm，叶缘稍反卷，具细毛。花顶生，花被6片，淡紫色，倒卵圆形，花筒细管状，雄、雌蕊各3枚，心皮合生。花药基部箭形；花柱细长、黄色，顶端3深裂，膨大呈漏斗状，呈深红色，伸出花筒外部而下垂。花朵日开夜闭。花期10～11月。蒴果长圆形，具三钝棱。种子多数，球形。

种及品种：番红花同属确知的有80种，目前世界各地常见栽培的8～10种，分春花和秋花两种类型。

春花种类：花茎先于叶抽生，花期2～3月。番黄花，花金黄色，有许多变种和品种，产欧洲南部及小亚细亚。番紫花，花雪青色或白色，常带紫斑，花期3月中下旬，有许多园艺品种，产于欧洲中南部山岳地带。高加索番红花，花被片内侧鲜橘黄色，外侧带棕色晕，星形，产于高加索及克里米亚南部。

秋花种类：花茎常于叶后抽生，花期9～10月。番红花，花雪青色，红紫色或白色，花期9～10月。早年自喜马拉雅山引入英国后开始栽培。

美丽番红花，本种花大靓丽，为秋花种类中的佼佼者。变种和品种很多，如大花美丽番红花，花色深紫，具蓝色条纹，花柱多裂，鲜橙黄色，艳丽悦目；以及白花美丽番红花等品种（彩图5-18）。

依产地而分，有以下种类：

东方番红花，产于伊朗、克什米尔地区及埃及。在市场上被认为是最好的一种商品。

奥地利番红花，产于奥地利和匈牙利。

法国番红花，产于法国。雌蕊细长线形，很珍贵。

巴伐利亚番红花，产于德国巴伐利亚的巴波戈。与法国产品类似，也同样优良。

意大利番红花，比上列几种色较淡。

西班牙番红花，主产于西班牙牙曼查、莫尔奇卡、帕尔玛等地。市场上该品种的商品供应量最多。

日本番红花，与德国番红花比较，花大，药用部分柱头也大，产量高于德国种。

白番红花，产于我国新疆伊犁地区，前苏联也有分布，生于海拔 1 200～3 000m 处的山坡及河滩草地。但有毒，应慎用。

生态习性：喜温暖湿润气候，属短日照植物。耐寒，忌涝。适宜在阳光充足、肥沃疏松的沙质壤土中栽培。忌连作。球茎夏季休眠，秋季发根、萌叶。具一定耐寒性，但秋花种及早春开花种在冬季严寒地区，叶丛易受冻害，应有防寒设施。

繁殖与栽培：以球茎繁殖为主。成熟球茎有多个主、侧芽，花后从叶丛基部膨大形成新球茎。每年 8～9 月将新球茎挖出栽种，当年可开花。秋季分栽母球上形成的新球，小球茎重量在 8g 以下的当年不能开花，需继续培养 1 年。

露地栽培多在 9 月上旬，选无病球茎按大小分别栽种。出苗后摘除侧芽并及时中耕除草，然后追肥。盆栽宜在 10 月间选球茎重量在 20g 左右的春花种，上内径 15cm 的花盆，每盆可栽 5～6 个球。栽后先放室外养护。约 2 周后生根，移入室内光照充足、空气清新湿润处，元旦前后即可开花。种子繁殖需栽培 3～4 年才能开花。

秋花种在 8 月下旬至 9 月上旬。春花种则在 9 月下旬至 10 月上旬。开花期多浇水，不宜施肥，否则易烂球。花后结实的种类应及时剪除花朵，并追施硫酸钾，以促进新球增大。待叶丛枯黄时，将球挖起，晾干贮藏于通风凉爽之处。露地栽培，4～5 月地上部枯萎后，挖出球茎分级摊晾后贮存。9 月上旬选无病球茎按大小分别栽种。株行距 8cm 左右，深 8～10cm。出苗后摘除侧芽，及时中耕除草并追肥。开花终期需看苗施肥。重施冬肥，防冻保苗。春季疏沟排水，以防球茎腐烂。生长期间注意防鼠。

采收：番红花开花期仅半月左右，为了避免阳光过热，可在开花时的清晨采花，摘取花柱并除去基部黄白色部分，并去掉花瓣。番红花在开花第 1 天采摘产量最高，因此，必须做到当天开的花一定要当天采摘，晒干或烘干后贮藏。

应用：柱头含挥发油，其主要成分为番红花醛，为著名的香料植物。多用于制作化妆品、洗浴用品中，亦可作芳香剂和面食、菜肴的着色剂。花柱和柱头供药用，有镇痛止血等功效，主治忧郁、胸闷、妇女闭经、产后淤血腹痛、跌打胀痛。药理试验有兴奋及降压作用。亦用作花境、岩石园点缀丛植，盆栽或水养供室内观赏。另外，番红花花朵美丽，最宜混植于草坪中组成嵌花草坪，成为或作为疏林下地被花卉，也可盆栽或水养促成观赏栽培。

番红花的应用在国外有着非常悠久的历史，远在公元前 5 世纪就有栽培使用。在我国，番红花最开始是作为药草使用。至今，藏红花除药用外，其提取的香精油更多地应用于制作香水和各类化妆品中，广为推崇。

2. 鸢尾科其他香草　主要有射干属的射干、香雪兰属的香雪兰、鸢尾属的香根鸢尾、玉蝉花、德国鸢尾和鸢尾等，均为多年生香草。

(十一) 豆科香草

1. 葫芦巴（*Trigonella foenum-graecum* L.）

别名：香草、葫芦巴、芦巴子、香豆子、苦豆等。

原产地：西亚及欧洲东南部，以印度、法国、黎巴嫩、摩洛哥等地产量最大。我国分布也较广，多数省（自治区）均有栽培，以安徽、河南等省为主产区，宁夏回族自治区也有广泛的种植。

形态特征：豆科葫芦巴属一年生草本。株高40～50cm，茎直立，中空，常数枝丛生，被疏毛。三出羽状复叶，互生，具柄，全缘，两面均被柔毛，中间小叶长卵形或卵状披针形，小叶柄小于1mm。花1～2朵腋生，无梗，淡黄白色或白色，蝶形，雄蕊10枚，雌蕊1枚。荚果细长呈筒状，略弯曲，先端有长尖，长5.5～11cm，内含种子10～20粒。种子长圆形，黄棕色，斜方形或矩形。花期4～7月，果期7～9月，生长期90～110天。

种类与品种：生产中使用的主要是葫芦巴本种，国内选育的品种主要有新疆科学院的88-29，甘肃平凉农科所的92-4，新疆伊犁土肥站的92-5，江苏新沂市的92-53、宁夏同心1-3号等，国外的有引自巴基斯坦的88-7，以及从印度、埃及、以色列、利比亚、摩洛哥、加拿大等国引入的品种。其中新疆科学院的88-29，较耐寒，分枝数多，单株结荚数和每荚籽粒数多，产量较高。巴基斯坦的88-7，春性强，但耐寒性差，苗期的叶缘紫红色，种子黄色较鲜亮，千粒重较其他品种重1g左右。宁夏来源的品种平均株高、结荚高度、主茎节数、每荚粒数表现最高（多）。国外种源的表现最矮，总分枝数、一次分枝数和单株有效荚数最少。目前，国内外对葫芦巴品种的选育非常重视，利用诱导突变、倍性育种、抗性育种、组织培养、遗传工程等育种新技术，培育出了一些具有优良性状的新品种。如进行了抗根瘤线虫的葫芦巴栽培品种试验，从葫芦巴同源四倍体子代获得了六倍体，筛选出了抗盐品种。此外，国外科研人员还培育出了含薯蓣皂苷元较高的葫芦巴品种，以满足工业生产对薯蓣皂苷元的需要。相信，随着研究的深入，会有更多葫芦巴优良新品种问世。

生态习性：喜凉爽干燥气候，耐寒、耐旱、耐瘠薄，怕涝，对土壤要求不严，一般土质均可生长，但以在肥沃、排水良好的沙壤黑土或黏壤上种植为优，低洼、重盐碱地不宜种植。

繁殖与栽培：秋播在“秋分”前后，最迟不得超过“霜降”。

春播于解冻后进行。播种前进行种子处理，选择棕黄色、粒大、饱满、无霉变、发芽率高的作种。播前晒种 1～2 天，每天 3～4h，可以明显提高种子活力和发芽率、发芽势。播种时要用多菌灵等杀菌剂拌种，以防治苗期病害。每 666.7m² 的播种量为 1.5～2kg。种子发芽温度 15～20℃，约 1 周即可出苗。地干时应先浇透水再播种。春播要早，可 2 月中下旬播种，过晚植株分枝少，或几乎无分枝，花期也缩短 1 个多月，产种子量小。秋播的产种子量比春季播种高 1～4 倍，以 10 月至 11 月中旬以前为好。秋播的年前出齐苗后，10cm 左右高时即可间苗。间苗后追肥 1 次。早春要注意锄地松土，提高地温，促其生长。出苗前一般不宜浇水，幼苗期干旱时可适当浇水。定苗时干旱应及时浇水，雨季时要及时排除地中积水，以免烂根死亡。定苗的行距 20～30cm，株距约 3cm，每 666.7m² 栽植 20 000 株左右，产量可达最高。冬季至开春如遇干旱应及时灌水。开春后要及时中耕除草，返青期要防治白粉病、蚜虫和地老虎等病虫害的防治。初花期防止倒伏，以提高坐果率。结荚期是需水高峰期，要求土壤持水量在 75%以上，低于此标准，将严重影响结荚及籽粒充实度。因此，遇旱时要及时灌溉，满足结荚灌浆对水分的需要。增施钾肥，实行轮作可减轻病虫害发生。

采收：秋播的第 2 年“芒种”前后收获，春播的当年“小暑”收获，生长期为 3 个月。当植株呈黄色，种子成黄棕色，角果即将裂开时，选晴天无露水期割取全株，晒干打下种子，除去杂质，晒干即为商品。注意，收获的早与晚对产量和质量都有严重影响。收获晚了会造成裂荚落粒，种子容易脱落，降低产量；过早收获，植株过青，造成籽粒干瘪。籽实极易吸潮变质，影响出芽及品质，所以贮藏时要注意防潮。

应用：全株有香气，有止痛、祛寒、补肾、消肿消炎、驱虫、镇静之功效，广泛地适用于医药、食用加工、化工等行业。葫芦巴是一味具有温肾、祛寒、止痛功效的中药材，主治寒疝、腹胁胀满、寒湿脚气、肾虚腰痛、阳痿遗精、腹泻等症；含有的葫芦巴碱还具有抗肿瘤作用。最新的研究表明，葫芦巴提取液中含有一种可治疗肝病的有效成分，治愈效果好，无副作用。作医药中间体，种子含有较丰富的薯蓣皂素，是国际大量需求的八大类植物药之一。花、茎、叶晒干后装入枕头中可起到解除疲劳、醒脑提神的保健功效。其水提取物还可加工成化妆品和外用皮肤药，预防皮肤老化，滋润皮肤，对雀斑或皮外伤具有治疗作用。

葫芦巴已经很广泛地应用于食品加工业，用作糕点、饮料和酿酒等食品的加香剂，人们早已习惯将其作为烙饼或馒头中不可缺少的香味调料之一。2000 年印度食品营养学家在小麦面粉中添加去除了苦味的葫芦巴粉，增加了小麦面粉中蛋白质、脂肪、纤维、灰分及有效赖氨酸的含量，提高了面粉的色泽等级水平，降低了麦芽糖含糖值、淀粉及面筋含量，并且制作出的面包色泽明亮，味道上乘。

葫芦巴含有 38 种化合物、17 种氨基酸、53 种微量元素，其中人体必需氨基酸 7 种，必需的微量元素 11 种（锌、锰最高），也是优良的牧草。加拿大学者将葫芦巴和紫花苜蓿的化学成分、饲料体外干物质表观消化率、饲料的体外气体产生等方面进行比较后认为，其营养价值与开花初期的紫花苜蓿相当。国外的研究还表明，日粮中添加葫芦巴可提高母兔产奶量及饲料转化率，种子提取物中含有的甾体皂苷可增加山羊和母鼠、奶牛的摄食量和泌乳量。

此外，葫芦巴具有抗旱、耐瘠薄、适应性强等特点，由于它是一种豆科作物，因而还有肥地、轮作倒茬的作用，在干旱山区具有广阔的推广应用前景。

2. 豆科其他香草　主要有补骨脂属、草木樨属、香豌豆属一、二年生香草，车轴草属、甘草属、黄芪属、棘豆属、苜蓿属、山羊豆属、羽扇豆属等多年生香草。

（十二）蔷薇科香草

1. 玫瑰（*Rosa rugosa* Thunb.）

别名：中国玫瑰、徘徊花、笔头花、刺玫花、赤蔷薇花。

原产地：中国、保加利亚、法国、俄罗斯和摩洛哥等地。

形态特征：蔷薇科蔷薇属落叶直立灌木。高达2m，萌蘖力很强，生长迅速；茎枝灰褐色，密生刚毛和倒刺。小叶5～9，椭圆形至椭圆状倒卵形，长2～5cm，缘有钝齿，质厚；表面亮绿色，多皱，无毛，背面有柔毛及刺毛；托叶大部附着于叶柄上。花单生或数朵簇生，常为紫色，芳香，径6～8cm，盛花期在4～5月间，只有4～5天，以后显著下降，至6月上中旬而谢败，8～9月停止。根系一般分布在15～50cm，但垂直根有深达4m者。果扁球形，砖红色，具宿存萼片，9～10月成熟。

种及品种：主要有重瓣玫瑰（*Rosa rugosa* var. *plena*），即中国玫瑰（彩图5-19）。苦水玫瑰（*R. serteata*×*R. rugosa*'Kushui'），产于我国甘肃省。大马士革玫瑰（*R. damascena*），是欧洲和北非的主要品种。法国玫瑰（*R. gallica*）原产于高加索地区，现栽培于埃及、法国等地。百叶玫瑰（*R. centifolial*. var. *mnscosa*）主要栽培于法国南部和摩洛哥，是国外常用品种。'墨红'玫瑰（*R. chinensis*'Crimson Glory'）又名'珠墨双辉'，是引入品种，主要栽培于浙江、江苏、河北等省（自治区）。

变种主要有紫玫瑰（*R. rugosa* var. *typica*），花玫瑰紫色；红玫瑰（*R. rugosa* var. *rosea*），花玫瑰红色；白玫瑰（*R. rugosa* var. *alba*），花白色；重瓣紫玫瑰（*R. rugosa* var. *plena*），花玫瑰紫色，重瓣，香气馥郁，多不结实或种子瘦小；重瓣白玫瑰（*R. rugosa* var. *albo-plena*），花白色，重瓣。

生态习性：玫瑰生长健壮，适应性很强，耐寒、耐旱，对土壤要求不严；在微碱性土壤上也能生长。喜阳光充足、凉爽而通风及排水良好之处，在肥沃的中性或微酸性土中生长和开花最好。不耐积水，遇涝则下部叶片黄落，甚至全株死亡。适宜生长在肥沃且排水良好的中性和微酸性沙质壤土中。生长适温为15～25℃，在气温 20～22℃下开花最盛，花朵鲜艳持久。

繁殖与栽培：野生玫瑰（*R. aciculari*）每 666.7m^2 播种量为 4kg；播前床面浇水保湿，播后覆土 1cm 压实，且要经常保持床面湿润。垄播株距 20cm，穴深 5cm，每穴 4～5 粒种，播后覆土 2cm 踩实，最后浇透水。

分株于春、秋季进行，每隔 2～4 年分 1 次，视植株长势而定。

扦插用硬枝、嫩枝均可，南方气候温暖、潮湿，均可在露地进行。前者于 3 月选 2 年生枝行泥浆插，后者于 7～8 月选当年生枝在荫棚下苗床中扦插，一般成活率在 80%以上。北方多行嫩枝插，在冷床中进行，保持高湿状态，也可保证大部分成活。此外，还可用嫁接和压条法繁殖。嫁接可用野蔷薇或七姊妹等为砧木，芽接、枝接、根接均可。压条法宜于华北干旱地区采用，自落叶至翌春萌发前均可行之，而以较早为好。

目前，针对不同的玫瑰品种研发了不同的组织培养快繁方法，如‘紫枝’玫瑰（*R. rugosa*‘Purple Branch’）的组培快繁方法为，诱导分化的培养基为：MS＋NAA 0.02（mg·/L）＋BA0.4（mg/L）蔗糖 3%＋琼脂 0.7%；生根培养基：1/4MS＋NAA0.01（mg/L）＋IBA0.05（mg/L）＋蔗糖 1.5%＋琼脂 0.6%。

玫瑰栽植以秋季为好，栽培过程中要经常注意松土除草，保持园内土松无杂草。注意控制肥水，防止徒长。一般于开花后，要对病枝、虫咬枝及衰老枝进行修剪。此外，对生长过密的枝也要适当剪去，使植株枝叶疏密合适，通风透光，生长健壮。种植 4～5 年后，植株的花产量逐年下降，趋于老化。对于老化的玫瑰园，应在冬季进行翻挖分切，重新栽种，进行更新复壮。

主要有锈病，感病叶或茎上生有红色锈斑，易落叶，并影响开花。在四季温暖多雨或多雾的地区发病较重。防治时注意园内的清洁卫生，秋季和早春发现病枝及病叶及时剪除，集中烧毁；发病期用25%粉锈宁1 000倍液喷雾防治。虫害主要有蔷薇三节叶蜂危害叶，可把叶片吃光，仅留下叶脉。防治方法是8月上旬，在叶蜂幼虫幼龄期喷2.5%敌杀死2 000倍液或25%天幼脲Ⅲ号100mg/L防治。

采收：选择生长健壮、籽粒饱满、无病虫害的植株，于9月上旬采果，经堆放待果肉软化后搓洗，清除果肉，取出种子晾干。种子采用层积处理，首先将种子用5%的多菌灵溶液浸泡36h，捞出后与过筛的湿河沙按种子与河沙的体积比1∶2混合均匀，装入透水透气的编织袋内，然后在室外挖0.5m深的坑，将袋子平铺于坑内，埋好土，并使其略高于地面呈丘形，防止渗水过多。第二年春季播种前1周将种子袋挖出，在阳光下增温，保持在20～24℃，并注意喷水保湿，经常翻动，如种子迅速裂口，要放在0～2℃地窖内控制温度，在当地晚霜结束前1周进行播种。

4～6月间，当花蕾将开放时，分批采摘，及时用文火烘干。烘时将花摊成薄层，花冠向下，使其最先干燥，然后翻转烘干其余部分（采时要摘花柄及蒂）。玫瑰花一般分3期采收，有“头水花”、“二水花”、“三水花”之分。其中“头水花”瓣质厚、含油分高、香味浓、质量最佳。提炼玫瑰精油的花要掌握在花蕾盛开期前采收，大约时间在5月上中旬。此阶段花朵含玫瑰油量最高。采收标准为花朵刚开放，呈现杯状；如花心保持黄色，虽花已开足但仍能采。如到花心变红时再采，质量就显著下降。采花时间可从清早开始，8～10时采的油量最高；如遇低温，花未开放，则可推迟采花时间。

散瓣花可加工、食用。加工时，先将采摘的鲜花冷却存放，再加热发酵，进行连续蒸馏，用活性炭吸附，再用双乙醚解析，最后薄膜蒸发。这套工艺具有节约时间、能源，提高出油率，提高精油质量等优点。食用玫瑰花的加工，是将花瓣剥下，去除花托及花心。100kg花瓣加5.7kg盐、3.5kg明矾、30kg梅卤，进行均匀揉搓，并不断翻动、压榨去汁，使重量仍保持 100kg 左右，再加食糖 100kg，充分拌和均匀后装坛备用。配方中食盐是防腐；明矾使花瓣硬而不黏，增添外观美感；梅卤或用柠檬酸，是保持花瓣的鲜艳，色泽不退，经加糖后即成为含有少量黏稠浅棕色液的玫瑰红色花泥，具有浓郁扑鼻的玫瑰油香气，食之香甜，略带酸咸味。

应用：自古以来玫瑰以花入药。玫瑰花味甘、微苦，性温，有理气行血、调经的功能，主治肝胃气痛、跌打损伤、月经不调、乳痈肿毒等。玫瑰花也可作香料供食用，用于腌酱、泡露、窨茶、酿酒等用。玫瑰的鲜花经水蒸汽蒸馏可得精油，但因品种不同或同一品种提取方法不同，精油得率也不同。保加利亚人将玫瑰从花蕾形成到花全开放的过程分为现蕾期、蕾中期、蕾饱满期、花瓣始绽期、花半开期、花全开期 6 个时期，并分别进行含油率测定，发现花半开期精油得率最高。山东平阴玫瑰研究所郭永来等则将玫瑰开花全过程分为花蕾饱满期、花瓣始绽期、半开呈杯状期、全开雄蕊黄色期、全开雄蕊变黑期 5 个时期，发现 5 个时期精油得率在 0.013%～0.045%，其中半开呈杯状期，精油得率最高为 0.045%。玫瑰精油被称为“精油之后”，具有抗敏感、保湿、美胸，消除黑眼圈、皱纹、妊娠纹的美容功效；对身体有洁净、调理子宫、镇定经前症候群、调整女性内分泌和月经周期、改善性冷感、更年期不适、改善反胃、呕吐及便秘、头痛等症状的功效，还能镇定、减压、安眠、安抚、热情、浪漫、催情，增自信、强人缘、解愤怒、去忧伤等，能使女人对自我产生积极正面的感受。

此外，玫瑰花也可用作妇女装饰和美化用品，玫瑰的根皮也可作丝绸的染料等。

玫瑰色艳花香，适应性强，最宜点缀园林花篱、花镜、花坛及坡地栽植。我国是栽培与应用玫瑰最早的国家之一，现各地均有栽培，以山东、江苏、浙江、广东为多，山东平阴、北京妙峰山涧沟、甘肃苦水玫瑰等地都是著名的产地。

Rose来自希腊，意思是红色，象征热情。希腊神话里说，掌管爱情的女神阿芙黛特为了帮助她所爱的美男子亚当尼斯，不小心被花刺刺伤，所流出的鲜血就变成了鲜艳的红玫瑰，代表爱情里熊熊燃烧的热情。世界许多国家人民喜爱玫瑰花，欧洲国家的居民种玫瑰，爱玫瑰，把玫瑰花看成是纯洁、美好、幸福和爱情的象征；保加利亚素以“玫瑰王国”闻名于世，每年6月第1个星期六开始，在盛产玫瑰的巴尔干山的“玫瑰谷”，举行盛大的玫瑰节，节期1个月，青年男女唱歌跳舞，身穿民族服装的“玫瑰姑娘”向客人敬献花环，向人群抛洒玫瑰花瓣；法国人喜欢玫瑰花，把玫瑰奉为“万花之王”，是爱情、友情的象征。叙利亚古国名叫“苏里斯顿”，即“玫瑰的土地”的意思，有3000多年的种植历史。

玫瑰的栽植在世界史上有着上千年的历史，但把玫瑰作为工业生产用原料植物至今只有200余年，生产玫瑰精油仅有百年的历史。自1958年以来，我国在提炼玫瑰精油、搓制玫瑰酱、酿制玫瑰酒、制作干花蕾、配制玫瑰茶等方面，进行了研究开发和生产加工，积累了一定的经验，取得了一定的效果。2015年，我国玫瑰产业已进入快速发展轨道，不论是种植面积，还是产品加工与商品开发，进入快速阶段。目前，全球玫瑰产业的发展模式以生产和销售玫瑰制品为主，而玫瑰制品中，又以玫瑰精油得到的关注度最大。目前，国际市场每年玫瑰油需求缺口很大，玫瑰花蕾制品的世界需求量也在一路飙升。我国为主要的玫瑰干花及其制品出口国，出现了供不应求的局面。根据专家市场预测，世界市场对玫瑰的初级产品玫瑰干花的年需求量在几百万吨，实际可供应量却仅有十几万吨，我国每年出口量不到2 000t。

2. 蔷薇科其他香草 主要有草莓属、地榆属、龙牙草属等，均为多年生香草；月季、香水月季、金樱子、黄蔷薇、黄刺玫和红刺玫等灌木类香草。

第六章　香草的园林造景应用

一、香草在园林中的应用现状

香草全身是宝，具有多样的用途。香草作为园林景观建设中园林植物新秀，在园林建设中发挥着积极的作用。目前在园林中的应用，主要是直接将香草应用于庭院及城市园林绿化、美化、香化和净化环境中，如可将香草单种盆栽或多种组合盆栽，摆放于生活居室、办公场所、商场、街道等，或将香草露地种植于城市园林绿地如花台、花池、花坛、花境、花篱、花丛中，以及应用于休闲观赏园或观光农业园，或香草专类园中。人们除了可以观赏其优美的姿态、美丽的花朵、丰硕的果实外，还可享受其自身散发的芳香气味带来的杀菌抑菌、净化空气的美化香化环境，以及通过嗅觉感官感受、接收香草器官散发的香味，即香草的芳香精油分子被人体的上呼吸道黏膜吸收，可增强机体内免疫蛋白的功能，提高机体的免疫力，调节人体植物神经的平衡，达到愉悦身心，提神醒脑，调整身心健康等保健目的。

香草在园林中应用起步较早的是英国、日本、韩国以及欧美等发达国家，主要是应用于园林观赏和庭院绿化中。如英国很多私人庭院中种有薰衣草、迷迭香等香草，法国的城市园林绿地中广泛应用香草，匈牙利和保加利亚等国有成片种植的香草园，加拿大很多公园也有专门的香草区，日本和韩国在家中花园中种植香草等。

我国一些省、自治区、直辖市已经开展香草引种研究和应用工作，如上海、广东、浙江、贵州、河南、北京、新疆、辽宁等省、自治区、直辖市已经有引种或规模化种植，涌现出一批专门从事香草开发的企业，陆续建立了一些香草专类园，如广州花都香草世界、上海梦花源、北京香草世界等，也已取得了良好的经济效益、社会效益和生态效益。

二、香草在家庭绿化美化造景中的应用

（一）创造优美怡人的园林香宅的意义

随着科学的进步，社会的发展，人们现在越来越追求人性的自然绿化环境。要求自己的生活家园处于树木花草包围，鸟语花香的自然美景当中。时下住房和城乡建设部提倡的把城市建立在森林里，把森林引入城市中，就集中代表了人们的这一美好生活愿望。

人们的购房观念在变化。现在，人们对居室的选择有了新的标准，平日的闹市中心不再受宠，公园式住宅、大庭院、大花园、大栋距、传统人文和谐的建筑住宅环境成了人们的新宠。中西方园林文化的交融、自然和谐的住宅环境才是人们心灵所真正追求的绿色家园。人们选择健康，更选择自然、时尚。

自改革开放以来，随着经济的快速发展，人们对自己的身心健康方面诠释演绎得更加淋漓尽致，放松心情，让心灵愉悦，脱去浮躁，生活从容……人们不仅要求室内美观、典雅，雕花窗木、扶手楼台，每一处精雕细琢，都是那样恰到好处，犹如彩版上描绘的线条，充满了柔和而富有韵律的灵动之美，让人感受到心灵的触动与思辨的哲理；而且更加向往室外的宜人环境适于居住、生活和娱乐。人们如果透过窗外，向远望去，视野开阔，绿草如茵，香风阵阵，艳花点点，鸟语花香。那么，心境顷刻之间就会没有了浮躁与烦恼，随着园林万物皆有景的意境而流动。此情此景，内心会感到无比的安宁与祥和，仿佛立于山水之间，心灵得到了升华，宁静而致远。

让我们设想一下这样的园林香宅：美林香宅，小桥流水，水波碧绿，金鱼欢游。园中参天大树郁郁葱葱，杨柳轻拂，碎石彩路，玉笋林立，细竹轻摇。岸边树下，香草栽种其间。亭台楼阁，一步一景，景中有画，画中有诗，细微点滴之处透着浓浓的大自然气息。生活在这里的人们，恬淡从容写意在他们脸上，整个社区散发着浓浓的、透着芳香的人文与闲适的生活气息，彼此交融、渗透……懂得享受家园生活，生活充满乐趣，工作更有效率。这样的生活方式，才是赋予了生命真正的意义。

园林香宅、香草庭园——正是人们企盼已久的桃花源（彩图6－1）。不出城郭而获林泉之怡，身居城市而有香草之乐，这是人们的渴望。生活需要我们去设计营造适合现代快节奏生活的氛围环境，使人们的紧张心情得到充分的释放。有林、木、花、湖、草的地方建筑住宅环境，能使人站在落地大窗前，体验绝对视觉震撼。360°的“环型银幕视界”——香草庭园，全部尽收眼底。另一侧，公园整片林涛树海，连绵不断。这园中的别墅，真乃是登天难得的人间仙境。这就是现今人们自然生活的追求。有山有水的地方本就难寻，而植被茂密、层峦叠嶂、香草密布其间、鸟语花香的地方就更难寻了。但是，若要能够营造这样的社区，让人在社区内就能进行养花、种草、钓鱼、游泳、爬山、骑马等，与自然亲近，体验最亲密的交融接触，能不是一件快活之事吗？陶渊明笔下理想的桃花源不就实现了吗？

由此看来，回归自然绿色家园，传统的人文居所才是我们幸福动力的源泉，它是永远藏在我们内心深处的桃花源。那么，我们的房地产开发商们，还有什么理由不去设计、不去规划呢？像这样的生活小区、家属区、生活乐园、园林香宅，哪一个人不愿意入住呢？

（二）香草家园、香草餐厅、香草屋的设计

1. 香草家园的设计 就是在自己家园的窗下、院中、门旁

等空闲地方，或在室内、厨房等种植香草，让室内、室外充满芳香，并方便使用（图 6-1）。

图 6-1 香草家园

目前，薰衣草、迷迭香、百里香、鼠尾草等香草，是时尚一族的追逐对象。在家园中布置这些香草，不仅可以美化家园环境，而且能够利用其鲜活材料帮助厨房料理，制作美味可口的菜肴。对于哪些爱美的女士们，于其在 SPA 里面做芳香美容保健，在咖啡馆茶室里喝香草饮料，不仅耽误时间，而且增加开支，倒不如在家园里自己种植一些香草，利用新鲜或干燥花叶在家里就可以轻松搞定香熏沐浴，美容美体。或者用家园的香草材料亲自制作香囊、香袋等，随身携带，更是典雅脱俗之举。这是近年来非常流行的爱美加香时尚。家园时尚的盆栽香草，也是提升品位，文化修养高雅观之象征。

首先，选用香草时要考虑其香味。香草给人的第一印象当然就是香。法国薰衣草、迷迭香、薄荷香味比较浓烈，具有提神作用；而英国的薰衣草香味较淡，能起到的是宁神的作用。其次，要选用可以方便食用、泡茶的香草。许多香草也经常出现在餐桌上，如西餐常用百里香、迷迭香等来给菜肴添香去腥。用百里香泡茶有止咳嗽功效，用薰衣草、香蜂花泡的茶可起到安神的作用。再次，也不能忽略香草的观赏价值。许多香草都具有很强的观赏价值。你能想象置身于薰衣草和鱼腥草的花丛中是怎样的感觉吗？藿香开花时聚集着蝴蝶、蜜蜂，又是怎样的情景呢？

2. 香草家园的布置　的确，按照上述设计理念建成的香草家园，可收到一举数得之利，何乐而不为呢？但是具体进行布置家庭该如何着手呢？

一般而言，国内的家庭庭院都不大，应以草本及低矮灌木状香草为主，可夹杂少数乔木芳香植物。多数香草喜欢阳光，而门口、窗下、房前等处的光线充足，应以地栽喜阳香草为主。像罗勒、茴香、天竺葵等具有较强的驱蚊能力，可以安排种植在窗门边。南向和西向阳台光照充足，也应以盆栽喜阳香草为主。像唇萼薄荷，还可作为悬挂盆栽。

香草大多数喜欢阳光，所以一般不适合长期放在室内观赏，可以多种几盆，经常调换。如果厨房有向阳的窗台，放上几盆罗勒、百里香、鼠尾草等适于料理的香草，既赏心悦目，又可随时摘取鲜叶作烹调添香，让人倍感入厨的乐趣。

除了地栽、盆栽外，也可剪取香草鲜枝叶做瓶插，为室内天然香熏平添了几分自然。香草是居室中的“天然香水瓶”，可不断地散发出其特有的芳香气味，改善室内空气环境，使人神清气爽。薰衣草、香蜂花、迷迭香、鼠尾草、百里香、神香草等香草是绿化香化装饰的骄子，既可作普通盆栽，又可作垂吊栽培，株型好，抗性强，生长茂盛，四季常绿，且香气中带有清凉和香甜味。许多香草在水中都可以长根，比如薄荷、美国薄荷、迷迭香、牛至、鼠尾草等，所以很容易进行水培。这样，既可在室内观赏，又可闻香，且不用担心泥土污染。不管是新鲜的香草盆栽或瓶插，还是干制的香草把束，也都是美化卫浴间的良好选择。它散发的阵阵清香可以驱除异味，保持卫浴环境的清新；同时，也能方便地进行香草浴等美容活动。

此外，香草也是屋顶花园的首选材料。

3. 香草餐厅布置 利用花草植物，不仅可以布置庭园，也可布置餐厅，把香草引到餐桌上。把芳香庭园与餐厅结合在一起，就成了香草餐厅、香草屋。它是紧张的都市生活之余，一个温馨的港湾。当你工作劳累后，找一个温暖的午后，独自一人来到香草花园餐厅，泡一杯新鲜的香草茶，可自在的享受工作之余的快乐。因为坐在花园里，和风吹来的尽量扑鼻的清爽香草味，有迷迭香、浪漫的薰衣草与快乐鼠尾草，轻轻啜饮一杯新鲜香草泡出的香草茶，看着香草在水中尽情舞动，感觉薄荷的沁凉在体内流淌，心情自然也随之放松。管它再多恼人俗事，都抛到脑后。如果饿了，也可品尝香草花园里的情人餐厅特殊香草料理，在百里香与罗勒中，找到味觉平稳的美感，品尝香草的自然风味，尽享着人间乐趣。香草餐厅里，美景如画，美人如诗，美事如歌，难道还不是人间乐园吗？

4. 香草屋布置 如果不喜欢喧闹，想要寻找一份安静，或只想与知心好友促膝长谈，那么，香草屋将是你最好的选择。在喧嚷的都市中最适于设置香草屋，可在位于市区的一条小巷子里，装修一间隔音效果相对较好的香草屋。没有必要做一个显眼夸大的招牌，但屋前摆放一排迷你盆栽香草倒是必不可少的。这会让每个路过的人，忍不住停下来欲一访幽境。而且只要来过1次，绝对会爱上这里。淡淡的有机香草，在各式的料理中尽情舒展着它们的香气，入口清爽。价格适当的套餐，以及甜菊叶做成的冻茶，吃完主餐你还可以选择要一杯新鲜的香草茶或咖啡，岂不美哉、快哉、乐哉、爽哉！

（三）家庭香草绿化美化造景DIY

1. 香草组合平面群落栽培组合DIY 香草的平面栽培，是指在建筑物基部、房屋或楼顶上、室外门窗处等，砌池栽培或摆放盆栽的能释放香味的一种或几种香草；或者在建筑物内的走道、拐角处、阳台、窗台或室内空旷处，摆放一种或几种盆栽香草。如果你是料理爱好者，可以多种地榆、迷迭香、百里香、金莲花、荆芥、薄荷、芫荽、芹菜等香草，烹调时即兴采摘，可以令主、客享受到香味浓郁的佳肴；如果你是茶艺爱好者，可选种香蜂草、柠檬香茅、柠檬百里香、薄荷、薰衣草、罗勒等香草，泡茶时信手拈来，可以享受生活的乐趣；如果你是景观爱好者，在阳台或屋顶可以选择观叶或观花效果较好的香草种类，或按花色系如红、粉红、黄、蓝、紫、白等颜色，配以叶片自身的变化，按照花期错开的原则，并搭配原木、石头等，就能营造出一个与周边景观连成一体的美丽、香气浓郁的家庭花园。下面根据花盆的形状介绍几种组合方式供参考。

（1）圆形花盆组合香草的盆栽设计与种植技术

设计要求：圆形花盆种上香草后，摆放起来从任何角度看去都很美观大方。采用中间种植较高香草，四周种植较低矮的香草；或是决定前后方位时，前方种植低矮型，后方种植较高类型（图6-2）。

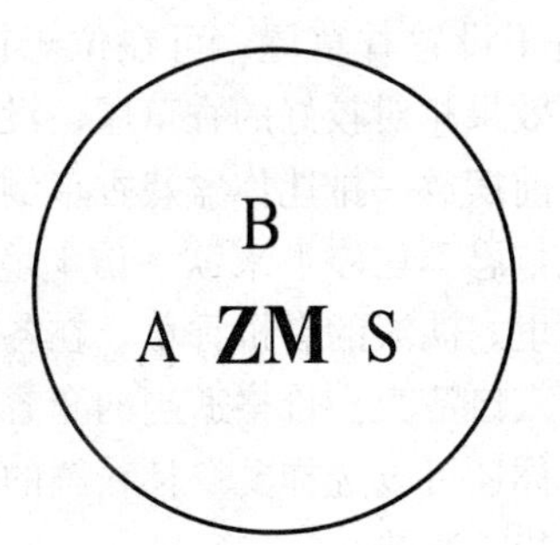

图6-2 圆形花盆香草种植位置图示

A. 奥勒冈 B. 百里香 S. 鼠尾草 ZM. 直立迷迭香

香草选择：直立型迷迭香、百里香、奥勒冈、鼠尾草等。

种植位置：直立型迷迭香植于中间或者后方，其他种在四周；或前面种鼠尾草，后面种蔓性的百里香和奥勒冈。

种植程序：准备种苗、用具（铲子、木片）、材料（直径30cm圆形花盆、培养土、基肥等）。用钵底网盖住花盆底部排水孔，铺上钵底石，填入少量培养土。接下来根据种植位置放入香草苗，先放根系团土较大的苗株（迷迭香），然后底部先填土垫高，放入根系团土较小的苗株（百里香、奥勒冈、鼠尾草）。若是根系团土大小相同，则是先中央到四周或后方的顺序。接着用培养土填满根系团之间的空隙，并以木片捣实，用手压平土面。最后浇足水，放入阴凉通风处养护2～3天，再置于阳光下培育。

整理与收获：生长期由春至夏，使用时随时可剪除枝条先端的部分。这样可让枝条增多，枝叶会变得更茂盛。夏天过后，下部叶有枯萎现象，可将干枯的枝条、叶片剪除干净，只留下能让植株恢复元气的幼芽，以后会长出新芽，恢复生气。若枝条留得太长，植株前端长得好，而后部枝叶稀少而呈现出光秃现象。

（2）长方形花盆组合香草的盆栽设计与种植技术

设计要求：种植高度在1m左右的香草时，选较深的长方形花盆，大型植株种在中央或在后方，中型或匍匐型的种在前方或旁边。排列方式不要成一条直线，以Z字形为好，显得有整体感（图6-3）。

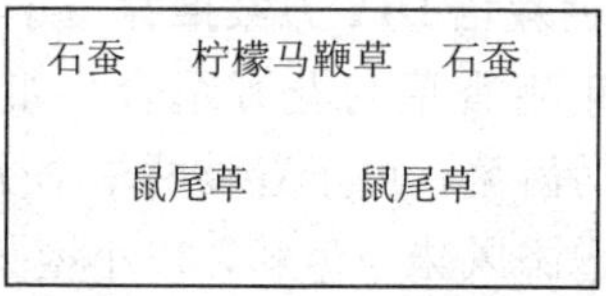

石蚕　柠檬马鞭草　石蚕

鼠尾草　鼠尾草

图6-3　长方形花盆香草种植位置

香草选择：柠檬马鞭草1株、巴格旦鼠尾草2株、羊耳石蚕2株。

种植位置：柠檬马鞭草植于中间或者后方，前面种2株巴格旦鼠尾草，两端或后面种2株羊耳石蚕。

种植程序：同圆形花盆的程序。

整理与收获：参考圆形花盆的管理。

(3) 吊盆组合香草的盆栽设计与种植技术

设计要求：特别耐干燥的香草品种及蔓性品种，种在吊盆中，可欣赏其枝叶在盆边繁盛垂坠的美姿。吊盆内最好有一株比较直立的品种以衬托下垂型品种。

香草选择：猫薄荷、百里香、薰衣草等。

种植位置：将薰衣草种植在中间，猫薄荷和百里香种植在两端或四周，使整个吊盆看起来美观大方。

种植程序：同圆形花盆的程序。

养护要求：挂在有充足阳光及通风良好的墙壁或栅栏上，及时剪除枯萎枝叶。

(4) 立体组合香草塔台的种植设计与种植技术

在建筑物外空旷地，或很小的地平面上，商场门口、居住小区天井空地、楼顶等处，筑花台、搭花架以栽培摆放一种或几种香草。

在建筑物内走道、楼梯拐角处、阳台、窗台或室内空旷处设置吊篮、花篮、花盆等容器的吊索、支架、机案等，摆放盆栽一种或几种香草。

2. 家庭香草组合栽培 DIY 方案推荐

方案① 一二年生香草与花卉组合。如，薄荷＋紫苏＋欧芹＋香堇菜＋大花马齿苋，可于春秋两季享受替换种植香草的快乐，且为香草料理增添风味与色彩，以小型圆形花盆为宜。

方案② 多年生香草与花卉组合。如，薰衣草＋百里香＋大叶假荆芥＋美女樱，以选用小型圆形花盆为宜。

方案③ 多年生香草与小型蔷薇组合。如，薰衣草＋香叶天竺葵＋金莲花＋草莓＋蔷薇，一次种植，多年受益，以选用大型圆形花盆为宜。

方案④ 一年生与多年生香草组合。如，罗勒＋芝麻菜＋薄荷＋小地榆＋金莲花＋香堇菜＋鼠尾草＋百里香，可以获得大量用来制作沙拉和茶饮的香草材料，以选用大型圆形花盆为宜。

方案⑤　喜好干燥的香草组合。如，百里香＋小地榆＋绵杉菊，适于小型长方形花盆。

方案⑥　耐阴香草组合。如，欧芹＋汤芹＋细香葱，适于小型长方形花盆。

方案⑦　夏秋料理用香草组合。如，薄荷＋罗勒＋紫苏＋欧芹，适于小型长方形花盆。

方案⑧　喜肥沃营养土的香草组合。如，鼠尾草＋莳萝＋千日红＋德国洋甘菊＋马郁兰＋罗勒＋斗篷草＋皇帝菊＋香蜂草等，适于选用大型长方形花盆。

方案⑨　茄果类蔬菜与香草的组合。如，万寿菊＋罗勒＋小番茄＋琉璃苣＋草莓＋黄秋葵＋蛋茄＋金莲花＋细香葱，茄果类蔬菜植株高大，需要立支架，适于大型长方形花盆。

方案⑩　花香果艳的香草吊栽组合。如，金盏花＋猫薄荷＋草莓；或香叶天竺葵（玫瑰天竺葵、苹果天竺葵）＋绵杉菊＋草莓，适于小型花盆。

方案⑪　色彩斑斓的香草吊栽组合。如，银色百里香＋紫叶鼠尾草＋小白菊，适于小型花盆。

三、香草在城市园林绿化美化香化环境中的应用

（一）应用原则

1. 适地适香草的原则　即把香草栽植于适合的环境条件下，是因地制宜的具体化，也就是使香草的生态习性与园林栽植的生境条件相适应，达到香草与栽植地的统一，使香草健壮生长，充分发挥其园林功能。如果栽植地点一定，可以选择不同类型的香草适应土壤的理化特性；如果香草种类一定，则可以选择栽植地，或改良栽植地的土壤使之适应将要定植的香草

的生态习性。

2. 满足园林功能的原则 不同类型的园林绿地其性质和功能不同，对香草的要求也不同。所以，要选择相应生物学特性的香草种类，通过合理配置，使绿化、美化、彩化、香化和净化等有机结合起来，来满足园林性质和功能的要求。

3. 艺术和观赏相结合的原则 园林中的香草配置设计要讲究艺术性，并在满足生态科学性的基础上，最大限度地发挥其观赏功能。

4. 多样化原则 指应用方式、形式多元化，香草品种多样化，生态效益和功能丰富。如香草在园林的应用形式有花坛、花境、花丛、基础栽植、道路绿化、草坪点缀、专类园、保健型园林等。香草的栽植形式主要以群植和片植为主，可成行、成列栽植，也可自然式栽植，疏密有到处，乔、灌、藤、草相结合，其群体观赏效果极佳，可构成壮丽的自然式景观，提供足量的香气。

（二）应用形式

1. 香草花坛 花坛是在有一定几何形轮廓线的范围内按照一定的规则栽种花卉的形式。花坛所要表现的是花卉群体的色彩美以及由花卉群体所构成的图案美，在园林中具有装饰、美化、突出景观的作用，给人以艺术的享受。特别是节日期间增设的花坛，能使城市面貌焕然一新，增加节日的气氛。花坛一般位于广场和道路的中央、两侧等处，要求经常保持鲜艳的色彩和整齐的大轮廓。花坛内可选用的香草种类很多，以一二年生香草为主，要选择低矮细密、着花繁茂的种类，以便形成精美细致的华丽图案，而且可能需要几年才能成型。如果用多年生香草，要修剪以控制株高和形态，一般维持在 50cm 以下，以保持模纹图案的规则外形。亚灌木状香草如薰衣草、迷迭香、百里香、木香薷等，常用于结构性种植，从而分隔出许多种植区。鼠尾草、薄荷、留兰香、紫苏、玉簪、银叶菊、金盏菊、万寿菊、孔雀草、百合、萱草、月见草等（图6-4）。

图6-4　香草花坛

2. 香草花境　香草花境，是指人们参照自然风景中的野生花卉自然生活环境，在以林缘、树丛、树群、绿篱、矮墙或建筑物作背景的带状自然式绿地上布置的植物造景形式，注重色彩的丰富性和景观的多样性（彩图6-2）。它追求“虽由人作，宛自天开”的艺术美感要求，又达到美化、彩化、香化之目的。种植时，要充分利用不同高矮、花色、株型各异的香草布置花境，既能观其色，赏其姿，还能闻其香，其散发出来的芳香气味还能杀死环境中的病菌，净化空气。

在设计上，花境内巧妙利用其色彩来创造空间或景观效果。例如，花为蓝色系，又称为冷色系的香草群落，宜放在花境后面，在视觉上有加大花境深度，增加宽度的感觉。如果为增加色彩的热烈气氛，则可使用暖色调的香草。在配置上，要选择不同种类的香草互相搭配组成宽窄不同的色带，或由不同颜色的香草种类组成辐射状、斑块状，提高观赏效果。在种植上，要注意花境内相邻的香草其生长势强弱与繁衍速度应大致相似，否则设计效果不能持久。还要注意香草的扩张性，事先预留香草的生长空间，保证有足够的空气流通，不要在狭小的空间种植，也不宜与其他植物靠得太近，以确保香草植株生长健壮。这样，当人们漫步于花境旁时，香草或浓或淡的香味，总会让你久久不能忘怀。

花境中一般常用的香草种类有天竺葵、薰衣草、鼠尾草、薄荷、迷迭香、百里香、紫苏、罗勒、万寿菊、金盏菊、果香菊、西洋甘菊、艾草、紫罗兰、蓍草、月见草、香茅等。

3. 香草花篱　香草花篱是绿篱的一种，在草坪、园路、建筑物周围等的边缘以香草作篱的一种香草应用方式。既可以美化草坪，装饰园路，丰富建筑立面，也具有形成分隔景观、保护路基、软化硬质建筑景观的作用，使建筑墙面具有如同纸张作画般的效果。用作绿篱的香草可选择薰衣草、迷迭香、紫苏、薄荷、美国薄荷、留兰香、罗勒、艾草、柳叶马鞭草、孔雀草、万寿菊、百日草、千日红、醉蝶花、文殊兰、玉簪等。

4. 香草散步道 在花园或城市园林中设计的用作散步的小路两侧种植香草，这样的小路，由于香草不但有迷人的芳香，能给人带来神清气爽的愉悦感觉，而且它所散发的芳香分子，具有杀菌的作用，同时许多香草也具有摇曳的风姿，有很高的观赏价值，所以一直都成为人们花园中的不可或缺的角色（彩图 6-3）。大面积栽培的香草田园在开花时更是以花香景美成为人们争相前往的旅游胜地。例如，法国南部以及日本北海道的薰衣草田等。如果我们在日常的环境绿化彩化中，多用善用香草，也一定会收到意想不到的好效果。

在公园的开阔向阳坡地，宜种植薄荷、罗勒、紫苏、香蜂草、洋甘菊、柠檬草、鼠尾草、金盏菊、百里香、琉璃苣、玫瑰天竺葵、苹果叶天竺葵、锦葵等香草，以及薰衣草、迷迭香、柠檬马鞭草等多年生亚灌木香草。这些香草大多既能观花，又能观叶。如罗勒、紫苏等都有紫色和绿色 2 种，可以夹杂种百里香和薄荷。其生长茂密，个头矮小，都是非常好的地被植物。

在散步道两边的稍远处，可种上四季轮流飘香的木本芳香植物：春天的梅花、橘花，夏天的栀子、白兰花，秋天的桂花和冬天的腊梅等。但在近处紧靠散步道两边，最宜选择种植低矮的草本香草。当人行走于此时，衣袂带过便会飘起阵阵芳香，令人心旷神怡，洗尽一身疲惫和烦恼。

5. 香草草坪、基础栽植 香草可以与草坪混合使用，或用作草坪周围镶边，或按花期在草坪中点缀。在建筑物周围与道路之间所形成的大块狭长地带上栽种香草可以丰富建筑立面，美化周围环境，还可以调节室内视线。墙基处栽种香草可以缓解墙角与地面之间生硬感，单色面大墙基种植香草能使墙面具有如同纸张作画的大效果。香草还可以用来进行园路镶边，有增加园路景观作用，还兼有保护路基，防止水土流失等作用。

6. 香草“夜花园” 对于大多数上班族来说，夜晚的休闲娱乐已成为日常放松的主要形式。对于家庭而言，晚饭后的休闲也成为亲子、夫妻恩爱的重要方式。而公园绿地正是承载这些夜晚活动的重要场所，因此就诞生了“夜花园”这个现代概念。“夜花园”是利用夜晚的环境氛围，结合灯光、芳香植物形成的具有保健作用和生态意义的休闲环境空间。“夜花园”以其安宁、神秘、浪漫而逐渐成为人们喜爱的一种园林形式，尤其在炎热的夏季成为人们消暑、纳凉、赏景的好去处。

“夜花园”是随着经济的发展，现代城市为市民提供日益丰富的文化生活的园林绿地的一种形式。其实质是一个花园或一块绿地，里面设置有可以休息的座椅、草坪、散布道、公共活动场地、必要的照明设施等，主要是用于市民在傍晚休闲、游憩的一个公园或一块公共绿地。它适合于夜游，进入园内，清风拂面，月色如水，虽有文化活动，却没有嘈杂的喧嚣声。所以，夜花园是能够提供给人们夜晚休憩、娱乐和相互交流的舒适健康的新型园林场所，是丰富城市夜生活、夜景观的形式之一。

夜晚人们的视觉获得的信息量大幅下降，嗅觉、触觉、味觉等感官的敏锐性则会相应提高，因此，在“夜花园”中应用芳香植物尤其重要。夜花园里的植物搭配应遵循突出重点、虚实搭配、以人为本的原则。“重点”即为所选用的特殊植物，“虚”为植物散发的香气，“实”则是植物自身的形体美，“以人为本”是结合使用者的感受和需求。所以，配置前需要了解植物的颜色、外形、规格、叶型等特征，再进行搭配组合，尽量做到四季常绿、三季有花的夜晚植物景观效果。要利用植物高度和外形差异，选择成群、成片的密集种植或孤植等，营造空间层次及虚实情景。如木本可散植四季桂、白丁香等，其树形优美，暗香袭人，是良好的夜晚观叶树种，既可以孤植，又可以做篱，草本植物选用可散发香气的薰衣草、迷迭香、月见草、香叶天竺葵、花烟草、晚香玉等。经过科学合理的配置，营造出浓郁或清新的不同气味、不同功能的宜人空间。

此外，植物要与照明相结合。照明是“夜花园”重要组成之一，光的明暗、颜色、形式等直接影响植物景观效果，可利用高地势遮挡地埋灯，照度、色彩适宜，不影响植物生长。要使光影与植物香气相结合，在灯光照射下形成虚实变幻的视觉效果，以弥补夜晚视觉景观的不足。

夜花园里可以选用的香草有月见草、薰衣草、花烟草、待霄草、柠檬萱草、百合、水仙、紫罗兰、鼠尾草、神香草、柠檬草、晚香玉、迷迭香、百里香、茴香、罗勒、薄荷、玉簪、香叶天竺葵、白睡莲、昙花、夜来香、西洋甘菊等。

四、香草在保健型园林中的应用

从古至今，任何时代和民族都将健康视为人生中最重要的事情，健康是人类共同追求的目标。然而，随着经济社会的不断发展，生态环境遭到了很大程度的破坏，人们的生存压力越来越大，故此世界卫生组织明确提出人类健康的65%要靠自己。在此基础上，自我保健、自我医疗和自我护理成为人们保持健康和长寿的重要手段。因此，各类具有保健型功能的设施、设备等受到了人们的推崇。城市中的园林是人们重要的活动场所之一，将保健型设计理念融入到园林设计中可以很好地满足城里人对自然、绿色、生态和健康的需求。

保健型园林的概念最早在欧美等发达国家中被提出。我国的研究起步较晚，但近几年研究的力度不断加大，不少学者对保健型园林给出了自己的定义，当前普遍认可的定义为保健型园林是以维护人们健康和提高人们自我保健意识为目的，以医学与环境心理学为指导，通过地形、保健型植物、建筑小品的运用来营造具有保健效果的园林。该概念比较全面地阐述了保健型园林应该包含的功能和设计，从中也可以看出保健型园林的目的是在于预防疾病、辅助治疗，侧重于通过植物的保健功效来调节和恢复人们的身心健康，符合当前绿色、原生态的要求。

我国保健型园林的实践主要集中在上海、北京、广州等经济发达的地区，同时保健型园林的建造形式主要是居民小区和植物保健园，比较单一。上海进行的实践比较多，如上海市陆家嘴地区居民小区根据中医的五行理论，依照人体脏器所对应的不同保健功能植物，将植物分别栽种到金、木、水、火、土 5 组不同的区域和方位。20 世纪 80 年代末在上海市杨浦区民星新村进行创建保健型生态园林的尝试，上海万里城生态保健社区的景观优化设计是保健型园林的典范。近几年深圳、广州、北京等地正在进行保健型园林建设的尝试。

保健型园林的植物景观设计包括植物的选择、布局设计、季相设计、重组规划等。保健型园林选择的植物主要以环保型和保健型为主，除了选用具有杀菌作用的木本植物如松柏类、樟树、枇杷、石榴、丁香、桂花、茉莉、素馨、月季、玫瑰、海桐、木槿、珍珠梅、黄连木、泡桐等树种外，香草自然也是必不可少的。设计时，将具有环保作用的植物规划在保健园区的外围，将具有保健功能的植物合理的布置在保健园区内，同时要根据植物的季节进行分类，在园林美学与景观生态学的指导下对植物进行重组规划，从而增强其保健功能。具体进行植物配置时，要注意考虑植物生理习性、季相景观，结合心理学、保健功能等知识，科学合理地配置各类保健植物，不仅形成乔灌草结合的生态保健植物群落，而且发挥高于原有植物景观所没有的保健功能。

很多香草都适用于保健型园林的布置，如长春花、大花萱草、铃兰、玉簪、晚香玉、百合、百里香、荆芥、牛至、紫苏、薰衣草、迷迭香、薄荷、留兰香、鼠尾草、香薷、木香薷、罗勒、蒲公英、菊花、艾蒿、蓍草、麦冬、紫苑、牛蒡、射干、黄芩、黄芪、白术、丹参、当归、茴香、藿香、菖蒲、香叶天竺葵、玫瑰草、荷花、睡莲等。

五、香草专类园

（一）香草专类园的设计

香草专类园是以香草配置为主（彩图 6－4），其他要素为辅，相互配合而营造的专类园，并提供观光、游览、娱乐、餐饮等服务，使之具有生产、旅游、服务、休闲等功能。在国外，香草专类园是香草造景的主要形式之一，如美国第一个为盲人设计的花园——布鲁克林植物园中的芳香园。法国罗讷河谷的非常有名的草本植物园，建造者用当地几十种制香料、染料和药材的香草及一些很受欢迎的食用香草，采用中世纪药草园的种植方法，每种植物有特殊的苗床和一个彩色木签，上面写着植物名称和药用价值，非常简洁地设计成 12 个花坛象征太阳的光芒，外圈 25 个花坛组成星形图案。在欧洲，历史较为悠久的香草专类园大多为人工几何图案设计，注重视觉透视的构图效果，着重表现其形式美和人工创造之美，注重装饰性的景观效果，强调动态与秩序的变化。香草配置成有规则的、有层次地交替组合。多采用不同色彩的植物搭配，景观效果颇为醒目。

随着西方文化与东方文化的融合，教堂婚礼作西方的文化已经慢慢地融入中国。现如今，在香草花园中举办婚礼正在渐渐成为一个新的流行婚礼趋势，以纯净的心，相互祝福、祈祷，使婚礼充满新颖、时尚、浪漫的气息，广泛地受到都市白领及知识分子阶层的青睐。在种植了大面积的高档草坪上，举行各种户外婚礼，在紫色的花海中，等来自己期待已久的爱情。

我国，香草专类园则多习惯采用自然式手法，布局讲究植物的自然形态与建筑、山水、色彩的协调配合关系，植物配置注意高矮与疏密的搭配，表现色彩变化和丰富的层次及景观轮廓。根据香草的生态习性，首先要规划山体、水池、花境、密林、地被等人工自然环境，再根据不同植物的种间关系，配置出几个相对稳定的香草群落，常用一些个体较大及具有自播特性的香草，形成自然、富有野趣的景观效果。专类园主要从教育性、宣传介绍的角度进行设计，可设置香草产品专卖区、香草产品 DIY 区、香草精油体验区、香草科普知识区等多个区域，如设置宣传栏集中介绍香草的药用保健知识及栽培要点，不常见的植物应标挂植物名牌，说明其名称、生物学特性及保健作用等，从而实现科普、教育的功能。

在进行香草专类园的设计和建造时，要重点考虑香草与其他植物的景观、美学、视觉、嗅觉的有机搭配。实践证明，薄荷、薰衣草、百里香、月见草、罗勒、牛至等香草均可用于香草专类园的建设。在具体实施时要注意考虑以下三点：选择香草地上部分应具香味、姿优美、花美丽，最好与其他园林植物相结合形成立体的观赏效果；重视香草的生态习性，形成相对稳定的人工植物群落；结合环境条件，在突出香草景观的同时设置休憩设施和园林小品，满足游览、休憩的功能。

（二）中国的香草专类园

如今，不必远赴万里之外去寻觅国外的香草园，这般浪漫的景象在我国也会寻到。近几年中国的香草专类园发展迅猛，在新疆、北京、广州、安徽、海南、上海、山东、沈阳、河北、河南等多地新兴起来，已形成规模的有：新疆伊犁的薰衣草园（我国最大的熏衣草基地）、广东清远市清新县美佳薰衣草园、肇庆市德庆县德庆盘龙峡薰衣草田、肇庆市怀集县怀集薰衣草田、广州市南沙区百万葵园薰衣草基地、广州市花都区香草世界，北京密云县紫海香堤艺术庄园、通州区布拉格农场薰衣草庄园、朝阳区蓝调庄园、大兴区亮民绿奥观光园、怀柔区东方普罗旺斯薰衣草庄园、辽宁沈阳市紫烟薰衣草庄园、锦州市大围子薰衣草庄园、大连市金州新区紫云花汐薰衣草庄园、河北邯郸市紫海芳庭薰衣草庄园、秦皇岛市秦皇岛天然芳香科技有限公司薰衣草香草园、山东青岛胶州市薰衣草主题公园、济南紫缘香草园、四川成都郫县薰衣草基地、安徽茂生香草植物园、湖北宜昌三峡晨馨香草植物园、河南省郑州市普兰斯薰衣草庄园（彩图 6－5)、巩义市薰衣草庄园、洛阳市中国薰衣草庄园、洛阳市孟津薰衣草庄园、驻马店市嵖岈山薰衣草庄园等。

新疆伊犁，位于天山脚下，素有塞外江南之誉，大自然赋予这多民族的伊犁河谷具有与地中海相似的地理、气候条件，藉其独特的地理位置、气候条件，如今已建成了全国最大的薰衣草基地。伊犁三面环山（天山)，日照充分，气候湿润，昼夜温差大，造就了沃野千里，草肥水甘，物产富饶，资源独特，加之精髓的历史，古朴的文化，浓郁的民族风情，没有污染的生态环境，描绘出了“天苍苍，野茫茫，风吹草低见牛羊”的悠然气息。新疆伊犁哈萨克自治州种植薰衣草有 40 年的历史，种植面积已经超过 3 500hm^2，精油产量超过 200t 以上，占中国 90％以上。所以，伊犁是芳香植物世界里奇葩绽放中国“薰衣草之乡”，是全世界继法国普罗旺斯、日本富良野之后的第三大熏衣草种植基地，也是中国的熏衣草主产地，号称中国的普罗旺斯。盛夏时节，花乡十里，整个伊犁河谷都变成了香熏的世界。开满紫色小花的香草一望无际，粉黄色罗马甘菊，薰衣草在风中摇曳多姿，浓郁的花香磬人心脾，成为最受国内外游客青睐的景观之一。花开的季节也是人们忙碌和歌唱的季节，你常常可以看到这样的场面：许多人一边唱歌一边收割着薰衣草花，年轻的男女更是在这个美丽的季节里酝酿着爱情。其中位于伊犁霍城县的解忧公主薰衣草园，已经通过国家 AAA 级景区审核，是中国首家汇集了包括薰衣草引种、育苗、标准化种植、GMP 生产与加工、产品展示、大地景观、香草品种园，以及熏衣草文化传播、经典婚纱景观等香草全产业景象展示的主题观光产业园区。园区占地面积 15hm^2，由熏衣草生产加工区、熏衣草博物馆和熏衣草香草园 3 个部分组成。

位于怀柔北房城市农业公园中心区的北京香草世界，以浪漫的情怀为主题，配以互动体验项目，是集香草种植观光、香草加工、旅游、休闲为一体的新型香草植物专类园。园内种植了来自欧洲、亚洲日本等国的香草，如薰衣草、洋甘菊、罗勒、迷迭香、百里香等，每年的 5～11 月均有花可赏，有景可游，已经成为北京香草花海的主要观光旅游区。

广州花都香草世界引种了众多世界著名香草，成为华南地区最大的以香草为主题的专类园。广东肇庆怀集县桥头镇的世外桃源“薰衣草森林”建在深山里。设计者原本想没客人也没关系，没想到让许多人不远千里来一探究竟。但单靠好奇，也不会有人接连不继涌进“薰衣草森林”。这里人工造景与天然山色互相帮衬，每一扇门、一户窗，探出头来就有好景致。你可以蜷进香草围绕的咖啡座，点一杯薰衣草茶或迷迭香茶来，迷醉在香气中；也可以起身往后花园去，那里一整片薰衣草山坡，能够平静你的身心。春节和情人节时到了那儿，你会发现薰衣草已开满了整个山头、田间和陇上。白天，在薰衣草田和桃花树下，或是与最亲密的人围坐一桌，享受着暖心润肺的香草茶和喷香的薰衣草饼干，慢慢品味那种休闲浪漫的气息。到了夜晚，更可以在桃园静谧的环境里，更加真切地感受薰衣草的宜人清香，一呼一吸，平静安神。这种花语为“等待爱情”的紫色小花，正以最肆意和绚烂的姿态，等待着那些具有浪漫情怀的人们的到来……

广东清远市太平镇有占地 500hm^2 的“薰衣草世界”，是在大都市里的近郊区建立的多功能的香草园。用“薰衣草世界”是个好创意。在这里具有浓厚的香草文化氛围，香草产品琳琅满目。走进这个“薰衣草世界”，仿佛置身于花的海洋，蜜的故乡，艺术的天堂。一进大门，欢迎您来“拈花惹草”几个大字映入眼帘，让人心情为之一振；走进薰衣草田，蓝紫色的一年四季盛开的香草花园，一眼望不到边。置身其中，犹如出国留洋的跨出国门一般。步入香草 DIY 室，可在美丽多情的的迎宾小姐帮助下，亲手做香草蜡烛、糕点，甚至可以提供精油，并可任意购买、品尝；徜徉在产品陈列室内，产品令人目不暇接，让人眼花缭乱，香包、香枕、插花、干花、迷你盆栽、装饰工艺品…… 几乎应有尽有。

河南省洛阳市洛阳新区伊河生态廊道城乡一体化试点区域，紧邻伊河，远望龙门山，环境优美。占地 400hm^2，以薰衣草、玫瑰种植为核心，构建了集旅游观光、特色农业、度假养生、五星级酒店等功能为一体的大型创意观光农业园，花期长达 6 个月。

（三）香草健康乐园营造

在大城市郊区，可规划设计一处充满自然原味的芳香植物乐园，既没有人工雕琢，也没有华丽造景，更没有高墙与深锁的大门，有的只是处处散发香味的香草与粗犷的原木桌椅，安静地守候在山林绿意之中。这就是香草健康乐园。

乐园不要有现代化的大门与外界隔绝，最好设置得极其自然，贴近生活。让过路人不细看，还以为是大地景观的延伸。走进去，高俏的鼠尾草和香气薰然的薰衣草站列两旁。仔细一瞧，你才会看到更有迷迭香、百里香、甜菊、薄荷等隐身其中。一进花园，潺潺水声便萦绕于耳，阵阵花香扑面而来。花园是属于自然的一部分，水声加上山林的虫鸣鸟叫、蛙鸣声，与天然的芳香和在一起，便是一曲最好的自然乐章，使人陶醉此间，流连忘返。

乐园内香草可依季节分区栽植，每季应有 10～30 种香草盛开。人们坐在香草环拥间，享用红酒香草炖牛肉、迷迭香风味鸡等精致料理，或来杯窈窕瘦身美人茶、元气提升健康茶，连味觉也一并都可满足。这里最多的是香草，最令人开心的也是香草，吃的、喝的也完全是香草，就是玩的也在香草中。因此，可以设置薰衣草等香草迷宫，使得夕阳里的迷宫花园，挟着夜色灯光及优雅音乐，轻抚香草浪漫的体态，让人绝对体验到“迷宫走一圈，生命多一天”的意义。此外，雅致的原木 SPA 套房，装饰清雅简单，也让你远离城市喧嚣，充分享受田园怡人的气氛，完全舒解放松疲倦的身心。此外，还可设置多功能的会议中心、露天咖啡座、卡拉 OK、游泳池、羽毛球场等，使人在香草中或工作，或度假，好好犒赏自己。

鲜花香草健康乐园，人漫步其中，身心都可以感受到香草的香气，接受阳光与植物的新鲜洗礼，既可以舒压，也可顺便作一个自然的 SPA 美容。如，上海的上房园艺、梦花源，均可认为是香草健康乐园。

第七章　香草在生态农业观光园中的应用

一、生态农业观光园的由来

20世纪末，随着农业结构的调整和农业高新技术的应用，各地、市、城郊及乡镇结合自己的农业特点、自然资源和文化遗产相继建成了具有一定规模和一定面积的高新农业科技示范园区。这些园区内，主要栽植果树优良品种、稀有蔬菜和新潮花木，在绿化设计和道路规划方面遵照了园林的规划原则与要求，有的还设立了一些园林艺术小品和其他娱乐服务设施。整个园子除生产农副产品之外，还可供人们参观游览，这就是农业观光园的雏形。

进入21世纪，城镇居民面对生态环境的日益恶化，更是纷纷开始向往“回归大自然”的休闲、恬静生活。每逢周末和假期，都不约而同地去寻找绿色空间和清新的娱乐场所，以领略、感受、体验田园和乡村的朴实生活，从而获得紧张工作之后的恬静和放松。另一方面，一些居民也渐渐厌倦了游历名山大川后的旅途劳累，且常有“看景不如听景”的遗憾，于是就自然而然地瞄上了距离比较近的高新农业科技示范园区。而这些园区也非常乐意接纳游人，既可处理产品，又可获得一笔非常可观的门票收入，且可以借游人之口做活广告，传播既快又易为人们所接受，比在广播、电视上做广告更经济实惠。这样，生态农业、园林绿化与生态旅游很自然地结合了起来，形成了一类独具特色的科技示范园，我们将称之为农业观光园。

由此可见，农业观光园是现代农业发展的一种新思路，属于农业生产的一种体制创新。它既是现代园林发展应用的一种特殊形式，也是观光农业的一种形式。它的显著特点是以资本为基础，以科技为先导，以市场为导向，重点突出参与性、观赏性和娱乐性，充分体现农业与旅游的合一性。

二、法国的生态农业香草观光园

法国薰衣草之乡——普罗旺斯，天空蓝得通透明澈，空气新鲜得像冰镇柠檬水一样沁入人的肺里，在心底最深处如有清泉流过，直想让人引颈歌啸。那漫山遍野的薰衣草真是让人狂喜不已，自行车上、牛头上、少女的裙边，到处插满了深紫浅蓝的花束，整个山谷里弥漫着熟透了的浓浓草香。田里一垄垄四散开来的薰衣草和挺拔的向日葵排成整齐的行列，一直伸向远方。阳光撒在薰衣草花束上，呈现一种泛蓝紫的金色光彩。每当暑期来临，整个普罗旺斯好像穿上了紫色的外套，香味扑鼻的薰衣草在风中摇曳。通常每年的 5～10 月是薰衣草开花的时节，而当中更有“薰衣草节”及嘉年华，售卖关于薰衣草的产品如香水、香熏油、干花等的庆祝节目。要体会大自然的奇妙，最佳方法当然是骑自行车欣赏沿途风景。你能踏遍薰衣草的每一个角落，亲身感受法国农村的特色及风土人情。

法国普罗旺斯薰衣草生态农业观光园，主要观赏地点分别为鲁伯隆山区、施米雅那山区。鲁伯隆山区，最著名的薰衣草观赏地是塞南克修道院的花田，也是《山居岁月》一书的故事背景，号称全法国最美丽的山谷之一。山上有一座 12 世纪的修道院，即塞南克修道院。在修道院的前方有一大片的薰衣草花田，是由院里的修道士栽种的，种有不同颜色的薰衣草。开花时就像一片蓝色的海洋，且芳香宜人。施米雅那山区，是一个极具特色的山城。建于山顶的一座 12—13 世纪的罗通德城堡，环绕着大片的薰衣草花田。游走在施米雅那城镇里，随处可见到开紫色花的薰衣草田，无边无际地蔓延。当你徜徉在花丛中，或是信步从花间走过，薰衣草都会让你衣袖留香，虽没有玫瑰的浓烈，也不像剑兰般淡漠，但却那么悠远和绵长，仿佛是梦中的爱情一般，若隐若现，虚幻飘渺。薰衣草，零星几朵来看，并不觉得有多迷人，可当你面对的是一大片的薰衣草田，就不自然地会感到清新和愉悦，那漫漫茫茫、深浅有致的一片紫，不动声色地将人包裹起来，置身其中，就如同沉醉在温柔乡里。

三、我国的生态农业香草观光园

我国香草生态观光园建设较晚，不过在新疆巴州和硕县、广东的西北部清新县、上海的青浦和崇明等地相继建立了香草生态观光园。

据报道，位于新疆巴州和硕县境内的香草生态观光园已发展成为亚洲较大的香草生态观光园。这里的新疆芳香植物科技开发有限公司是集香草科研、种植、加工和销售为一体的农业产业化高科技企业，吸引了众多人的目光。目前已发展成为亚洲较大的香草原材料生产加工基地。该公司利用和硕分公司优越的地理优势和香草的品种多样化的特点，发展了观光旅游农业，因而此地成为了新疆旅游的另一道独具魅力的风景。

新疆和硕县香草生态观光园，面积约有 $333hm^2$，其中香草观光园内有 $80hm^2$ 的香草立体观光园区，完全采用的是法国立体花卉种植的模式。从 2002 年开始种植香草以来，已经开发种植了 18 个品种的香草，并且利用种植的香草研制出了各种香草产品，已经打入了国际市场。目前，该区的观光农业旅游项目已经顺利通过了国家级生态农业观光园区的命名，成为新疆获得殊荣的农业旅游观光园之一。目前在观光园里设计了蔬菜大棚，供游人采摘。同时还在屋顶设计了酒吧和观光厅，建立了香草展览厅、芳香水调中心、香草观赏厅等独特的香草产品展示设施，风格独特，给不熟悉香草的游客提供了一个极好的了解机会。各色的香草竞相开放，呈现出立体种植的精美设计图案，成为现代农业观光旅游的一道立体风景。这里能让游人从“看到芳香草，闻到芳香草，吃到芳香草，洗到芳香草，擦到芳香草，睡到芳香草”等一系列活动中，充分享受和感受到香草给我们带来的无穷魅力。在这充满生机的绿色田园中，香草加工厂、工厂化育苗基地也都可以给游客一种全新的感受。香草的发展也带动了当地农业的发展，目前已经有300多农户参与到香草的种植开发中去了。这里还有94hm^2的果园，每6hm^2种植一个果树品种，已经挂果成熟。私人在这里还建起了别墅，真正在这里享受田园生活。游人在这里品尝瓜果、欣赏香草，体味别样风情，真正成为了新疆维吾尔自治区名副其实的公司＋农户＋基地的农业产业化重点龙头企业。

上海梦乐园农业科技有限公司秉承健康、自然、和谐的生活理念建立了寻梦园香草农场，即以规模香草种植及“都市化农业”开发为主题的观光休闲园区，让香草逐渐走入人们的生活，结合自然养生概念，构筑香草文化，推广香草生活，建立中国本土香草观光品牌。园区已引进了200多个香草品种，如百里香、迷迭香、鼠尾草、英国薄荷、罗勒等，并设有种苗基地，由留美归来的专家亲自指导、示范与培育。以薰衣草花海、七彩花丘为最大亮点，配合四季植栽，自春至秋，绿野连绵；花开时节，色彩斑斓、馥郁芬芳。即便在隆冬时节，也有薰衣草温室不间断的培育在中国罕见的香草品种，做到了真正绿色环保、无污染的有机香草生产基地。走进“寻梦园”，她会让香草提供您芳香生活的1天。这里的薰衣草的世界，成片的紫色，让人流连忘返，浪漫的花海，令人向往。

此外，在北京、广州、安徽、海南、山东、沈阳、河北、河南等省、自治区、直辖市也建成了一定规模的生态农业香草观光园，如广东省清远市美佳薰衣草园、肇庆市德庆县和怀集县薰衣草田、广州市南沙区百万葵园薰衣草基地、广州市花都区香草世界等，北京市密云县紫海香堤艺术庄园、通州区布拉格农场薰衣草庄园、朝阳区蓝调庄园、大兴区亮民绿奥观光园、怀柔区东方普罗旺斯薰衣草庄园等、辽宁省沈阳市紫烟薰衣草庄园、锦州市大围子薰衣草庄园、大连市金州新区紫云花汐薰衣草庄园、河北省邯郸市紫海芳庭薰衣草庄园、秦皇岛市秦皇岛天然芳香科技有限公司薰衣草香草园、山东省胶州市薰衣草主题公园、济南市紫缘香草园、四川省郫县薰衣草基地、安徽省阜阳市茂生香草园、湖北省宜昌市三峡晨馨香草园、河南省许昌市笼博生态园、安阳林州紫海情缘薰衣草庄园和商丘永城寰金湖薰衣草庄园等。

四、风景名胜区的香化设计

生活在薰衣草“森林”里是人们的梦想。所谓薰衣草“森林”，即是在森林的林间或空地里，大面积地种植薰衣草，让人闻着薰衣草的芳香，沐浴在森林中，充分享受森林里清新无菌的空气。一开始，这只是个别人的紫色梦幻，但今日，这个梦想已经成真。

在可以旅游的风景名胜区，尤其是具有山坡、山地、山路的地形风景区，栽种香草，与风景名胜和自然山水、植物融为一体，形成一个大范围内的香化风景区，让游客一边浏览山水，一边享受香草带来的阵阵清香。

这种风景区香化设计，是通过景观香草花卉组合实现的。自20世纪70年代以来，花卉香草组合景观就已经在欧美园林发达国家造景行业中应用，被广泛应用于城市绿地、高档住宅小区美化与香化、分车带、公路护坡、草坪缀花等领域。

景观香草花卉组合是从众多的香草和花卉种子中筛选出的、适宜应用于各种场地，并完成整个观赏效果的一类植物。经过精心挑选，按照不同花期、花色和用途混配组成各种香草和花卉组合，在春、夏、秋三季都能四季开花，从而达到延长花期的目的，且整体观赏效果比单一花种、草坪、苗木要好得多，可以营造出强烈的视觉冲击力、梦幻般的奇异效果，并有自然浪漫的风韵。由于采用种子播种，其自繁能力和再生性强，能保持多年连续开花不断。与盆花相比，需水量少，管理方便。因此，采用香草花卉组合景观能省工、省时，景观效果相当好。

香草的适应性很强，山地风景区的气候也比较适合它们的生长发育。而且，从目前香草的自然分布来看，像木本香薷、长柄葱、白芷、大黄、地榆、百里香、岩青兰、香茶菜、泽兰、独活、铃兰、旋覆花、缬草、零零香青、香花芥、紫苏、藿香等，在我国的南北方山区、丘陵、山谷中，均有分布。因此，在自然的山地风景区中，根据香草的生长发育规律及对环境条件的要求，在空旷地、林缘下、水溪边、山谷地、山坡上、山路边等，利用现有地形、地势，创造适宜的生长条件，进行一定规模的人工栽培，从而形成一片片、一丛丛香草区、香草带、香草群，是完全可以做到的。如河南省洛阳某风景区进行了香草种植试验、上海崇明岛上景区中建立了香草种植园、福建省南安市蓬华镇天柱山风景区设立了香草世界度假村等。

第八章　香草的食用与茶用

一、香草的食用

（一）香草料理历史及文化渊源

香草之美，美在不仅可以赏心悦目，而且更进一步可以娱乐口舌。其植株香味不但可闻，而且可食。其植株上的器官含有极丰富的蛋白质、脂肪、氨基酸、淀粉和糖，以及维生素A、维生素B、维生素C、维生素E和铁、镁等微量元素，还含有高活性物质及挥发性物质，具有重要的药用和滋补功能，吃鲜花香草有助于美容保健已经有不争的史实和事实。

远在春秋战国时期，人们就有食花的习惯。屈原《离骚》中就有“朝饮木兰之坠露兮，夕餐秋菊之落英”的名句。唐代时期，食花之风盛于皇室。清代《御香飘渺录》中记载了慈禧以鲜花为食的情节。据记载，慈禧爱吃荷花、玫瑰花、白菊花等。慈禧所吃荷花是在早晨东方透出第一缕晨光时，荷花蓓蕾慢慢地松开花瓣含苞欲放了，当红日冉冉升上地平线又陡峭跃起为一悬空火球时，千万朵荷花就像瞬间接到命令似地，一刹那间全开放了。此时，慈禧便指挥宫女太监们迅速采摘那些最完整最娇艳最肥壮的荷花花瓣，交御膳房浸到用鸡蛋、鸡汤调好的淀粉糊里，然后一片片放入油锅中炸至金黄酥脆，即制成了口感极好的点心了。慈禧吃玫瑰花，更是别出心裁。先将玫瑰花瓣捣烂，拌以红糖，再经御膳房特殊的配汁加工成花酱，然后涂在面食点心上，吃后齿颊留香，香味持久。好似现代人吃三明治涂果酱一般。吃白菊花时，慈禧命令宫女太监采来花瓣肥硕、一尘不染、完好无损的白菊花，像涮火锅一样，生起炭火，煮沸鸡汤，放入鱼片和肉片，然后亲自将白菊花瓣放入锅中，稍滚片刻，一股奇异的清香就从锅中飘起，沁人心脾。原本并没有什么滋味的白菊花瓣，如此吃法却变得美味可口了。

鼠尾草的用途多样，疗效广泛，可以说是万用的香草。在料理方面，举凡猪肉、鸡肉、内脏等各式料理，做香肠、酱汁调味等均会用到鼠尾草。在药效方面，不仅可治感冒、口腔炎、消化系统疾病及妇科病，而且还能够用煮出来的水泡脚，消除脚部的疲劳，其速度之快，令人难以置信。阿拉伯的俗语中有“庭院中种有鼠尾草者不死”之说。英国谚语也说“要想长生者，于5月食鼠尾草”。中世纪的英国人就已经利用鼠尾草的紫色花为甜点着色，并且爱喝新鲜鼠尾草花瓣冲泡的香草茶。

可供食用的香草很多，如菊花、香芹、茴芹、芫荽、鼠尾草、薄荷、罗勒、百里香等。据统计，在各类花卉中，约有40%的鲜花有香味，可用来开发制作食用香料。用香草加工制成的各种保健食品、香油、香料和药品，能产生较高的效益，其开发利用的价值很大。

（二）香草料理现状与前景

当今，“回归自然”的呼声日渐喊响。自然地，可以食用的香花、香草已经成为消费者的“追逐”目标。香草的香味醇正，芳香清冽；沁人心脾的鲜花不仅可绿化、彩化、香化环境，使人赏心悦目，而且还由于其含有丰富的营养，能将之加入菜肴中做成花菜，泡在茶中做成花茶，现已成为高级宾馆、饭店的餐桌新宠，被誉为高营养、高滋补的保健蔬菜。其菜肴色泽鲜嫩，芳香爽口，富含的多种微量元素对失眠、心悸、头痛、高血压、衰老等均有功效，从而可以达到观赏价值、营养价值和药用价值的和谐统一。

近年来，国际上也正日渐流行以香草、鲜花为主要原料的食品。香草中含有大量的脂肪、糖类和22种氨基酸、18种维生素、27种常量和微量元素，特别是花粉中有一种称为芳香苷的特殊糖苷，现已证实可增强毛细血管的强度，降低胆固醇和三酸甘油酯，故可防止脑溢血、视网膜出血等心血管疾病的发生，让人大饱口福之余也能驱病益寿。

当下，注重品味的欧洲生活风气、饮食习惯也开始慢慢引入东方，为中国人的饮食习惯增添了新面貌。例如，既可以冲泡香味优雅的香草茶，也可以变成菜肴、甜品、汤、饭、面等风味的食材。这些香草或民间药草，不仅是现代人附庸风雅的一种生活情趣，而且是体现了这些香草改变人生的魅力。研究指出，让香草植成膳食料理的一部分，有助于人体摄取富含抗氧化功效的营养素，强化人体消除自由基的功力，有助于对抗癌症、心脏病、中风等症状。

研究人员针对39种民间常用香草种类进行了分析，包括27种烹调常用植物及12种香草。结果发现，这些植物的特殊香味不但可以增加餐饮风味，其酸、甜、苦、辣、咸的特殊口感，也可以取代化学添加物，变成料理调味的一部分。民间常用的香草、药草、野菜等都可以视为蔬菜水果的大家族成员，所以善用这些香草、药草、野菜，不但可以丰富食材的面貌，还可以吸收丰富的营养，变成养生保健的法宝。例如，利用植物清除自由基的抗氧化功效，就可以作为人体延缓老化，预防恶性肿瘤和动脉硬化的发生。实验发现，牛至等这一类植物的抗氧化功效特别值得肯定，这是因为其中含有酚类化合物。从其消除自由基的抗氧化效力而言，牛至比苹果高出42倍，比马铃薯高出30倍，比橘子高出12倍，比小蓝莓高出4倍。所以，对想要保健养生的民众而言，如果食量太小、或不喜欢吃蔬菜水果，只要一汤匙的牛至，就相当于吃了1个苹果。

单纯以民间常用香草的抗氧化效力来看，其排行榜为：牛至、莳萝、百里香、迷迭香、薄荷等。一般人感受深刻的香料，虽然气味浓郁，例如，大蒜、咖喱、辣椒，味道突出，但是其抗氧化功效却不如这些香草那么明显。

（三）香草料理方法

香草既有多姿的形色，又有诱人的芳香，把它们应用于食物，不但可以增加食欲，丰富饮食趣味，而且还具有一定的食疗作用。香草的食用在国外非常普遍，我国也有一些传统的食用方法，综合起来大致有如下几种方法。

1. 作为主料入菜　比如荆芥、芝麻菜、艾蒿、茼蒿、薄荷、香菜等的嫩茎、叶、花，可以直接食用，或用开水焯一下，然后拌上盐、糖、麻油等佐料食用。芝麻菜、薄荷等还可以做成沙拉供生食，也可在吃火锅时食用（图 8－1）。

图 8－1　香草火锅香

2. 作为调料入菜　调料及香草调料全称为香辛调料，有的简称为香辛料，指利用植物的器官，或从这些器官提取的，能够给食品赋予香、辛、麻、辣、苦、甜等典型气味的食用香味材料。调味品，是对油、盐、糖等以人工酿造或提炼取得的、烹调时用以增加食物滋味的物质的统称。香草调味品是特指加以香草而做成的调味品。有的人则通俗地称为烹调香草或简称香草调料。在我国，香辛调料绝大多数种类为传统中草药，民间习称为香药料、卤料、佐料等。在美国，香辛调料协会认为："凡是主要用来做食品调味用的植物，均可称为食用香料植物"。

人们常说"开门七件事，柴、米、油、盐、酱、醋、茶"，其中调味品就占了 4 件，可见调味品在饮食中是多么重要。正是调味品的巧妙配合，才给食品带来了千万种令人神往的美味佳肴。它在给食品独特风味的同时，也以自己的营养和保健作用为人类造福。调味品大多具有一定的药用价值，如可以杀菌防腐、抗氧化、预防冠心病、通气健胃、帮助消化、促进食欲等。

随着社会生活的日益富裕，在人们的观念中，饮食已经不再是为了果腹、饱肚，而是以此为基础，有了很大的提升，到了追求口味新鲜、奇特，增添情趣和提高生活品位的层次。为此，对饮食的调味要求越来越高了。调和美味饮食已经不仅仅是厨师、专家的事，百姓亦在不断学习运用日见丰富的调味品，以使一日三餐更富滋味，给餐桌带来更多欢乐（图 8－2）。

图 8－2　香草调料增香

现代社会是调味品空前丰富、大显身手的时代。近 10 年来，回归大自然的热潮风靡全球，世界香料业稳步发展。香料、香精销售额大增，香料用途不断拓宽。据权威人士预测，近 20 年内，世界香料业务将至少增加 3 倍。

按照用作调味品的香草器官的来源，香草调味品可分为以下类：

根及根茎类，如甘草、白芷、白菖蒲、百合、当归、独活、莎草、辣根、麝香百合、山柰、川芎、云木香等。

种子果实类，如小茴香、芝麻、白芥子、孜然、葫芦巴、草豆蔻、草果、葛缕子、砂仁、蛇床子等。

全草类，如罗勒、广藿香、山葵、龙爪葱、芫荽、果香菊、香青兰、香芹、香茅、香薷、香蜂花、独行菜、迷迭香、留兰香、紫苏、大黄、薄荷、藿香、黄葵、琉璃苣、球茎茴香等。

茎叶类，如牛至、甘牛至、百里香、香叶天竺葵、茵陈、神香草、甜叶菊、鼠尾草、夏香草、香菜等。

花朵类，如万寿菊、菊花、啤酒花、番红花、晚香玉、玫瑰茄等。

树脂类，如阿魏等。

香草作为配料或调料入菜，称为烹调香草，主要起到赋香和调味的作用，以增添菜肴的色香味，从而达到味、养两相宜。赋予食品酸、甜、苦、咸、辛、鲜等味的食品添加剂称为调味剂。调味剂根据不同味道，又有酸味剂、甜味剂、鲜味剂、苦味剂等。香草作为大宗调味料的有辣椒、生姜、姜黄、芝麻、芥菜子、芫荽子、葛缕子、香芹子、小茴香、茴香等。

使用烹调香草时通常均采用新鲜品，其气味浓郁强烈，也有使用干品和冷冻品的。除直接使用外，也有用于制作香草醋、香草油和香草油脂等。烹调香草在欧洲、美洲、中东和东南亚地区普遍应用，并有一定的应用方法和规范。如烹调香草间的配伍，哪类食物（如牛排、家禽、鱼类、豆类、蛋类、绿色蔬菜、黄色或橘黄色蔬菜、甜点等）应用哪类烹调香草。

在进行动物肉料理时，添加香草类芳香调料及其产品，会构成复杂的味觉格调。具体应用时要根据肉的种类不同而添加相应的香料。如牛肉可添加胡椒、生姜、大蒜、洋葱等；猪肉除以上调料外，可再加百里香、芹菜子等。

作为调味料的食用香草，若只单一品种，会使食品口味单调，香气粗而不柔和。所以，一般采用多种品种，经适当调配就会产生异乎寻常的调味效果。如咖喱粉的配方里就有多达十几种配料，主要有姜黄根 30%、芫荽子 10%、枯茗 8%、洋葱 5%、葫芦巴 3%、甘草 3%、小豆蔻 3%、辣椒 3%、小茴香 2%、生姜 2%、艾蒿 2%、茴香籽 1%、大蒜 1%、百里香 1%等。又如深受人们欢迎的调味醋配方中香草配料常有：辣椒、众香子、芫荽、姜、芥菜等香料。

作为调味剂，添加量以韵味为主体的食用香料为 50%～

60%，既有香又有味的为 40%～50%，对于仅有香气的应为 10%～50%。而有的食用香料，如葛缕子因有苦味，用量应少。鼠尾草、百里香、芹菜子用量大会产生药味，也不宜多。芫荽子使用多了会使食品带化妆品气味，要少用。一般使用食用香料粉末为 0.8%，使用其精油和油树脂产品为 0.02%，对辛辣成分，为 0.2%～0.4%。

遮盖羊肉的膻气，效果较佳的食用香料有鼠尾草等。另外，香味调料还要考虑其耐热性，否则会使香气变劣。耐热性强的食用香料有鼠尾草、大蒜等。

西餐中常用罗勒、牛至、百里香、鼠尾草、迷迭香、茴香、莳萝等来给菜肴添香去腥。日式料理中，常用紫苏配生鱼片。我国传统的芳香菜肴中也多用之。如菊花火锅、柠檬草烤鱼肉、薄荷叶烧蛋汤、香蓼烧牛肉等。下面介绍几种常用的香草调料的特点及应用供参考。

罗勒作为调料，在烹鱼或制作以西红柿为原料的菜时，如果用上罗勒（不论干、鲜），那么，这样的调味是很适宜的，性味辛温，具疏风行气、化湿消食、活血解毒的功效，可治外感头痛、食胀气滞。

艾蒿作为调料，由于其清香沁人，自古以来作为菜食之品。江南一带，常以鲜艾叶捣取汁与糯米粉和匀，染成青色，包入豆沙和菜肉，做成团子，作为清明时节必食之品，香糯可口。在烤鹅时，如以艾叶为佐料，那么它的风味就会更佳。

芹菜作为调料，芹菜本身是蔬菜，又可药用，有健胃、利水和降血压的功效。在我国，芹菜早就被当作调味品了，是古代 7 种调料之一。它本身有独特的芳香。唐代杜甫诗云："香芹碧涧羹"。芹菜作调料，在煮花椰菜、白菜和酸泡菜时，取一、两段芹菜放入锅中同煮，可去掉这些菜不好闻的气味。乡村做豆酱或麦酱，置入芹菜作佐料尤佳。如果将芹菜浸入白酒饮之，则浓醇清香。在法国，它经常被用作调味品，在生菜和汤里总要放上一点（牛尾浓汤里就有它）。正宗的罗宋汤也不少了它。做全素罗宋汤，便用芹叶及茎绞汁，滴入汤中，风味更好。

紫苏作为调料，应用广泛。如要使鱼骨酥软，可加些紫苏叶。这在明代的《饮馔服食笺》上就有记载："在鲫鱼治净，用酱水酒少许，紫苏叶一大撮，甘草些许，煮半日，候熟，供食。"据传，古时有一厨子烧的鱼特别鲜香，令人百食不厌，不像别人烧的鱼带着腥味。有人很想获知其有何秘诀，便暗中观察。原来他烧鱼时放了些紫红色的叶子，而上桌时为怕泄密，将叶子拣净扔去。这叶子便是紫苏。唐宋时期，紫苏的应用已较普遍，当时大城市中用紫苏制作的紫苏丸随时可以买到，是很风行的调味品。禾虫是广东人的美食，有一种吃法是用鲜禾虫为主料，以它的浆加醋调匀，蒸鸡蛋，所用的调料有南乳、蒜蓉、胡椒、料酒和紫苏叶。不仅广东人使用紫苏叶，湖南人也用，如烹制湘菜"子龙脱袍"（活鳝宰杀时脱皮似脱袍，故名）所用的及调料是香菇、笋、姜、辣椒、味精、酱油、香菜、胡椒面及紫苏。要想让河蟹吃得无腥又解毒，紫苏是必用的调料。方法是紫苏叶加盐与花椒，放沙锅内翻炒焙干碾成细末，把蟹脐扒开，撒于其中，捆好螯腿，上笼蒸透。

3. 作为食品加香剂　食品的香气不仅增加人们的食欲，而且也能促进人体对营养成分的消化和吸收。香气是食品的一种重要的感官指标。加香剂就是能够增强食品香气和香味的食品添加剂。食用香料一般由一种或多种有机物组成，凡是有香气的物质，其分子中均含有一个或数个发香的原子团，即发香团。这些发香团在分子中以不同方式结合，使食用香料具有不同的香气和香味。如香柠檬的主要成分为乙酸芳樟酯，留兰香的主要成分为L-香芹酮，薄荷的主要成分为薄荷脑，芫荽的主要成分为芳樟醇等。

常用食用香料植物及其产品作为加香剂，可加香于糖果、饮料、冷饮、糕点、饼干、香酒等，并用于配制柑橘型、果香型、薄荷型、辛香型、坚果型等香精。香精由香基、合香剂、修饰剂、定香剂组成。食用香料一般作为主香剂，再加合香剂，使香味在幅度和深度上得到扩散，并加修饰剂调整，最后用定香剂得到一定保留性和挥发性。

4. 制作香草醋、酒、酱、馅料、料理油等 用香草浸入醋中，就可浸制成西式风味的香草醋。香草醋是制作美乃滋和酱汁时最方便的柠檬代用品。制作方法是：用热开水消毒玻璃或陶制容器（不要用金属容器，以避免产生酸化反应），将瓶内完全擦干待用。将适量香草洗净并充分拭干水气，放入容器内，然后倒入醋，放在阳光不直射的温暖处浸泡3个月左右。其间要经常摇动瓶身使味道均匀。常用制作香草芳香醋的香草种类有：薰衣草、番红花、柠檬草、鼠尾草、牛至、罗勒、百里香、薄荷、金莲花、青紫苏等。香草醋可以同普通食用醋一样使用，除用于凉拌蔬菜、生菜沙拉外，也可当成烧烤肉类的沾酱，以提升肉质本身的甜味，还可与番茄的水果酸甜味共同调制菜肴，滋味相当美妙。

在饮料中可加入具有新鲜香味的肉豆蔻、薄荷、生姜、芫荽等，以不同数量添加，得到不同类型和风味的饮料。如在可乐型饮料中可添加植物精油如柠檬油、芫荽油、肉豆蔻油等。流行于国外的碳酸气味姜味饮料，其口味主要来自生姜油。

香草酒是指在高度的白酒或红酒中再加入适量的香草（干燥或新鲜材料均可）浸泡所得的美味可口的香草酒。它可以直接饮用，或用作调制鸡尾酒。其颜色多彩，风味独特。红酒中浸入香草，如薄荷、罗勒、薰衣草等，会使酒味变得更加绝美芳香，回味无穷。

将香草浸入果酒中，即可享受美味的芳香果酒。每日少量饮用，对身体大有益处，而且还能用于烹饪食料及制作点心。制作时，将洗净的香草擦干水，浸泡于水果利口酒中，避免阳光直射，约1个月后取出香草，慢慢使其成熟，即可使用。

适宜作香草酒的香草有：洋甘菊、矢车菊、锦葵、金盏菊、薰衣草、番红花等的花朵或全株；奥勒冈、山椒、紫苏、鼠尾草、百里香、罗勒、欧芹、牛膝草、薄荷、柠檬香茅、迷迭香、香蜂草、马郁兰等的叶子；茴香、芫荽、葛缕子的种子等。

如，香甜薄荷酒，是用干燥的椒样薄荷叶 20g，冰糖 150g（或果糖 100g），烧酒（白干）720mL。先在一只玻璃瓶中放入薄荷、冰糖和烧酒，然后置于阴暗处，偶尔加以晃动以使酒液均匀。约 3 个月后，取出薄荷，再静置 3 个月，可使酒味更加香醇。若能放上 3 年，所酿成的香浓醇美琼浆会使味蕾惊艳不已。

又如，迷迭香白葡萄酒，用白葡萄酒 1 瓶，新鲜的迷迭香嫩枝 3～4 枝。在白葡萄酒瓶中放入 3～4 枝迷迭香嫩枝，盖上瓶盖静置 3～7 天，使香味转移到酒液中。迷迭香的嫩枝可一直浸泡在酒中无须取出。也可用红酒、白酒、白兰地、伏特加、威士忌酒等代替白葡萄酒。

再如，薰衣草香味伏特加酒，在 300mL 伏特加酒中分 3 次加入薰衣草 50g。每次加入薰衣草后浸泡 1 周，取出薰衣草再添加。3 次后即完成单味薰衣草香酒的泡制，此酒可使用于料理或调饮上，也具有安眠效果，可令人安神熟睡。可用其他自己喜爱的香草来替换薰衣草，如迷迭香、罗勒、百里香等，但香草量需要加倍。伏特加酒也可以用白酒或威士忌酒替换。

百里香酒的制作是在白酒或果酒中加入百里香或柠檬百里香 2～4 枝，然后密封。3 天换 1 次香草。此酒风味十足，口感与美感均让人心旷神怡。

柠檬香茅鸡尾酒的制作方法是，取淡酒如果酒 1 瓶，碳酸汽水 1 瓶，柠檬香茅 3～5 枝。将柠檬香茅放入一个干燥好的干净玻璃容器中，注入果酒∶碳酸汽水（1∶1），加冰块密封。加入柠檬香茅，可改变风味与口感，并具有装饰作用。

将香草与其他做酱的材料打碎制成香草酱作调料用于料理，可使料理增加特殊的香味。如可用薄荷、百里香、柠檬皮等制成酱，具有浓郁的香味和水果香味，让人胃口大开，用于腥味较重的羊肉料理，既可以压住腥味，还能添加本身的香味，且浓浓的深绿色酱汁，使料理颜色漂亮，很难让人不动心。

我国传统的有紫苏子做馅的月饼、汤圆，艾叶制作的青团等。国外，常加入茴芹、迷迭香、百里香等，烤制西式糕点；还有人用芝麻菜、罗勒、薄荷、蜀葵、金莲花、百里香、鼠尾草、香叶天竺葵、香蜂草、马郁兰、奥勒冈、欧芹等，制作面包、点心、三明治、沙拉、意大利面或比萨等。不仅能够调理出轻松迷人的具香草味的美味，而且颜色诱人。

例如，香草奶油，制作方法是先选用百里香、细香葱、茴香、迷迭香等自己喜欢的香草，准备一块 200g 的奶油。然后，将奶油在室温下软化，混入切碎的香草，再放入一个可以密封的容器中，用保鲜膜完全包紧，然后放入冰箱凝固即可。

迷迭香苏打面包，用料主要有迷迭香适量（也可用百里香等其他香草代替），橄榄果 10 个，乳酪粉 3 大匙，低筋面粉 250g，苏打粉 1 小匙，酸粉 1.5 小匙，盐 1 小匙，砂糖 1 小匙，鸡蛋 1 个，酸乳酪 50g，橄榄油 50mL。烤制方法是，先将低筋面粉、苏打粉、酸粉混合过筛，再加入砂糖、迷迭香，充分搅拌成面团，并在面团中央挖一洞，然后倒入鸡蛋、橄榄油、酸乳酪混合，接着将面团做成圆形面团，最后放入烤盘，在预热过的 180℃ 的烤箱内烘烤约 20min，即成香甜适口的迷迭香面包。

德国洋甘菊酥饼，用德国洋甘菊 1 大匙，红茶 1 小匙，胡桃仁 20g，低筋面粉 120g，酸粉 1 小匙，奶油 60g，砂糖 50g，鸡蛋 1 个，牛奶 50mL。制作过程是：首先将低筋面粉和酸粉混合过筛，奶油加上砂糖打到变白为止，加上鸡蛋再搅拌均匀；把过筛面粉和牛奶分 3 次倒入打好的奶油中，搅拌均匀不使结块时，再加入德国洋甘菊（或用其他香草材料代替）。最后把面浆倒入酥饼杯内，在预热过的 170℃的烤箱内烘烤约 20min，即成芳香酥脆的饼。

薰衣草饼干的制作，材料选用薰衣草叶片或干花 6g，奶油 450g，低筋面粉 400g，砂糖 160g，鸡蛋 2 个，泡打粉 10g，小苏打 4g。将奶油、砂糖、鸡蛋搅拌均匀用打蛋器打发，将薰衣草干花用水浸泡一下，若用新鲜叶片则可切碎撒入到上述混合物中。再将面粉、泡打粉、小苏打混合，与前面做好的混合物搅拌混合，至看不到面粉，用保鲜膜盖好，放入冰箱冷冻室 1h 后取出，做成自己喜欢的形状及大小，放入预热到 180℃烤箱内烘烤 20min 即成。

香草料理油是用精制油，最好是橄榄油、茶树籽油等，浸泡干燥好的香草材料而成的食用芳香料理油。这种料理油既可以直接用于烹调菜肴，或当作酱汁使用。用香草浸泡的橄榄油，甚是可口，可以直接用来拌色拉，涂在面包上吃。如为了使烤鱼、烤肉入味，可在煎烤前先将香草油涂于鱼、肉类的表面；若想为意大利面、比萨、荷包蛋等料理更添绝妙风味，也可加入适量香草油于其中。用微波炉做日常料理时（图 8－3），如果加入香草或香草料理油，则香味会弥漫整个厨房，使人增加食欲。此外，香草料理油还可以用作保健按摩、美容护肤等。由于香草所含的芳香成分具有抗氧化性，所以香草浸泡的芳香油可以保存更长时间而不会变质。

图 8－3　美女与香草料理

适宜作浸泡芳香油的香草有：艾蒿、百里香、薄荷、番红花、茴芹、罗勒、迷迭香、牛至、柠檬草、鼠尾草、龙蒿、紫苏等。下面以鼠尾草香味橄榄油为例，简要介绍其制作方法。

材料：橄榄油 300mL，鼠尾草 75g。

制法：取鼠尾草 25g 放入橄榄油中，浸泡 1 周后取出鼠尾草再放入 25g 鼠尾草浸泡 1 周。此过程反复 3 次后约需要 1 个月，即完成这种单一香草风味橄榄油的制作，就可用于日常料理了。需要注意的是，盛放香草料理油的容器宜用玻璃，并要用热开水充分消毒后擦干水。香草也要洗净拭干水分，或用干燥好的香草。浸泡过程中，阳光不能直射，同时每日要摇动容器使其充分入味熟成。

可以使用其他自己喜爱的香草来替换鼠尾草，如薰衣草、迷迭香、百里香、罗勒等。这些都是意大利料理中不可或缺的香草种类。

蜂蜜也是西餐料理中常用的甜味料理，一般是在蜂蜜中加入几滴香草精油，然后充分混匀后，作为调味料使用。如 500mL 蜂蜜中可混入香茅精油 6～12 滴、或罗马洋甘菊精油 6～12 滴、或绿薄荷精油 4～9 滴、或薰衣草精油 6～12 滴、或柠檬草精油 4～9 滴等，制成芳香蜂蜜。

值得注意的是，不鼓励朋友们去食用精油，因为精油的功效太强，同时含有相当多的成分，如果不慎食用过多的精油，会造成肝脏及肾脏的负担，甚至造成中毒。所以，在食用精油前，需要掌握大量的精油知识，否则不要轻举妄动。食用时食用量一定要小，且要特别的小心，以避免发生意外。尤其是孕妇，千万不可以食用任何精油，而且外用精油时，也要特别注意，100％纯精油一定要稀释后才能与皮肤接触。

5. 烹制香草料理美食　随着人们对于健康的重视，吃花饭也成为流行风尚。过早降临的热天气里，人们更加期待清爽和干净的美食。夏天里，各个自然植物园、香草庄园里，可提供以鲜花、香草为材料的特制花饭。想想吧，在炎热的空气里呼吸，食欲迟迟不来的时候，一盘花饭、香草料理摆放在面前，清凉、自然的视觉体验，一定会使你难得有了大吃特吃的冲动。这样一盘花饭、香草料理，带来的是味觉、视觉、嗅觉的多重享受，实在是夏日美食首选。

香草上餐桌，其香味在吊人胃口中起了决定作用。传统医学、现代医学都一致认为，香气能提神，能益智，还可以使人镇静、轻松、愉悦。正因如此，过去多少饭店、酒店都崇尚在门口高高挂起闻香下马的匾额，以香招客，活跃经营。而现在，香草的魅力也使香草的应用更为广泛了。

香草在西式烹调中被广泛运用，尤其是西式烹调中最为讲究的法国餐中，应用更普遍。那么，香草为什么能在法国餐的烹调中占有重要地位呢？首先是因为在各种菜式中，只要添加独特的少量香草，就能营造出千变万化的风味。例如，做沙拉调味的油醋汁（用醋和橄榄油制成），再加入新鲜的荷兰芹碎叶或普罗旺斯香草粉，则风味便更加独特，除了能带出食物原有的味道，更能保持充满个性的味道。如果再加入其他香草，在组合之余能变化出各种清新可口的味道来。香草的应用范围很广，无论是在烹鱼、烤肉前洒在肉上，或者是做佐料，都能增进菜肴的美味。其次，香草还能帮助消化，香草中含有多种维生素和钠等矿物质，有利于身体的健康。此外，在腌制食物时加入香草，不但味道更好，还具有防腐的作用。在法国有不少历史悠久的香草老店，把各种各样的香草放在展示柜里，像中药一样，还可以按照客人的口味需要，将几百种香草自由搭配、调配出不同的香草粉末。

总之，香草是菜肴的添加剂，能使菜肴锦上添花。只要发挥丰富的想象力，合理运用高质量的香草，就可以用不高的成本创造出上等的美味佳肴。现举几例香草佳肴，以达抛砖引玉之效。

百里香炒饭　材料：白米饭 2 碗，洋葱 1/2 个，鸡蛋 1 个，火腿 2 片，百里香、盐、胡椒、油、料酒适量。制法：先将鸡蛋打碎加水炒成，然后将火腿丁、洋葱丝等加油略炒，加入盐和胡椒和米饭混炒均匀，最后加入炒好的鸡蛋半拌入百里香即成。

迷迭香鸡腿　材料：鸡腿 1 只，迷迭香 1 枝，长约 15cm，生粉、盐少许。制法：鸡腿去骨剔筋，抹上盐，然后沾生粉。将迷迭香切碎沾在鸡腿上，下油锅煎至金黄色。起锅后淋上迷迭香酱汁即成。

鼠尾草烤猪腿　材料：带骨猪腿2只，鼠尾草3枝。酱油、盐、味精少许。制法：将猪腿洗净，用鼠尾草、酱油、盐、味精混合腌渍1天。烤箱预热170～200℃，烘烤15～20min。取出后装盘即成。

胡椒薄荷排骨汤　材料：胡椒薄荷、新鲜排骨、调料。制法：将新鲜排骨放入沙锅炖熟，放入适量的盐、味精，待汤出锅前将胡椒薄荷放入沙锅内连汤一起倒出即可。

罗勒西红柿色拉　材料：西红柿2只，菲打芝士75g，罗勒、各色橄榄及生菜适量，西班牙汁水50mL。制法：西红柿去蒂切成橄榄形块。菲打芝士切成方块，用西班牙汁水拌匀。生菜放在盆的一边，中间放西红柿块和菲打芝士块，旁边撒上一些橄榄和罗勒叶作装饰即成。

香叶菊炒鸡蛋　材料：香叶菊新芽嫩叶，土鸡蛋2只，精盐、味精少许。制法：将新鲜香叶菊叶洗净切成米粒大小的碎片，取鸡蛋两粒打入碗中和香叶菊叶一起搅拌，加入适量精盐、味精再搅拌1次。最后将拌好的材料放入锅内炒，以微焦为宜。

香茅烤鲫鱼　材料：鲫鱼4条，新鲜香茅草8根，精盐5g。制法：将鲫鱼先腌制入味，绑上新鲜香茅根，再放入烤箱中烘烤至金黄色即成，色味俱佳，干香味道浓郁。

（四）食用香草注意事项

1. 正确认识香草的种类与特性　全世界香草有3 000多种，中国原产的也有2 000多种，每种的形态、功效皆不相同。因此，在具体应用时，就要认真识别区分，不要把香草的类型、品种弄混淆，否则将产生无法预测的效果。

图 8-4　闻香识香草

不同的香草，由于其特性不同，含有的有效成分也不同。所以，其制品的特性、功效也就不同。如果误用，不但不能达到既定的效果，可能还会适得其反。如果自己不太懂，一定要请专家或医生进行鉴别（图 8-4），千万不要贸然应用。

要正确地区分香草，首先应查阅有关书籍，查看它的拉丁学名。一种植物只有一个拉丁名，如果一个中文名植物它有两个拉丁文学名，则可以肯定地说这是两种植物，尽管它们的中文名称相同，它们也不是同一种植物。为方便读者查证，已经将部分香草的中文名称与拉丁学名列于表 2-1 中。下面再将几种比较容易混淆的香草加以比较，以便使用者鉴别使用。

（1）罗勒（*Ocimum basilicum*）与紫苏（*Perilla frutescens*）二者均为唇形科，但罗勒为罗勒属，别名气香草、九层塔、甜罗勒等，以叶片及花入药，茎叶均为绿色。紫苏为紫苏属，别名赤苏、红苏、红紫苏等，叶片紫色或紫绿色，以幼嫩的枝叶及种子入药。

（2）德国洋甘菊（*Matricaria chamomilla*）与罗马洋甘菊（*Anthemis nobilis*）　德国洋甘菊为母菊属一年生草本，花朵稍小，花瓣窄，银白色，花蕊深黄色，具水果般的甜香味，还带点让人有醉意的清香味，是欧洲很普遍的家庭园艺植物，用途广泛。罗马洋甘菊为春黄菊属多年生草本，匍匐生长而高度较矮，花朵较大类似雏菊，花心不明显外凸，散发的气味强烈，但是不如前者甜。

（3）鼠尾草（*Salvia officinalis*）与快乐鼠尾草（*Salvia sclarea*） 二者株形相似，比较难以区分。但是，快乐鼠尾草的花瓣末端有个硬块，而鼠尾草没有。更值得注意的是鼠尾草精油中侧柏酮含量较高，毒性强于快乐鼠尾草。因此，建议使用快乐鼠尾草的精油代替之。

（4）柠檬香茅（*Cymbopogon citratus*）与柠檬（*Citrus×limon*） 二者比较容易区分，因为柠檬为木本灌木状，而柠檬香茅为禾本科的多年生草本。尽管柠檬香茅名字中含有柠檬二字，区别极大，二者的精油作用也极为不同。

（5）玫瑰草（*Cymbopogon martinii*）与玫瑰（*Rosa rugosa*） 二者也比较容易区分，玫瑰为灌木，玫瑰草为草本。但不要把二者的精油弄混淆了，二者的精油功效明显不同。

（6）洋茴香（*Pimpinella anisum*）与茴香（*Foeniculum vulgare*） 洋茴香为茴芹属一年生草本，别名茴芹，株形细长，高约 40cm，全株具非常清新的芳香味。茴香是小茴香的别名，又名茴香、小茴、小香等，为茴香属二年或多年生草本，基生叶较大，茎生叶较小，3～4 回羽状分裂，株高 50～200cm。

（7）万寿菊（*Tagetes erecta*）与孔雀草（*Tagetes patula*） 二者均为菊科万寿菊属，但万寿菊茎光滑粗壮，绿色或洒棕褐色，头状花序较大，有明显的臭味。孔雀草则茎细长，有紫晕，头状花序较小，臭味比万寿菊弱。

（8）艾草（*Artemisia argyi*）与艾菊（*Tanacetum vulgare*） 艾草与艾菊二者均为菊科多年生宿根草本，但不同属，前者为蒿属，后者为艾菊属。但是，二者在形态相似，比较不容易区分。艾草原产地为温带地区，别名野艾、苦艾，株高比艾菊稍低，叶片较小，主要用于止血、消毒，具有驱邪、净化之功效，并有温经活络、驱寒止痛、美容养颜、延缓衰老之功能。而后者艾菊，原产欧洲，散发类似樟脑丸的味道，故主要用于驱除蚊虫。

（9）马郁兰（*Origanum majorana*）与野马郁兰（*Origanum vulgate*）　马郁兰是唇形科牛至属多年生草本，又名野生牛至、甜蜜马郁兰。原产于欧洲和西亚，其精油味道很温暖，可温暖心灵和身体，生活中多用之。野马郁兰是牛至的别名，原产于地中海，其精油使用禁忌较多，不适合加入按摩油、泡澡、香熏，所以应用较少。

（10）广藿香（*Pogostemon cablin*）与藿香（*Agastache rugosus*）　广藿香又名枝香、刺蕊草，茎直立分枝，密被短柔毛，花期4月。主要用于抑菌和治疗寒热头痛、止泻等。藿香别名土藿香、野藿香、大叶薄荷等，叶较大，顶端锐尖。花期6～7月。主要有健胃、抑菌作用。

总之，在使用前，如果自己实在不知道，或弄不清楚自己将要使用的香草或其产品的特性，除要认真查书寻证外，最好是请教专家或医生。在未弄清之前，千万不要贸然用之。

2. 重视香草植株的干燥　在生活中使用香草的时候，由于使用新鲜材料会受到季节时间的限制，所以最好将其干燥，以便长期保存下来使用。

干燥的方法有自然干燥、干燥剂干燥、添加药品干燥等，最适宜的干燥方法是自然干燥，这也是最天然和环保的干燥方法。一般是将香草材料倒挂，或直接插在容器中，或将材料摊开平放自然干燥。倒挂法最简单，如薄荷、迷迭香、百里香、罗勒、薰衣草、鼠尾草、葫芦巴、香蜂草等均可使用此法干燥。在干燥过程中，要经常检查，防止重叠部分发霉变黑。对于种子易散落的材料，可把带种子的部分套在打洞的纸袋中自然干燥。如果插在容器中进行干燥，还可以布置成景致供欣赏。对于小枝、叶片、花朵等无法成束的部分，需要用摊开平放的方法干燥，如罗勒、薄荷、香蜂草等的叶片，春黄菊的花瓣等。

值得注意的是，用作干燥的材料要在适宜的时期采收。否则，采收的材料质量差，精油成分少，使用效果不好。适宜的采收时期是在植株开花之前香味最浓郁的时候，即花苞已经鼓起，眼看着就要开花之前采收最为适宜。采收宜选择天气晴朗的早上，采后冲洗干净，拭去水分，去除病、虫、残叶，然后分门别类地加以干燥。

干燥的场所也很重要。通气良好、凉爽而没有阳光直射的地方是自然干燥最理想的场所。光线不能太过明亮，否则容易导致退色。湿气也不能太重，否则容易发霉腐烂。

干燥好的香草材料，要存放在密闭的罐中保存。

3. 合理保存或贮藏 新鲜香草，如果当次或当日使用不完，可以装入塑料袋内保存，或放入冰箱冷藏室贮藏，或放入冰箱的冷冻室长期保存。

也可以用干燥的方法保存。如可将鲜香草颠倒悬挂于通风处晾干，不要晒太阳，当需要用的时候直接剪取入菜即可。或采用平铺法，将鲜香草放在网架上摊放在阴凉通风处风干。采用此法，香料叶片不会在风干过程中，因水分的丧失而紧缩，很适合用来制作圣诞节的花环，或装饰用的香料束。使用干燥剂，用类似压花工艺的花材处理方法，找一个箱子，在底层铺放干燥剂及网架，再把鲜香草放在网架上，密闭 2 天左右即可。

或者用酱渍法保存鲜香草。方法是先以干净纸巾将香草的表面水分拭干，放入密闭的容器里，然后再倒进盐、酱油、醋、糖浆、蜂蜜、奶油、橄榄油或各种植物油、辣椒酱、沙拉酱、果酱等酱渍溶解物。此种方法对干、鲜香草都适合。但若是以鲜香草酱渍使用，建议还是装瓶后放入冰箱保存为好。

将新鲜香草加水制作成香料冰块保存，是现代餐饮中使用香草的新方式。如以迷迭香、薄荷叶、紫苏叶、百里香、麝香草等鲜香草制成的香料冰块，可当做一般冰块使用，也可以在烹制菜肴时直接将香料冰块放入。若将香料冰块加入冷饮、冰红茶、鸡尾酒或其他调酒中，则可增添美丽巧思，更能增添饮料风味。当香料冰块慢慢溶化，可以看见鲜嫩的香草绿叶或花朵，飘浮于微微透明的饮料或酒水中，会令人产生无尽的遐想。

家庭少量使用的干燥香草，可将其以盐水浸泡，洗净擦干，放在盘子上入微波炉（加热约 3min）或烤箱干燥，成为干燥香草备用。存放干燥好的香草，要远离潮湿地方，不然则很容易发霉败坏。最好用玻璃瓶罐、玻璃瓶或陶瓷罐保存，并在玻璃罐或瓶内加放 1 包干燥剂，以延长干香草使用寿命。尽量不要以铁器物、纸袋、纸盒或塑胶制品储存香草，这是因为香草的挥发油容易和铁制品发生化学变化，而纸制品则又易吸潮，塑胶制品则容易因挥发油的渗透让塑胶变软或释放出塑胶味，因而会影响香草的香味。冰箱也是香草绝佳的冷藏处，建议用个密封式收纳盒，把香草瓶罐收在一起放进冰箱中。

香草也可以采用速冻保鲜技术。在欧洲，新鲜香草多采用速冻技术来进行贮藏和保鲜。从干燥香草至冷冻香草的转变是植物保鲜技术的重大进步。相比较而言，传统的干燥香草因它自身的加工工艺会破坏香草原有的颜色和口味，使它在调味和装饰作用上不那么尽如人意。特别是在酱料生产应用中，干燥香草暗淡的颜色在原本浓重色系的酱料里面起不到点缀作用，难以突出。而速冻芳香料理香草从技术上解决了这个问题，不仅能够丰富酱料色彩，而且真正增添了味觉上的层次。

速冻芳香料理香草从采摘到工厂加工都保证在 1h 之内，这确保了香草的新鲜，使它从颜色、口感和气味而言，更接近新鲜香草。从 1976 年冷冻芳香草本植物创新出来，至今冷冻香草已经有将近 40 年的历史。在欧洲零售市场，越来越多的家庭主妇选择使用速冻芳香料理香草，不仅由于它的口感和新鲜香草接近，而且它在一年四季都可以供应。在餐饮行业，厨师也更愿意用冷冻料理香草，它使用简便，从冰箱拿出来即撒，完全省去了加工的时间和成本。

4. 使用禁忌　美国的研究结果表明，香草、药草、野菜等食材的运用，要看个人生活智能，才能开发其中蕴含的美妙风味。适当运用，可以取代盐、糖、味精等人工香味料，对健康来说，相当有益。

但是应特别注意的是，怀孕的准妈妈最好暂时远离香草、药草、野菜。这是因为其中的成分，可能会影响胎儿或孕妇的缘故。所以，孕妇最好与主治医师讨论自己的饮食习惯，才能确保小宝贝的健康发育。

再次提醒的是，芸香的叶子、金银花的果实、聚合草的根等，绝对禁止用于制作香草茶和香草料理。

二、香草茶

（一）香草茶的概念

中国传统的茶（Chinese Tea）是用茶树（*Camellia sinensis*）的嫩叶制成的，历史非常悠久。据传说，我们的祖先在南宋时就知道，在绿茶（Green Tea）中加入茉莉花等香料，则茶的香味更加怡人，可见我国人民饮用茉莉花茶的历史之悠久。花茶最早以文字的形式被记录下来则始于明朝。明人钱椿年在其所著的《茶谱》里不仅记载了十几种制茶的花种，而且还记录了具体制法。其绝大多数花茶是“……用瓷罐，一层茶，一层花，相间至满，纸条扎固，入锅重汤煮之，取出待冷，用纸封裹，置火上焙干收用。”其中以荷花茶的制作方法最为奇特：“于日未出时，将半含莲花拔开，放细茶一撮，纳满蕊中，以麻皮略扎，令其经缩，次早摘花，倾出茶叶，用建纸烘干收用，不胜香美。”

当下，用时尚的香草也可制作成茶，简称为香草茶，或药草茶（Herbal Tea），但是这类香草茶则不同于中国的传统茶（茶树叶煮泡而成的饮料均称为中国茶），也不同于药用保健茶（除茶树之外的植物材料制成的饮品，以原料名为其茶名，如人参茶、枸杞茶等。由于其多作为保健疗疾的疗方，故而被称为保健茶）。但是，香草茶，它是基本不采用中国茶叶，而是全部地采用香草的器官作为入茶的原材料，如茎叶、花蕾或花朵、果实或种子，甚至根段也可入茶。香草茶也具有医疗和保健养生功能，但通常不是苦口良药，而是味道非常香甜，其特点是具有芳香性、营养性、药用性和色彩性等，让人联想到天然、健康、养生等，越喝越想喝，越喝越健康，故而越来越受到人们的喜爱。

欧洲人早在300年前已经有意识选择一些色、香、味俱全，又有一定保健功能的植物调配成日常饮料，称为芳草茶（Herbal Tea），渐渐将芳草茶发展成一种休闲情趣饮品。在古罗马作家老普林、迪欧柯里德斯等所的本草书籍中，就有香草茶的配方记载。这股风气很快传遍欧洲，继而传入美国、日本，近几年又在中国港台、内陆风行。饮用香草茶，让人仿佛置身于美丽的大自然，身心得到松弛，给人一种愉悦的感觉。所以，香草茶颇受节奏紧张的都市人欢迎。

（二）香草茶的研究现状

新疆芳香植物科技开发股份有限公司在“地中海沿岸芳香植物引种栽培研究”课题的基础上，在2001年首先设立了香草茶研究的科研项目，委托上海交通大学农学院芳香植物课题组进行联合攻关。该课题组已经完成了对14个芳香植物品种的无机成分分析；提取了这些品种的香气成分并通过气质联用仪分析了精油成分；完成了单品茶及复合茶的毒理性检测分析；制作样品进行了品味调查实验；完成了3个单品茶及8个复合茶的配方等。香草茶的研制成功为我国饮品市场增添了新的活力，满足了人们日益增长的生活需要。香草茶的研究，应用前景很广，经济、社会和生态效益很大。

香草茶，如用蒲公英、柠檬草、柠檬马鞭草、罗马甘菊（彩

图5-16)、春黄菊、甜叶菊、鼠尾草、薰衣草、薄荷等制作的香草茶，由于具有释放芳香气味及茶里面会溶解出单宁酸、黄酮类、维生素、矿物质等水溶性成分，特别是其中含有许多可使活性氧变得无害的抗氧化成分，能够延缓衰老的过程。所以，其功效主要具有将体内毒素和老化废物排出体外，带给身体活力以至于舒缓和镇静的效果；具有提高利尿、新陈代谢和有助于缓和冷性体质和浮肿，利于美容健身的效果；具有促进身体强壮、消除疲劳、提高身体活力的作用。

香草茶对于人体具有保健、养生的效果。一是松弛的效果，可镇静身心，去除紧张，安抚烦躁的情绪，恢复身心的平衡；二是提振精神的效果，可增强身心的活力，有助于消除疲劳；三是具有利尿的效果，促进体内毒素迅速排出，加速新陈代谢，故有助于美容和健康。如迷迭香茶，具有提神、增强记忆力、舒缓压力大引起的头痛与紧张，兼有调理贫血、淡化褐斑和护肤润肤的功效。薰衣草茶，具有安神助眠、缓解精神压力和消炎祛斑的作用。金盏菊茶，具有消炎、祛斑、防暑、止渴、健胃、养肝、醒脑的作用。

（三）香草茶的市场前景

随着科学技术的发展，人们越来越崇尚绿色食品，崇尚回归自然。香草的定位从医疗方面更转而成为养生保健。香草茶在欧洲已排为第三大茶（红茶、咖啡茶分别为第1和第2），日本的香草茶已经有40年的历史，我国台湾是从20世纪90年代开始饮用。现在，在我国国内茶市场上，已经有少量进口的香草茶，一些企业也已经开始生产自己的香草茶了。

经过市场调查，人们普遍认为，香草茶不仅香气怡人，而且在保健上有独到的功能，能起到缓解神经性的紧张，解除疲劳，促进消化，美肤养心等作用。由于其自然淳朴、健康天然，因此适饮范围比较广（除孕妇和婴儿外），几乎各个阶层，各种职业的人都可以饮用，尤其适合于年轻人及白领阶层。香草茶既可以通过年轻人推广至各个年龄段，又可以以一个城市消费为热点铺展到全国。

香草茶对美容有重要作用。常言道，人类最健康的饮料是茶，女人最经典的饮品是花。所以古人有“上品饮茶，极品饮花”之说。这里的“茶”指中国茶，“花”指香草。以花代茶饮用的方法，来源于古代宫廷贵人的美容习惯。在印度和中国的茶叶出现以前，香草茶就已被皇妃贵族的女子们广泛饮用。16 世纪，妇女们还习惯在身上佩带装有花草的布袋，以防止细菌感染，并达到芳香的效果，当时也已经把香草等中药材用于烹饪食品上。中国第 1 本药草志《神农本草经》记载了 300 多种中草药植物，其中收录了大量的具有美容和保健作用的花草品种。辽金时代的萧太后，经常冲泡金莲花饮用，因而皮肤白皙，中年以后依然青春靓丽。清朝宫廷饮用香草茶非常盛行，尤其推崇采自塞外坝上的金莲花。康熙皇帝曾御笔题词“金莲映日”，以表赞赏之情，并列为宫廷贡品。乾隆皇帝也在《御制热河志》中封金莲花为“花中第一品”。

现代的女性，在科技时代的熏陶下，也终于回头向天然中寻求真正的美容养颜出路。所以，近几年从台湾开始，在中青年女性中开始流行喝香草茶。这种时尚很快在中国香港及新加坡、日本等地的女性仿效，在东南亚地区掀起了一股香草茶的热潮。近几年，我国上海、浙江、江苏、广州、北京、天津等地，也跟上了这股香草茶新潮。有资料显示，饮用香草茶是女性最天然的养生养颜办法，也是净化体内毒素的最佳途径。因此，香草茶将成为现代生活中必不可少的生活必需品，既有营养、保健、养生功能，也有调理心情、提高品味、促进和谐之效。

（四）香草茶的产地

用作香草茶的香草，其原始产地几乎遍布全球。因为香草的生命力很强，除了在原产地生生不息之外，还能扩展到土壤及气候都相宜的其他栽培地，成为大量种植的经济作物。目前世界上集中生产香草的地区主要集中在以下几个地区，各地产的香草的特性也因地而异。

1. 地中海沿岸 本区是许多常用香草的故乡，“Herb”一字就是源自于此地的拉丁古语“Herba”（意为草、草本）。由于当地艳阳普照，夏季又少雨，生长的香草的叶片小型，如唇形科的薰衣草、迷迭香、鼠尾草、百里香等；但是，由于叶片中存在着香草精油以保留水分。因此，不但成为天然香精的原料，在药效上也更丰富、更持久。此外，干暖的地中海型气候区，天生就是能使香草自然干燥的绝佳环境。这些条件配合上农家的“有机耕作”，所生产的香草品质极为优良。

2. 欧洲 欧洲的中部、北部，属于比较凉爽的大陆性气候，除了薰衣草、牛至、洋甘菊、莳萝等原有的品种外，也栽培具经济价值的外来香草。欧洲拥有强大的研究开发及经贸能力，所以，它成为香草茶商品的最重要发行地，也是推广和消费香草茶的主要地区。

3. 亚洲 本区的中国、印度都属于文明古国，将植物药用或食用已有久远的历史，称得上是最早、最普遍将香草应用于生活的地区。此区生产的香草种类常具有扑鼻的香气，或较辛烈的口味。虽然如今这里的人民已习惯将上述香草视为食品，反而很少当作药物来用，但它们庞大的医疗潜力相继为欧美医学界所证实，尤其是对癌症、高胆固醇、高血压等疾病方面的治疗作用，值得现代人重视。

4. 美洲 欧洲人发现新大陆后，将美洲印第安人对香草的知识与应用引进到欧洲，于是如甜菊、柠檬马鞭草等，日益为外人熟知。比较而言，南美洲以生产香草并直接应用为主；北美洲的美国、加拿大等国则在日渐感受到化学药品的副作用后，转而热衷于研制以香草为原料的药品。

（五）香草茶的选购与保存

高级香草茶要求香气鲜灵，浓郁清高，滋味浓厚鲜爽，汤色清澈，淡黄、明亮。叶底细嫩、匀净、明亮。

香草的香味最浓时，即是所含的有效成分最多的时候。此时采集的原料冲茶效果最好。一般而言，叶子是在开花前，花蕾是在即将绽开之时。若用根，则是在秋季为好。

香草茶的原料可选择刚摘取的新鲜枝叶花果等，也可以选择干燥好的风干茶包。当然，如果环境许可，最好是自己栽植，摘下来晒干保存为好，这样一年四季均可喝到自己亲手特制的香草茶。

干燥的香草茶包可在商店中购买。一般市售的香草茶原料多为由欧美进口的罐装或袋装单一品种，很少有是数种香草及果实或种子粒复合的。选择的要领是：

第一，选择声誉良好的供应商，其原料中掺杂物的概率小，有明确的信誉标识。

第二，要注意原料的新鲜度，可从原料外形与颜色来判断。然后嗅其是否自然透出干爽的清香。接着可拈少许搓揉，凡绵软、色灰、味霉的为劣质货。为确保品质，避免发霉或潮湿，铝箔纸包装，能保持较长时间的鲜度。包装密闭或加有干燥剂，会令人比较放心。

第三，香草茶必须能够食用（但是要注意有些香草是不能食用的）。

第四，注意包装上的生产日期和有效期限。

第五，少量购买，选择小包装为好，一般以半年能饮完的量较为适宜。

自己种植的香草，采收后经除杂整理，挂于阴凉通风处自然阴干，或置于容器中通风阴干，可以慢慢享用。也可以利用烤箱或微波炉将其烤干，待干透之后放入密闭容器中，避开阳光、高温和湿热保存。购买回来的香草茶，保存的重点是防潮防走味。放在冰箱内或与气味强烈的物品并存，是存放香草茶的大忌。存放地点一般以阴暗、干燥、通风的地方最为理想，最好将之放入密封罐，才能既防潮又防虫。不同种类的干燥香草应尽量不要混合存放。如果按上述正确保存方法，一般可存放1～2年。但放得越久，原料的色泽与香味便越衰退。

（六）香草茶的冲泡与文化

1. 冲泡器具 茶壶，可用陶质或用耐热玻璃质的，以后者为佳。因为玻璃壶透明，注入热水后，香草的叶或花等就会慢慢伸展，在嗅闻香草叶或花被热水浸泡后挥发的香气的同时，人们还可欣赏到浸在热水里面的花或叶等器官显现出来的诱人色泽。除此之外，如果使用能够维持茶温的热茶器，或有捣碎硕果或种子的研钵和研杵，那就更加方便了。

茶杯，又称为茶盏，种类可以不拘。但是，为了欣赏香草茶色泽，最好使用内侧为白色的陶瓷杯。用玻璃质的也可，但其必须能够耐热，尤其是不要用泡冰茶的杯子，因其更是容易破碎。中国很早以前就有专门用来冲泡香草茶的附有滤茶器的茶壶和杯子。在欧洲，专门用于香草茶的杯子也很常见，里面附有滤网，不必再用滤茶器，因而也不需要专门的茶壶，喝完后收起来也很省事。

2. 冲泡方法 冲泡香草茶并不复杂，与冲泡普通的中国茶有许多共通的原则。冲泡香草茶，犹如把玩1件茶的艺术品，令人鼓舞。

饮香草茶，有不少人喜欢先欣赏一下茶料的外形，通常取出冲泡1杯的花茶数量，摊于洁白的纸上，饮者先观察一下花茶的外形，闻一下香草茶的香气，以增添情趣。

香草茶的泡饮方法，以能维持香气不致无效散失和显示特质美为原则，这些都应在冲泡时加以注意。冲泡的分量可以用茶匙来控制，以小量匙的分量为准。浸泡时间，一般以 3～5min 为宜，然后倒出即可。

现将具体冲泡及品饮程序简述如下（干燥茶料、新鲜茶料均可）：

（1）备盏。即选择冲泡品饮香草茶的茶具，可选用白色有盖瓷杯，或盖碗（配有茶碗、碗盖和茶托），为提高艺术欣赏价值，最好采用透明玻璃杯。如果用煮茶法，则宜用不锈钢、玻璃或陶瓷材质器皿，不能用铁制或铝制的器皿。

（2）烫盏。将茶盏置于茶盘，用沸水高冲茶盏、茶托，再将盖浸入盛沸水的茶盏中转动，然后去水，此过程的主要目的在于清洁茶具，同时再加入沸水冲泡时不致温差太大，以免影响茶香的发挥。

（3）置茶。用竹匙轻轻将香草茶从贮罐中取出，按需分别置入茶盏。用量结合各人的口味按需增减。若用新鲜材料，采来后用清水冲洗干净，枝叶较大者要先剪碎，香料籽或果实等坚硬的茶料要稍微捣碎。

（4）冲泡。向茶盏冲入沸水，通常宜提高茶壶，使壶口沸水从高处落下，促使茶盏内茶叶滚动，以利浸泡。一般冲水至八分满为止，冲后立即加盖，防止药草中的挥发油随着蒸汽散逸，以保茶香。

焖泡时间根据茶料的质地而定。一般而言，易释出滋味的花、叶茶料，可焖泡 5～15min，种子、茎段、果实、树皮或根段等，则需要焖泡 15min 以上。泡久了，会产生涩味，茶色也不清澈。香草花茶一般可冲泡 2～3 次，第 1 次浸泡，时间可久些，回冲可以稍缩短时间。接下去 3 次以后，茶的香味就变得极淡了。如果喜欢香甜的味道，可加入适量蜂蜜。如果想喝冰茶，在茶杯中加入冰块，然后再冲入泡好的茶水。

如果你想享受自己独创的混合滋味时，可以多用几种香草混合泡茶，以获得味道和香气更丰富、药效得到加倍的香草茶。当然，首先你要品尝过多种香草单独的味道和香气，然后才有经验进行混合试配。非常相配的组合有洋甘菊与薄荷、洛神花与玫瑰果、玫瑰和柠檬草等。有些材料如德国甘菊、洛神花、薄荷、柠檬草、玫瑰果等，可与其他任何种类搭配都很不错。加上这些材料，味道会变得更圆润可口。搭配的分量可以是等量，或者加重某一成分。考虑到香气的浓烈与否，要根据自己的喜好来组合。每种香草冲泡出来的颜色都有不同的美感，洛神花的鲜红色、玫瑰果的深橘色、锦葵的紫色、金盏花的鲜橘色等。混合后，颜色更加迷人。锦葵加上薰衣草，泡出来的茶色和气味宛如原野上盛开的薰衣草；洛神花或玫瑰果加上粉红玫瑰，就会产生深粉红色的茶色。一般以自己喜好的香草为底，再配上其他的香草即可。注意混合的种类不要超过 5 种，冲泡之前要弄细碎些，才能混合均匀。

3. 品饮

（1）闻香。香草茶经冲泡静置 3min 后，即可提起茶盏，揭开杯盖一侧，用鼻闻香，顿觉芬芳扑鼻而来。有兴趣者，还可凑着香气做深呼吸状，以充分领略香气对人的愉悦之感，人称“鼻品”。

（2）察色。一是注意观察茶叶的形状与色泽，二是注意茶水的颜色。不同的香草茶，冲泡以后的茶叶形状颜色与茶水色泽等质地不同。茶叶要伸展，茶水色泽要清澈纯正。

（3）呷茶。经闻香后，待茶汤稍凉适口时，小口喝入，并将茶汤在口中稍作停留，以口吸气、鼻呼气相配合的动作，使茶汤在舌面上往返流动 1～2 次，充分与味蕾接触，品尝茶叶和香气后再咽下，这叫“口品”。所以民间对饮香草茶有“一口为喝，三口为品”之说。如果想使茶的颜色鲜明，可以加入一些柠檬汁，且香气更加平易近人。如果想喝甜味，除可加蜂蜜或红糖外，还可加入甜菊、冰糖。

4. 品茶文化　品茶的环境氛围很重要。品尝自然风味的香草茶，宜挑选一处阳光柔和的位置静坐，搭配一盘清淡爽口的点心，或独自捧一本文学作品，聆听一曲新世纪时尚音乐，或三五好友轻谈浅笑，享受一段悠闲时光（图 8-5）。

图 8-5　香草经典茶文化

品茶时间要合适。因个人情况、习惯不同而定。一般晨起可品尝提神的薄荷茶；餐后不妨辅以促进消化的柠檬马鞭草茶；睡前宜饮用助眠的柑橙花茶。

茶后抒情。人们在品饮香草茶时，总忍不住心头的激动，触景生情生出一番感慨来，以显示自己的文化底蕴，表明自己的脱俗、高雅气质，这便形成了香草茶的品尝文化。

有一文化人品尝花草茶后曾写道："……那座日光罕见的城市里，茶馆遍地开花，在人声、搓麻声鼎沸交织的热汤中，熨烫着茉莉花茶处处留芳。……偶尔来了闲情雅致，和三五好友小聚，去得最多的是那藏于街边巷陌的庭院式咖啡馆，喝得最多的，不是咖啡，而是薰衣草。紫中带灰的、如小米粒状的花籽，冲下热水，便在透明晶莹的玻璃茶壶里尽情翻腾起来，若是在茶壶下放个小小的蜡火，稍稍煨热，更是出色、出味。倒进精致的白瓷小杯中，不张扬的淡紫色，安详而宁静，若是加了黄色的柠檬片，即化成一片酡红的云霞，在橘红色的灯光照耀下，更是明艳。薰衣草入口微苦，有着淡淡的药香，熏得总叫人生出几丝沉醉来。若把茉莉花茶比做清新可人的邻家女孩，薰衣草便是那带有几分不食人间烟火的绝代佳人。”

总之，以眼、鼻、舌拨弄着各式各样的香草茶，品茶人自也会随之调和出不同的心境。恬淡也罢，惆怅也罢，沉入这香草茶间，且忘却屋外是骄阳似火，或月光如水，或忘却一切生活中的不快、烦恼。

（七）香草茶与中国传统茶的混合

香草茶可以和中国绿茶混合进行泡饮。一方面可享受香草茶的芳香，另一方面又可以品味中国茶的美味。红茶也可以与香草茶混合，当加入柠檬草时，会产生柠檬茶一般的芳香。如果再加搭配薄荷、玫瑰、肉桂等花草，产生的清香会比在红茶中添加香料制成的加味红茶自然许多，令人回味无穷。与红茶搭配的香草有甘菊、锦葵、薄荷、薰衣草、玫瑰、橙花、白豆蔻、肉桂等。冷热饮用皆可。搭配的分量，一般红茶可占 6～8 成，花草占2～4 成。

（八）香草茶的饮用注意事项

由于香草使用情形各自相异，食用不当会对人体造成伤害。即使是对身体有益的香草，也不应该摄取过多。特别是孕妇及在怀孕期间，一定要特别注意控制下列香草的摄取量，千万不可大量使用，以免对身体造成不良影响。它们是茴香、罗马洋甘菊、锦葵、胡椒薄荷、小白菊、尤加利叶、斗篷草、大黄等。

传统的中医著作中，明确指出所有花类均属寒性，而女性属阴，阴者寒也，也就是说寒药治热病。寒性体质饮用花卉茶，应该加入一些热性的成分，以便平衡药性、增进功效。比如喝菊花者加点枸杞；喝玫瑰花者滴点红酒；喝桂花者加点甘草等。切记不要喝单一的香草茶，否则喝多了容易体虚、过敏、咳嗽或产生白带过多。

香草茶饮用时，撕开茶袋，先取出蜂蜜袋，将茶料倒入透明玻璃水杯，再撕开蜂蜜袋将蜂蜜加入。冲入约 1/3 的开水，轻轻摇晃使蜂蜜适当溶化，再将开水添满。一杯香草茶就冲好了。一杯香草茶可以反复冲泡饮用。如能低温存放，隔日继续冲饮也不会变质。但是，夏天冲好的花卉茶，经过冰镇处理再饮，口味和感觉更加独特。但不宜在冰箱内超过 3 天，否则就不宜再留了。

特别注意的是，芸香和百香果的叶子、金银花的果实、聚合草的根等，因毒性较大，要绝对禁止用于制作香草茶和香草料理。

（九）几种常见的香草茶

1. 薰衣草茶（Lavender Tea） 主要是取薰衣草的花制作而成。薰衣草茶外形美观，气味清凉芳香，有安定紧张情绪的作用，多饮用可治疗失眠、头痛，也有明目的功效。

近来市面上常常看到薰衣草的品牌，写的都是欧洲进口或是法国进口，消费者往往因为对进口香草接触时间尚短，而被一些不法商家所蒙蔽，下面是一些简单的分辨方法，希望大家都能够喝到真正好的薰衣草茶。

认准等级：进口薰衣草分等级为 1A～5A，5A 为最高级，质量最优。

检查茶形：进口薰衣草茶花的形体较细、较长，而国产薰衣草花的形体则较短、胖。

试泡察色：进口薰衣草茶泡出来的茶汁为紫色，而国产薰衣草花泡出来的茶汁为土褐色。

嗅品香味：进口薰衣草香味给人的感觉较浓厚、纯正。

2. 迷迭香茶（Rosemary Tea） 主要是取迷迭香的花、叶来制作。迷迭香被人认为是一种幸运的植物，气味芳香，香气有安定紧张情绪的作用，多饮用可帮助睡眠、治疗头痛。

3. 薄荷茶（Mints Tea） 在所有薄荷品种中，以胡椒薄荷制作的薄荷茶气味最浓，可使口气清新，精神清爽，多饮可治疗咳嗽、消化不良等，也能有效舒解头痛、胃部疼痛、腹痛的状况。可用干燥后的叶片，贮藏时间长，但夏季最好用鲜叶泡茶。

4. 柠檬草茶（Lemongrass Tea） 具有改善消化不良、消除疲劳、提升元气的效果，以饭前或饭后使用为佳。

5. 金盏菊茶（Marigold Tea） 又名长春花，主要是取金盏草的花瓣来制作金盏草茶，气味芳香。含有丰富的磷和维生素C，具有退烧、止吐的疗效。

6. 洋甘菊茶（Chamomile Tea） 以洋甘菊的花瓣制成。气味清香，味道甘甜，冲泡时间比较久，约需30min。饮用后可稳定情绪，有缓和胃痛的疗效。

7. 甜叶菊茶（Sweet leaf stevia Tea） 主要是取甜叶菊的叶片制作而成。天然，甜度高，热量低，安全无毒；适合糖尿病患者、高血压患者、爱美爱好者。甜菊叶代糖还不会引起蛀牙。当下次泡花草要加糖时，可用甜菊叶代之。

8. 锦葵茶（Mallow Tea） 对气管、支气管炎和喉咙疼痛有效，能够保护黏膜，远离刺激并加以改善，对美丽肌肤也有效果。

（十）几种复合香草茶方

1. 休闲茶 日常忙碌紧张的都市人，不妨偷闲挑选一个安谧的角落坐下来，放上一曲柔和的音乐，泡上一壶充满自然气息的香草茶，再搭配一盘清淡爽口的点心，或独自捧读，或三五好友轻谈浅笑，让疲惫的心灵得到休憩。谓之为“悠闲下午茶，聊天润喉又放松”。

香草种类很多，每天都可依不同的场景选用合适的香草茶。不但可以调配出个人喜爱的味道，还可尝试组合以创造各式美味的香草茶。舒缓放松的香草茶种类有：薄荷、罗勒、荆芥、德国洋甘菊、锦葵、薰衣草、香蜂草、香茅等。可以单一泡饮，也可混合搭配冲泡饮用。

如消夏薄荷冰茶，采用胡椒薄荷＋洋甘菊＋冰制成。

消暑罗勒薄荷凉茶，采用罗勒＋薄荷＋荷叶制成。罗勒芳香清甜，薄荷清凉解暑，荷叶清暑解热解毒，应是夏日消暑的常备饮料。

薄荷柠檬芳香凉茶，使用 薄荷叶＋柠檬片制成，薄荷的清凉与柠檬的清新，去痰、止咳、生津止渴、保护喉咙。

薰衣草柠檬冰茶，使用薰衣草＋柠檬片＋果糖或蜂蜜＋冰片制成，薰衣草具镇静作用，柠檬具美颜效果。以果糖或蜂蜜调味，加入冰片稀释饮用，兼具薰衣草的镇定功效与柠檬的美颜效果。

薄荷香茅甜冰茶，用绿薄荷叶＋香茅＋甜叶菊＋冰片制成，绿薄荷具清凉醒脑作用，香茅具有强烈的柠檬香味，非常好闻，再加上甜叶菊所调的淡淡甜味，经冰箱冰镇后饮用，可提高消化功能，兼有止疼痛效果。

2. 功能茶　指具药理功能，可达医疗保健美容等功能的饮用方式。如晨起品尝薄荷茶可提神，餐后不妨辅以促进消化的柠檬马鞭草茶。睡前则适合饮用助眠的洋甘菊茶。如激发元气、振奋精神、强壮身体、消除疲劳、提供身体活力的香草种类有：胡椒薄荷、迷迭香、柠檬香茅、玫瑰等。促进食欲的种类有：迷迭香、柠檬香茅、胡椒薄荷、金盏菊等。促进新陈代谢，有助于缓和冷性体质的美容健康香草种类有：斯特维亚菊、蒲公英、野浆果等。女士饮用健康瘦身茶，可达健身美体的功效（图 8－6）。

功能香草茶配方实例之一：薄荷茶

材料：干薄荷叶10片左右。

制法：将一壶水煮沸，把薄荷叶泡入，焖泡10min，让叶片充分舒展开即成。茶水淡绿略呈黄色，并带着浓郁的香气，口感微辛，并混合着清凉的薄荷香。

图8-6　香茶美女

功效：具发汗解热、杀菌消毒、化浊辟秽的功能，对舒缓感冒伤风、偏头痛以及祛痰极有疗效，既可消除口臭、胀气、助消化，也可用作解宿醉的健胃剂，又是温和的镇静剂。夏天冰饮，还可增加食欲。

功能香草茶配方实例之二：百里香茶

材料：新鲜或干枯的百里香叶片15g或5g。

制法：将干叶或鲜叶放入茶壶或茶杯中，冲入沸水沏泡即成。

功效：舒缓紧张引起的头痛和疲劳，对感冒和喉咙痛也有疗效。也可作口腔清漱剂消除口臭。饮用时加入蜂蜜，味道更可口。

功能香草茶配方实例之三：迷迭香茶

材料：迷迭香叶片1匙、麦芽粒30g、柠檬汁10mL、龙眼蜜15g、适量冰糖、橘皮。

制法：将迷迭香叶、麦芽粒置入冲茶壶内，冲入热开水300mL，在茶壶内闷约4min，加入柠檬汁、龙眼蜜，再加入冰糖及橘皮，最后用调匙充分搅拌均匀即可。

功效：补脑、醒脑提高记忆力；舒缓头痛；帮助消化；睡前饮用有助睡眠。

功能香草茶配方实例之四：雏菊茶

材料：新鲜或干枯雏菊叶片15g或5g。

制法：将雏菊干叶或鲜叶放入茶壶或茶杯中，冲入沸水沏泡即成。

功效：清凉宜人，可刺激细胞组织复原，对胃痉挛、胃溃疡疼痛有疗效。

功能香草茶配方实例之五：天竺葵茶

材料：天竺葵干叶 5g，或鲜叶 15g。

制法：将干叶或鲜叶放入茶壶或茶杯中，加入沸水 250mL 沏泡即成。

功效：收敛、止腹泻。

功能香草茶配方实例之六：紫苏茶

材料：紫苏种子 5g。

制法：将种子打碎，以沸水冲泡即可。

功效：香味浓郁，镇静、发汗作用，可治感冒、失眠、头痛及黏膜炎等。

功能香草茶配方实例之七：香蜂草混合苹果红茶

材料：新鲜香蜂草 6 片，苹果 1/4 个，红茶包 1 个。

制法：将叶片放入制冰盒中，制成香蜂草冰块；苹果切丁与红茶包放入茶壶，注入 200mL 热水冲泡；待苹果红茶稍凉，加入香蜂草冰块即可。

功效：消除疲劳，集中注意力。

功能香草茶配方实例之八：薰衣草混合柠檬草茶

材料：薰衣草 1/2 匙、柠檬草 1/2 匙、枸杞 1/2 匙、百香果汁 28g、适量冰糖、柠檬。

制法：将薰衣草、柠檬草、枸杞置入冲茶壶内，冲入热开水 300mL，在茶壶内闷约 4min，加入百香果汁，再加入适量冰糖，然后用调匙充分搅拌均匀。最后把切好的柠檬挤汁，带皮置入壶内即可。

功效：清新，消除疲劳，改善消化，能调整血压，对呼吸系统疾病也有功效。

功能香草茶配方实例之九：薰衣草、百里香、洋甘菊混合茶

材料组合：薰衣草、百里香、洋甘菊、甜橙叶、薄荷、马郁兰等。

特点功效：这道香草茶是以薰衣草为主的复方香草茶，由于加入了其他花草，使得原本浓郁的味道中和了不少，也较为丰富。由于大部分的材料都具有放松与镇定的功用，因此适合平日工作压力大的人饮用。此外，饭后容易胀气的人也适合饮用这款茶。忙里偷闲来杯此茶，可让身心都休息一下。其中，百里香与薄荷的气味可提振心情，给你重新开始的动力；薰衣草有安眠与镇定的功能；洋甘菊可以消除紧张；马郁兰可以产生抗压的作用；菩提也是很好的天然镇静剂；百里香和薄荷则对呼吸道很有帮助。

功能香草茶配方实例之十：柠檬香茅、薄荷、马鞭草、马郁兰混合茶

材料组合：柠檬香茅、薄荷、马鞭草、马郁兰。

特点功效：这道茶的名字听起来就非常轻松自在，清凉的自然香气是茶汤给人的味道，就像面对着翠绿的湖水一般，让人心神感到愉悦。此茶给人清凉解郁的感觉，饱食后喝上一杯，可以消除睡意，并帮助消化。其温和不夸张的味道，很受人的喜爱。茶中所含柠檬香茅有健胃与滋润肌肤的功效；马鞭草可以刺激肝脏、帮助消化。

第九章　香草精油在芳香疗法中的应用

一、香草精油的概念

香草精油是从香草的全草或部分器官中提取的由多种化合物组成的挥发性物质。从化学上来说，它是由多种挥发性成分如醇、酯、醛、酮、松烯醇及芳香酸等组成的，成分极其复杂，就连化学家也无法100%准确地用化学方法再合成任何一种香草精油。纯净天然的香草精油是一种充满活力的元素，比合成的精油更具活性，不会引起不良反应。香草植物种类不同，分泌精油的途径不同。有些香草的精油是由其表皮分布的腺毛（包括盾状腺毛和头状腺毛）分泌的，如唇形科的香薷、木香薷、牛至等，菊科的菊花等，也有些香草的精油是有内部泌腺或油囊分泌的。

我国早在公元前4500年就已发现植物具有治疗疾病的功效，埃及人则发掘了香草在肉体上和精神上的特质，希腊人更是除了将精油用在医疗方面，还用它来做镇静剂和兴奋剂，并把它用在沐浴和按摩中。以后的一段时间，人们又将它用在人体除臭和防止传染病方面。事实上，它们确实也发挥了降低死亡率的功效。至17世纪，香草精油的效果普遍被大众所认可，历经各个时代的改良，演变成今日结合五感和具有疗效的精油疗法（芳香疗法），用于帮助松弛和恢复生气的疗程按摩中。利用精油对人体有利的优点来治疗常患的疾病，以促进健康及愉悦心情的方法称为芳香疗法。

二、香草精油的提取

香草精油的提取方法有蒸馏法、压榨法、微波辐射诱导萃取法、超声波萃取法、脂吸法、溶剂萃取法、酶提取法、膜分离法及超临界二氧化碳萃取法等。但从医疗角度考虑，则以蒸馏法和压榨法提取的精油为最好，因此这里仅介绍前两种提取法。

蒸馏法的原理是从蒸汽锅（炉）中出来的高压蒸汽通过管道，促使油水分离，然后收集得到精油，其基本流程是：原料收集→预处理（切成段、条、片或粉碎成粉）→浸泡→蒸馏→油水分离→精油。其中，油水分离后的蒸馏水，因里面还有一些大分子的水溶性芳香成分，故称其为纯露。其具有淡淡的香气，可用于香水和食品工业中。

用水蒸气蒸馏法提取精油，是从植物中萃取出香草精油的常用方式，数千年来一直在使用。古埃及人将未加工的香草器官（如茎、叶、花、果实或种子、根等）放在大瓦罐中，加热后形成的蒸汽必须通过一层封在罐口的棉布或亚麻布。这样，精油就被吸附在布里，只要不时地挤压棉布便可得到精油。至今仍然沿用这一基本方法，不过已经得到了改良，如瓦罐换成了玻璃器皿、不锈钢蒸釜等，蒸馏的程序也改良了，香草的器官先要被切碎成段、成条、成片，或打粉，然后进行浸泡润湿，直接加热蒸馏或通入水蒸气蒸馏，其中的挥发性成分便随水蒸气蒸馏而带出，经冷凝后收集馏出液，为提高纯度和浓度，可再蒸馏 1 次，最后收集一定体积的蒸馏液。将蒸馏液分离，即将水和不溶于水的有机物分开，此水称为纯露，而不溶于水的有机物即为精油。但是需注意，不要多次蒸馏，以免挥发油中某些成分氧化或分解。

压榨法是采用冷磨或机械冷榨的方法将香草器官中精油压榨出来，并喷水使油和水混合流出，再经高速离心机将精油分离出来。该过程是一个物理过程，在常温下进行，确保了香草中的芳香精油不发生化学反应，从而使清油质量更高，香气更逼真。但是，不足之处是出油率较低，其中的生物活性物质含量也相对较低。此法可用手工操作，也可用机器操作。

不同的香草提取精油的部位不同。如洋甘菊、快乐鼠尾草、薰衣草等，是从花瓣中提取精油；薄荷、柠檬香茅、香蜂草等，是从叶片中提取精油；甜橙、柠檬、佛手柑、葡萄柚、桔等是从果皮中提取精油；杜松、丝柏等是从坚果中提取精油；乳香、安息香等是从树脂中提取精油；岩兰草、姜等是从根或根茎中提取精油；黑胡椒、豆蔻、芫荽、胡萝卜等则是从种子中提取精油。

由于香草中的精油含量非常少，因此需要大量的原材料才能制造出足以满足所需的用量。例如，用 200kg 的新鲜薰衣草、2 000～5 000kg 的玫瑰花瓣，才能制造出各 1kg 的薰衣草精油和玫瑰精油，这也是精油非常昂贵的原因。

利用蒸馏和冷压等方法提取出的含有挥发性芳香物质的香精油，其质量以从叶和花中提取者为最佳。精油的馥郁的香气扑鼻而来，沁人心肺，不仅令人心旷神怡，而且可以消除人体疲劳，增强人体免疫力，促进身心健康，且无不良副作用。某些精油还富含抑菌或抗菌物质，可杀灭危害健康的病原微生物。在食品工业中，还利用某些香草精油作为食物的调香剂等。这一切都是利用石油化学工业副产品的或人工化学合成的香精油所无法比拟的。

三、香草精油的保存

香草中的精油提取出来后，要正确地保存，以免变质失效。纯香草精油（Pure Essential Oil，彩图 9－1）不会因为保存时间的长久而减少其效力。但是，热、空气、阳光及湿度都会破坏精油。因此，储存精油的容器必须是深色并且与空气隔绝防止被氧化，且存放环境必须干燥及阴冷，所以用透明玻璃瓶装的产品绝对不是香草精油。因此，冰箱或木盒都是保存精油的最佳选择。

久放后，冰箱中的精油可能会变得有点混浊，但并不影响其质量，在室温下1h即会恢复原状。但是，如果经常开启精油瓶的盖子，则会因为氧化容易引起精油变质。

市场上大多是调和油（标志有 Aromatherapy Oil、Environmental Oil、Fragrant Oil 等），因为它是使用纯精油混合调制而成（彩图 9-2）。其精油含量较低，有的仅有 2%，或者 3%左右，故保存期则较短，一般来说仅有 2～6 个月。

四、香草精油的功效

香草精油的化学芳香成分具有抗菌、抗氧化功能，具有医疗保健功效。因为，香草天然精油能帮助新细胞成长，加快去除老细胞的方式来延迟老化的过程，有助于痊愈的抗菌作用、消肿以及加速排除毒素。它们可以影响周边神经末梢，进而舒解压力和紧张，并且从而增进皮肤的弹性帮助消除疤痕组织和伸展痕，其整体效果是可以创造一种舒畅感，协助生理和协调身心两方面。

天然香草精油物质对人体组织内流体的交互作用具有很大的影响力。它们可以增进肌肉和神经的健康，提高身体的抵抗力，使心理和生理发挥更大的能力。最奇特的方法是它们有利于细胞质的分化，协助制造新而强健的细胞，进而促进死细胞和衰老细胞的代谢作用。因此，可以避免有毒的排泄物和组织残余渗入结缔组织，进而改善组织。这种效果是其他美容法难以办到的地方。精油的另一项引人注目的效能是：自皮肤损伤的时候，利用天然香草温和的药效可以促进身体内部的平衡，渐渐地使损伤恢复正常，不会有副作用。其对人体有效的成分会融合在人体内，多余的残存成分会自动排出体外。

香草精油具有洁净空气、改善环境污染的功能。当精油的芳香分子飘散在空气中时，对空气中的有害菌具有抑制和杀灭作用，因而可以净化空气，改善人居环境。同时，精油分子通过人体的呼吸系统，可以增强肺部的呼吸作用。进入人体的精油分子还能刺激分泌肾上腺素，强化中枢神经系统，舒缓紧张情绪，振奋精神，消除疲劳。

总之，香草精油的功效主要有舒缓或减轻各种疾病的症状的医疗功效，如神经系统与精神疾病，眼、耳、鼻、喉、口腔疾病，呼吸与消化系统疾病，血液循环与内分泌系统失调疾病，性病与免疫系统疾病，妇女疾病，皮肤病等各类病症；促进新陈代谢、美容保健等功效。

五、香草精油在芳香疗法中的使用

（一）芳香疗法精油的选用

芳香疗法就是利用香草的纯净精油来辅助医疗工作。人们从大自然中的各种香草的不同部位中提取出具有不同气味和颜色的精油，如快乐鼠尾草的种子、天竺葵的叶片、薰衣草的花、柠檬香茅的叶子、金盏菊的花和叶、香蜂草全株等。这些精油是由一些很小的分子组成，具有易渗透、高流动性和高挥发性的特点。当它们渗透于人的肌肤或挥发入空气中被人体所吸入时，就会对我们的情绪和身体的其他主要功能产生作用，安抚我们的神经和愉悦我们的心境。每一种植物精油都有一个化学结构来决定它的香味、色彩和它与人体系统运作的方式。

现代社会中存在着企业整顿、社会不安、联考等各种外界压力，每一个人都很容易感受到精神压力。人们的身心健康往往在不知不觉中受到摧残，造成心灵的不协调，进而引起身体的不适等。这时，可以利用香草精油刺激大脑，缓和紧张，促进情绪稳定。香草精油就像一种取之不尽的聚宝盆，在任何时间您都可以向它们提出需求，各式各样的香草精油都能替您的情绪找到一个最佳的出口。

1. 缓解压力　可以选用的精油有薰衣草、迷迭香、天竺葵、洋甘菊、快乐鼠尾草、薄荷、百里香、罗勒、胡萝卜籽、香蜂草、马郁兰、岩兰草等。利用上述精油单一或几种混合，进行按摩、泡澡，或饮用能放松情绪的香草茶，均可有效地缓解压力。如薰衣草精油 3 滴，罗马洋甘菊精油 2 滴，加入热水中泡澡。

2. 提神醒脑 可以选用的精油有罗勒、迷迭香、鼠尾草等。如可使用罗勒、迷迭香、佛手柑精油各 2 滴，在香熏炉中进行室内熏蒸。也可直接拿着香草进行嗅吸提神。

3. 提高注意力 可选用罗马洋甘菊、迷迭香等精油，进行香熏或用面纸吸入。

4. 消除疲劳 可选用薰衣草、迷迭香、天竺葵等精油，如使用薰衣草精油 4 滴，天竺葵精油 4 滴，加入热水中泡澡。

5. 身体虚弱 可选用罗勒、薰衣草、薄荷、姜、迷迭香、百里香、欧白芷、罗马洋甘菊、快乐鼠尾草、马郁兰等精油，进行香熏、泡澡或与基础油混合成按摩油。如使用迷迭香精油 2 滴、柠檬精油 3 滴、橙花精油 3 滴，进行香熏。或用快乐鼠尾草精油 2 滴、薰衣草精油 4 滴、香水树精油 2 滴，进行泡澡。

6. 失眠症 可选用薰衣草、罗马洋甘菊、快乐鼠尾草、罗勒、马郁兰、岩兰草、缬草等精油。上述香草精油具有抗忧郁功效，使用后能够平静精神兴奋，缓和精神压力。人们可以将薰衣草、罗马洋甘菊等精油常带在身边，睡觉前闻几分钟，则有助于快速入眠。也可以用薰衣草精油 2 滴、罗马洋甘菊精油 2 滴、柑橘精油 1 滴，加基础油 20mL 制作成按摩剂，按穴位按摩助眠。也可以用香草制成“香草枕头”、“香囊”等，辅助治疗失眠（图 9－1）。

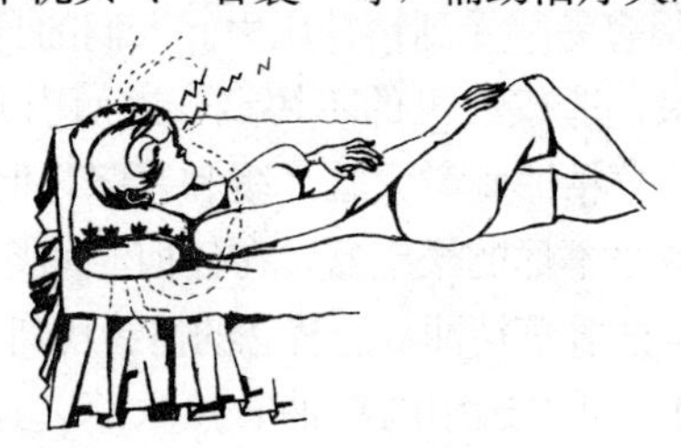

图 9－1　枕香梦美

7. 记忆力衰弱　可选用迷迭香、广藿香、罗勒、薄荷、百里香、芫荽等精油。一般采用香熏的方法。自古以来迷迭香被认为具有加强记忆力的功能。一边看书，一边使用香熏器香熏，就不会昏昏欲睡，精神可以完全集中。要想给予头脑强烈的刺激时，还可以使用罗勒，以改善精神疲劳。广藿香等精油还能够使人心情平静地投入到学习中去。如可以用迷迭香精油 2 滴、薄荷精油 1 滴、柠檬草精油 1 滴，进行熏蒸吸入。

8. 偏头痛　可选用洋甘菊、薰衣草、香蜂草、柠檬草、马郁兰、薄荷等精油。如可用薰衣草精油 2 滴混合薄荷精油 1 滴，冷敷于前额及太阳穴。

9. 焦虑症　可选用罗马洋甘菊、快乐鼠尾草、天竺葵、牛膝草、薰衣草、香蜂草、广藿香、柠檬马鞭草等精油。使用上述精油调配成按摩油，或滴入热水进行泡澡，或进行香熏，效果都非常好。如可用薰衣草精油 3 滴、天竺葵精油 3 滴，加檀香木精油 2 滴朝廷香熏。此外，快乐鼠尾草、罗马洋甘菊与薰衣草精油混合，快乐鼠尾草、罗马洋甘菊、薰衣草、天竺葵等精油混合配方，也有不错的效果。

10. 饮酒上瘾　可选用快乐鼠尾草、永久花等精油，用闻嗅法吸入精油气味。

11. 情绪低落　可选用香蜂草、薰衣草、罗马洋甘菊、天竺葵、罗勒、薄荷、快乐鼠尾草、广藿香、迷迭香、当归根、永久花、芫荽等精油。通过闻嗅这些香草精油，或者用这些精油进行按摩、泡澡可以逐渐打开内心感情的郁结，将人从不安、缺乏自信、悲观失望的心情中拯救出来，使心情放松、开朗起来，产生积极向上的信念。如用迷迭香精油 4 滴加入热水中，进行香草泡澡，可以洗去一天的工作辛劳。在香熏灯中加入迷迭香进行香熏，能够保持头脑清醒。

12. 易躁易怒　可选用薰衣草、天竺葵、罗马洋甘菊、快乐鼠尾草、香蜂草、缬草、岩兰草等精油。当感情起伏激烈、心情不好大发雷霆时，可以嗅闻这些香草精油，使精神安定下来。也可以配成按摩油或加入洗澡水中进行泡澡。

13. 平静休息 可选用当归根、薰衣草、天竺葵、罗马洋甘菊、快乐鼠尾草、香蜂草、西洋蓍草等精油。如可用薰衣草、天竺葵、快乐鼠尾草精油混合。

14. 孤独寂寞 可选用香蜂草、罗马洋甘菊等精油。当无缘无故感觉心里空荡荡的，可以利用这些精油使人产生幸福感，平静不安的心情。一般可采用芳香浴、芳香按摩或香熏的方法。

15. 女性更年期障碍 可选用天竺葵、洋甘菊等精油。因为天竺葵可以使心情平静，洋甘菊有镇静作用，可以调整荷尔蒙平衡，缓和更年期的脸部发烧、心悸、月经不调所造成的不安。如可用玫瑰精油 1 滴、天竺葵精油 3 滴、洋甘菊精油 1 滴，加入热水中进行芳香浴。

（二）使用方法

（1）熏蒸法。使用香熏炉或电热香熏灯，也可利用电动气泵，在香熏炉的盛水器内（或其他小玻璃器皿内）滴入几滴香草精油，任其香气在室内自然挥发，形成芳香居室。这样，既可以改善空气品质，又能调节居住者的情绪（图 9－2）。

图 9－2　室内香熏法

（2）吸入法。将接近沸腾的热水倒入玻璃器皿中，加入 2～3 滴香草精油，再用大浴巾覆盖整个头部和容器，闭上眼睛做深呼吸，维持 5～10min，以便吸入热蒸汽释放的香熏精华。或者根据需要配制的单一或混合的香精油置于一小瓶内，随身携带，不时开启瓶塞，吸入其香气。能治疗呼吸道疾病、美容及改善肤质。也可以直接端起器皿，接近鼻孔进行直接吸入香气（图 9－3）。

图 9－3　直接吸入香气法

（3）按摩法。将几滴香草精油与若干载体油混合后用于按摩面部或身体，使其穿透皮肤进入血流，是一种安神、舒适、治疗、保健的综合性美容美体疗法。

（4）沐浴法。将几滴香草精油加入盛满热水的浴缸中，或将其与 2.5mL 酒精混合后，再滴加于浴水，然后把身体泡入浴缸中，鼻子尽情吸入芳香精华，每次沐浴时间至少 15min（图 9－4）。此法具有调理全身的功能。

图 9－4　温馨香草浴

（5）敷面法。水中滴入 1～2 滴精油，将其沾浸在棉花上，敷于面部、眼部，具有消炎、收敛、补水、抗过敏等作用。

（6）冷、热敷法。将3～5滴精油加入一盆温水或冷水中，将毛巾放入水中浸湿后拧干，敷于患处，并用双手在毛巾上加压15min以上。冷敷法可消除痛苦，减少发炎的机会；热敷法可加速细胞的代谢功能，调节大脑神经。

（7）喷洒法。依照精油种类的不同，可以制成驱虫喷剂、除臭喷剂、避免流行病扩大传染的保护喷剂与单纯的增加香气的芳香喷剂。只要将几滴精油与一点酒精混合，加水剧烈摇晃即可。喷剂中精油的比例不很重要，通常用5%的浓度，而在流行病肆虐期间会提高为10%。当天配的药液要当天用完，没用完的就抛弃不用。如果患部疼痛无法直接在皮肤上涂搽精油，可以用喷洒的方式喷些精油。

（8）自配乳霜涂抹法。依照不同目前的需要，在基础乳霜中添加各种不同疗效的精油。对许多不曾受过按摩训练的一般大众，大都觉得涂抹乳霜比涂抹基础油容易得多。乳霜停留在皮肤表面的时间比基础油还久，非常适合处理皮肤问题。乳霜也可以在市场上购买，注意必须购买纯植物成分精制、不含任何有害化学物质的乳霜。一定不要忘了添加适量的香草精油，遮瑕，或是治疗皮肤病症，通常都用杏仁油当作基础油，也可以添加椰子油或可可油。

（9）自制润肤乳。将油脂和水溶性液体混在一起，再加入卵磷脂或蜡质之类的乳化剂，让油脂形成小粒子悬浮在水溶液中，就形成了润肤乳液。润肤乳和乳霜的差异在于：润肤乳中，纯霜的比例比较高，因此流动性比较大，没有乳霜那么稠。润肤乳比乳霜更适合用来治疗湿疹，也比较适合于干燥和敏感性肌肤使用。

（三）注意事项

1. 分清精油类型

（1）单方精油。是从一种植物的整株或某一个部位萃取提纯而得的精华成分，一般具有较为浓郁的植物气味，并且具有特定的功效及个性特点。单方精油纯度比较高，未混合其他精油。例如薰衣草精油，就是单方精油。单方精油是不能直接用在肌肤上的，充分稀释后才能用在皮肤上，就算薰衣草这种温和可接触肌肤的精油，也不可以大面积使用的。

（2）复方精油。是2种以上的单方精油和基础油按照比例混合，精油与精油之间是相互协调的，有些还彼此有相辅相成、增强疗效的作用。通常理想的调配方式是以2～4种的精油混合。

（3）基础油。是从植物的种子、花朵、根茎或果实中萃取的非挥发性油脂，可润滑肌肤，能直接用于肌肤按摩，也是稀释精油的最佳基底油。常见的有荷荷巴油、甜杏仁油、葡萄籽油、玫瑰果油、橄榄油等。调和的比率，一般来说，精油的用量约在0.5%～3%之间，脸部等较为敏感的部为或是12岁以下儿童的按摩，大概在0.5%～1%之间；严重的肌肉痛，就可以用到3%的量。

2. 适量使用　不同的使用方式与不同的使用时期的用量是不一样的，因为有些香草含有有毒性的物质，用量不当会适得其反。各种食疗、美容、香体的配方用量在以后的论述中会有详细的说明。比如芳香喷剂中精油的比例不很重要，通常我们用5%的浓度，而在流行病肆虐期间可能会提高为10%。

最好以低浓度使用。纯精油（100%），最好不要直接涂抹在皮肤上，以免刺激皮肤或引起过敏现象，一定要稀释至0.5%～1%时再使用。已发现高浓度的香柠檬油直接施用于皮肤时，若暴露于日光或紫外线，可使皮肤变色。但是也有例外的，那就是薰衣草。薰衣草确实是一种作用很大的香草，它能产生出疗效优异的精油，让人们可以安全放心地直接涂在皮肤上，治疗蚊虫叮咬、灼伤、头痛或失眠等症。

精油稀释的方法有两种：一是用基底油（用来稀释纯精油的植物油类如橄榄油、甜杏仁油、小麦胚芽油、荷荷芭油、芦荟油、胡萝卜子油、葡萄籽油、金盏花油、红花子油、向日葵油、月见草油等，称为基底油或基础油）来稀释做成调和油；二是用酒精和蒸馏水来制作香水。如，制作按摩油时，香草精油用量的计算公式是：

需要加入精油的滴数＝基础油的用量 × 精油的浓度×0.2（每滴精油约有 0.05mL）

按摩油制成后，在使用前一定要先进皮肤试验，尤其是敏感性肌肤或容易过敏的肌肤。试验时最好先从 0.5%～3%的浓度开始测试。12 岁以下的小孩以 1%以下为好。皮肤试验的方法是：在 1 茶匙基底油当中加入 1 滴精油，抹在耳后、手肘弯曲处或手腕内侧，并在皮肤上停留 24h。如果没有红肿、刺激、就表示可以接受此精油。1 次可以试验 6 种精油，但是必须记录什么精油涂在什么部位，这样才能确定哪一种是安全的。

3. 一般不可内服 精油一般不可内服，应用时也要尽量避开眼睛四周和敏感部位。万一不小心误服了精油，立即打电话叫救护车，送医院抢救。在紧急救援未到达之前，不要试图催吐，而是以清水灌入口中漱口，尽量把口中残余的精油漱洗干净后吐掉。

4. 适症使用 进行芳香疗法时，要针对病人不同的情况、不同的需求来设计不同的配方，不能千篇一律。比如一个病人患有精神紧张症，心律不齐而且血流不畅，整个人为失眠所困，肾脏的排毒功能不佳，心脏也不能有效地进行修复工作。除此之外，他的病历全是有关异常焦虑、虚脱及忧郁的记录，他的细胞已开始老化。针对此类人的病情，应采用玫瑰、檀香、薰衣草、天竺葵和安息香。玫瑰和檀香的精油能滋补心、肾，薰衣草和天竺葵的精油功能在于使身体恢复常态，前者有助于排毒，后者则平衡心理状态。

精油及其他芳香物质都是具有生命力的物质，对它们的用法极具其弹性，在进行芳香疗法时，一定要针对病人出现的若干反应及变化，及时修正处方，适当加减用量，对症下药，切忌照抄照搬书本，否则会对人体造成不同程度的伤害。

5. 科学存放　精油要保存在阴凉处，并尽量在开封6个月内用完，尤其是柠檬精油，因挥发快，最好在3个月内用完。某些精油具有感光性，会使皮肤变黑，如佛手柑、柠檬、柑橘类精油，使用后5h，应避免阳光曝晒（建议夜晚使用上述精油）。此类精油制成的香水也应避免白天使用。精油不可用塑胶瓶盛装，应存放在琥珀色玻璃瓶或不锈钢瓶中。

6. 慎重使用　芳香疗法是一种辅助医疗方式，对于重症及急症患者而言，有任何问题还是要请教专业人员、医务人员，以免耽误病情。要遵循先咨询后使用的原则。孕妇、婴孩、高血压、癫痫、过敏体质或其他疾病在使用精油前要先咨询医生，精油也不适合低血压患者。热水蒸气可能使哮喘患者发病，故哮喘患者应避免使用蒸脸的方法。

7. 几类精油的使用及注意事项　请勿使用的危险香草精油是，山金车、一般鼠尾草、红色百里香等。

务必稀释后才能使用的香草精油（且1次持续使用不能超过2周）是，芫荽、甜茴香、牛膝草、荷兰芹、西班牙鼠尾草、白色百里香、缬草等。

可能对皮肤造成刺激性之精油是，甜罗勒、葛缕子、荷兰芹、欧薄荷、白色百里香等。

可能引起皮肤过敏之精油是，法国罗勒、洋甘菊、香茅、天竺葵、柠檬草、香蜂草、薄荷、白色百里香、缬草、紫罗兰、西洋着草等。

易产生感光聚毒之精油，某些精油会造成感光聚毒，亦即直接曝晒阳光下会造成皮肤黑化。请勿于涂抹后直接曝晒。如：白芷根、小茴香、生姜、马鞭草等。

女性怀孕期间避免使用之精油是，怀孕时，由于胎儿的关系，所有剂量务必减半。某些可能潜藏毒性或有催经作用的精油，则避免使用。如白芷、罗勒、芹菜种子、香茅、药用鼠尾草、小茴香、甜茴香、牛膝草、香马郁兰、荷兰芹、白色百里香等。

当然，除了直接使用精油外，我们也可以利用新鲜或干燥的香草的根茎叶来进行芳香疗法，这不但比较温和，且刺激较小，能使人更有贴近大自然的感觉。在自然的香草释放的香氛中，放松我们的神经，省思自我与自然的关系，来获得身心的和谐与健康。

（四）使用不当的紧急处理

1. 皮肤发炎 若出现皮肤发炎、起疹子现象时在患处滴下几滴基础油，任何基础油皆可，从甜杏仁油到厨房的色拉油不拘，使其暴露在空气中，至少达到半小时，让这种基础油被皮肤充分吸收，如果过敏状况仍然未见改善，那么就应该立即寻求医师的协助。

2. 精油入眼 万一眼睛碰到精油时立即滴几滴基础油至眼睛内，这具有稀释精油的作用，再以清水清洗眼睛。若持续有疼痛、刺痒的症状，则必须立即就医。

3. 身体不适 吸入精油之后，若身体感到不适，出现恶心、迷乱、失去判断力、摇摆不定现象，或是感到头昏、头痛时，要立刻打开窗户，或者离开房间，去吸收新鲜空气，这种不适的症状在呼吸新鲜空气不久，应该就会逐渐改善。如若得不到改善，那么就必须及时去看医生。

六、几种主要香草精油的功能

目前，主要的香草精油种类有：罗勒、菖蒲、芹菜种子、甘菊、香茅、莳萝、天竺葵、柠檬香草、薄荷、万寿菊、缬草、鹿蹄草精油等，大多产自印度和巴基斯坦等国家，部分产自尼泊尔、斯里兰卡及中国。胡椒薄荷及薄荷属其他植物、天竺葵、薰衣草、香根草、香茅等的精油的价格受香草种类、提取部位、提取方法、来源国家、供应数量、需求水平、供应商数量、营销渠道和精油品质等多种因素的影响。另外，还受使用期限的影响。如薄荷精油可以储存数年，而产品的库存通常是根据产品的水平和需求决定的。容易提取且量大的香草精油价格较低，而量小的如鸢尾精油则价格极其昂贵。薄荷等香草精油在市场上占优势的原因是，它们可以用作制造清洁剂和清凉剂的主要原料，香茅和其他香草精油则是主要用于制作香水的原料。下面简介主要香草精油的功能。

薰衣草精油，在肌肤的使用上有着相当广泛的效果，不仅在镇静肌肤上面，在烫伤、咬伤的时候也能救急，气味宜人，且其薰衣草的通用性广，更为大家欣赏。薰衣草的安全性高，不容易过敏，同时味道中性，相当适合男性与女性使用，越来越多的男性可以接受薰衣草。

洋甘菊精油，又称之为地上的金苹果，在大部分的精油中，是最温和的，鲜少会发生过敏的状况，对于幼儿也一样可以享受花草乐趣，因此隔离霜、防晒乳多加有洋甘菊成分。每次使用，你会觉得味道清淡到快要遗忘的感觉，但是会感觉到温馨以及安心，对于在室内或是户外的活动都让自己感觉到舒服。这是为什么许多人能接受洋甘菊的原因。

迷迭香精油，有兴奋作用，能提神醒脑，可治神经紧张，也可驱蚊防虫等。

薄荷精油，可消除恶心、紧张和紧张性头痛，可退热，可驱蚊。儿童闻香后倍感欢欣等。

罗勒精油，可强壮神经，振奋精神，抗抑郁和焦虑，改善睡眠等。

罗马洋甘菊精油，可消除神经紧张和紧张性头痛，也可抗抑郁，消除疲劳，可治呼吸道和消化道疾患等。

玫瑰精油，适合所有皮肤、防老化、促细胞再生；治疗静脉曲张；对妇科诸症有良好疗效；调节月经、增加精子、改善男女各种性功能障碍；强化心脏、肠胃之功能；可治疗黄疸、消除毒素、加强肝功能；平复哀伤、嫉妒、舒缓紧张，使女性积极开朗。抚平情绪，沮丧、哀伤、妒忌和憎恶的时候提振心情，舒缓神经紧张和压力，能使女人对自我产生积极正面的感受。

岩玫瑰（岩蔷薇）精油，有安神或镇静等作用。

含羞草精油，可助消化，治呼吸道疾病，也有助于恢复青春，延缓衰老等。

广藿香精油，有松弛和镇静作用，可抗焦虑、抑郁等。

香根草精油，有兴奋和强壮作用，可消除疲劳等。

蓍草（锯齿草）精油，可抗变态反应等。

马郁兰精油，可抗焦虑和神经紧张等。

鼠尾草精油，可祛风止痛，健胃，抗菌消炎，强心，抗惊厥，通经，也可治呼吸道疾病和风湿痛等。

柠檬草精油，可抗神经紧张等。

留兰香精油，可消除心情紧张等。

参 考 文 献

巴彩霞.2006. 香草 DIY“花园新料理”[J]. 科学之友,(5):72-76.

毕亚联.2004. 香熏美容与保健[M]. 北京:中国劳动社会保障出版社.

陈如英.1999. 蔬菜瓜果的药性及美容方 1000 例[M]. 北京:农村读物出版社.

陈为涛.2016. 食用玫瑰栽培管理技术[J]. 中国林业产业,(1):63.

陈新新.2014. 果园间作芳香植物对土壤微生物多态性及碳氮循环的影响[D]. 北京农学院硕士学位论文.

段曰汤,黄文英,刘海刚,等.2013. 不同施肥及采剪措施对香叶天竺葵出油率及生物产量的影响[J]. 热带作物学报,(1):37-40.

樊爱丽.2002. 紫苏栽培技术[J]. 西北园艺,(5):32.

高菲菲,祁文龙,邓秀梅,等.2014. 烤烟间作不同芳香植物对土壤养分的影响[J]. 安徽农业科学,42(6):1612-1613.

葛云荣.2001. 迷迭香育苗栽培及田间管理[J]. 云南农业,(8):12.

[日]宫野弘司著. 刘京梁译.2004.78 种健康香草栽培[M]. 北京:中国建材工业出版社.

苟兴文,窦宏涛.2002. 椒样薄荷优质高产栽培技术研究[J]. 西北农业学报,11(4):72-76.

关培生.2005. 香料调料大全[M]. 上海:上海世界图书出版公司.

郭永来,张海云,刘泗明. 蒸馏法提取玫瑰油的工艺介绍[J]. 香料香精化妆品,2015,(4):34-35.

何春燕.2004. 法国的芳香植物精油生产及贸易概况[J]. 香料香精化妆品,(5):40-44.

何天培,李树华,孙振元.2014. 英国香草植物的发展及其园林应用[J]. 现代园林,11(3):2-6.

花卉中国:http://www.flowerchina.net/

黄士诚.1998. 香蜂草的栽培与加工[J]. 香料香精化妆品,(3):30-32.

江燕，章银柯，应求是．2007. 中国林副特产［J］．中国林副特产，（5）：64－67.
捷成专类化工．2014. 最佳新鲜方案----源自法国的天然料理香草［J］．食品工业科技，（5）：40－41.
李保印，周秀梅，郝峰鸽，等．2012. 我国香薷属植物研究进展［J］．河南科技学院学报，40（1）：37－41.
李保印．2002. 21 世纪的生态农业模式农业观光园［J］．河南职业技术师范学院学报，30（3）：68－70.
李春龙．2014. 番红花高产栽培技术［J］．四川农业科技，（4）：38.
李飞．1997. 我国芳香植物资源及其开发利用前景分析［J］．科技导报，（3）：58－60.
李树华，康宁，姚亚男，等．2015. 中国特色园艺疗法体系建立的机遇与展望［C］//2015 中国园艺疗法研究与实践论文集．北京：中国林业出版社．
丽丽．2002. 养生之道香花疗法［J］．湖南林业，（1）：34.
林霜霜，邱珊莲，吴维坚，等．2015. 芳香植物香茅的栽培与繁殖技术［J］. 中国园艺文摘，（3）：213－214，216.
吕毅，郭雯飞．1999. 源自配方的“香草和香草茶”［J］．中国茶叶加工，（4）：34－38.
马汴梁．2002. 四季养生保健食疗法汤［M］．北京：金盾出版社．
玛格丽特·莫利．2004. 莫利夫人的芳香疗法指南［M］．北京：东方出版社．
孟林．2011. 香草及其景观应用［M］．北京：中国林业出版社．
派翠西亚·戴维斯．2004. 芳香宝典［M］．北京：东方出版社．
彭晟，陈兴，杨莹，等．2014. 间作芳香植物对烤烟农艺和经济性状的影响初探［J］．云南农业大学学报，29（1）：144－148.
若惜．2015. 济南紫缘香草园：打造香草主题农业观光园［J］．中国花卉园艺，（17）：30－31.
沈瑞娟，张新君，徐春棠，等．1990. 中国薰衣草油［S］．中华人民共和国国家标准，1337.
师宝萍 2015. 品香鉴香用香图鉴［M］．北京：化学工业出版社．
宋备舟，王美超，孔云，等．2010. 梨园芳香植物间作区主要害虫及其天敌的相互关系［J］．中国农业科学，43（17）：3590-3601.
隋洪楠．2014. 香草精油作为抗菌剂的研究［J］．山东食品发酵，（2）：48-51.
隋洪楠．2014. 香草精油作为抗菌剂的应用［J］．发酵科技通讯，43（2）：46-49.
孙明，李萍，张启翔．2010. 中国芳香植物资源及其园林应用［C］//中国观赏园艺研究进展（2010）．北京：中国林业出版社．
覃振略，覃振助，韦丹，等．2011. 细香葱周年高效生产技术［J］．中国蔬菜，（15）：43-44.
汤学军．2008. 绿色保健蔬菜——香芹［J］．种子，27（2）：103-104.
王海燕．2000. 芳香疗法［M］．长沙：湖南科学技术出版社．
王铁臣，司力珊，徐凯，等．2006. 番茄间作香草驱避白粉虱的试验初报［J］．中国果菜，（7）：21-22.
王文翠，但忠，木万福，等．2012. 罗勒的适应性研究及开发价值［J］．香料香精化妆品，（1）：21-24.
王有江．2004. 香草指南［M］．长春：吉林科学技术出版社．
王有江．2014. 天然香料产业发展设计［M］．长春：吉林人民出版社．
王玉杰，李保印，员梦梦，等．2016. 盐胁迫对木香薷种子萌发的影响［C］//中国观赏园艺研究进展（2016）．北京：中国林业出版社．
王玉芹，孙亚军，施献儿．2004. 薰衣草精油的化学成分与药理活性［J］．国外医药·植物药分册，19（1）：5.
王跃兵，杨德勇．2009. 药用植物藿香在园艺园林中应用及丰产栽培技术［J］．贵州农业科学，（2）：18-20.
魏巍，孔云，张玉萍，等．2010. 梨园芳香植物间作区蚜虫与天敌类群的相互关系［J］．生态学报，30（11）：2899-2908.
吴安相．2010. 缬草的高产栽培与加工技术［J］．中国野生植物资源，（5）：67-69.
吴江，陈俊伟，程建徽，等．2005. 杭白菊优质安全高产标准化的栽培技术［J］．中国中药杂志，30（2）：157-158.
吴金毛．2007. 杭白菊无公害栽培技术［J］．现代农业技术，（16）：60，62.
吴梅东．2000. 与德加共享香草茶［M］．上海：文艺出版社．

徐明，孙宝俊，刘娥．2000. 藿香栽培与采摘食用技术［J］．辽宁农业科学，(4)：49－50.

徐昭玺．2003. 百种调料香料类药用植物栽培［M］．北京：中国农业出版社．

薰衣草的栽培与加工编写组．1979. 薰衣草的栽培与加工［M］．北京：中国轻工出版社．

杨炳蔚，广丰．2006. 精油及其在芳香疗法中的应用［J］．中国化妆品，(6)：40－45..

杨华，孔秀兰．2001. 中药材葫芦巴栽培示范［J］．青海农林科技，(1)：62.

杨欣，姜子涛，李荣，等．2011. 爪哇香茅挥发油抗氧化性能及清除自由基能力的比较［J］．中国食品学报，11 (1)：34－39.

尤次雄．2002. 香草生活家［M］．台北：台视文化出版公司．

余启高．2009. 灵香草的利用价值及人工栽培技术［J］．作物栽培，(23)：10.

员梦梦，李保印，刘会超，等．2015. 香薷叶表皮腺毛及其分泌黄酮类物质的组织化学研究．西北植物学报，(35) 6：1129－1134.

袁果，先静缄，袁家谟．1997. 黔产牛至叶的挥发油成分分析［J］．贵州农业科学，25 (3)：41－43.

张利琴，朴永吉，沈宁．2013. 香草植物及其园林景观应用的研究综述［J]. 现代园林，10 (2)：54－58.

张群，扎灵丽．2008. 薰衣草的研究和应用［J］．时珍国医国药，(8)：21.

郑汉臣，金山丛，张虹，等．1996. 值得重视的归化药用和香料植物—母菊（洋甘菊）［J］．中草药，17 (9)：568－571.

中国芳香精油美容网：http：//www. yzce. com/

中国芳香植物网：http：//www. yy168. com/

中国数字标本馆：http：//www. cnh. org. cn/

中国在线植物志：http：//www. eflora. cn/

中华香草联盟网：http：//www. herbleague. com/

钟瑞敏，王羽梅，曾庆孝，等．2005. 芳香精油在食品保藏中的应用性研究进展［J］．食品与发酵工业，31 (3)：93－98.

周利辉．1998. 罗勒品种及其利用价值［J］．蔬菜，(3)：13.

周秀梅，关晓弯，冯晓燕，等 . 2012. 紫苏地上部器官对野草香的化感作用 [J] . 北方园艺，(22)：50 - 53.

周秀梅，李保印，林紫玉 . 2011. ICP - AES 测定木香薷中 4 种宏量金属元素的含量 [J] . 河南科技学院学报，39 (5)：26 - 29.

周秀梅，李保印，王有江 . 2014. 木香薷栽培管理 [J] . 中国花卉园艺，(24)：40 - 41.

周秀梅，李保印，徐小梅 . 2015. 紫苏水浸液对木香薷种子和幼苗生长的化感作用 [J] . 资源开发与市场，31 (10)：1155 - 1158.

周秀梅，李保印，张建伟 . 2012. ICP - AES 测定木香薷中的 10 种微量金属元素 [J] . 光谱实验室，29 (4)：2124 - 2128.

周秀梅，李保印 . 2008. 抗寒耐旱的百里香属植物资源及其开发利用 [J] . 干旱区资源与环境，22 (7)：197 - 200.

周秀梅，齐安国，郑翠翠，等 . 2012. 木香薷地上部位水浸液的化感作用比较 [J] . 中国农学通报，28 (25)：196 - 200.

朱红霞 . 2004. 芳香花草 [M] . 北京：中国林业出版社 .

OT. 2009. 在家就能 DIY 的芳香精油减压法 [J] . 时尚北京，(8)：236 - 237.

Ron Guba 著 . 李宏译 . 金其璋译审 . 2002. 芳香疗法中使用精油存在的危险性（上/下）[J] . 香料香精化妆品，(2)：24 - 27/ (3)：35 - 41.

图书在版编目（CIP）数据

香草栽培与应用 / 周秀梅主编．—北京：中国农业出版社，2016.9

ISBN 978-7-109-22134-5

Ⅰ.①香…　Ⅱ.①周…　Ⅲ.①香料作物－栽培技术　Ⅳ.①S573

中国版本图书馆 CIP 数据核字（2016）第 222205 号

中国农业出版社出版
（北京市朝阳区麦子店街 18 号楼）
（邮政编码 100125）
责任编辑　王玉英

中国农业出版社印刷厂印刷　　新华书店北京发行所发行
2016 年 9 月第 1 版　　2016 年 9 月北京第 1 次印刷

开本：850mm×1168mm　1/32　　印张：8.25　　插页：2
字数：220 千字
定价：32.00 元

彩图2-1　香　囊

彩图2-2　薰衣草干花束

彩图2-3　香草布艺

彩图5-1　狭叶薰衣草

彩图5-2　法国薰衣草

彩图5-3　直立迷迭香

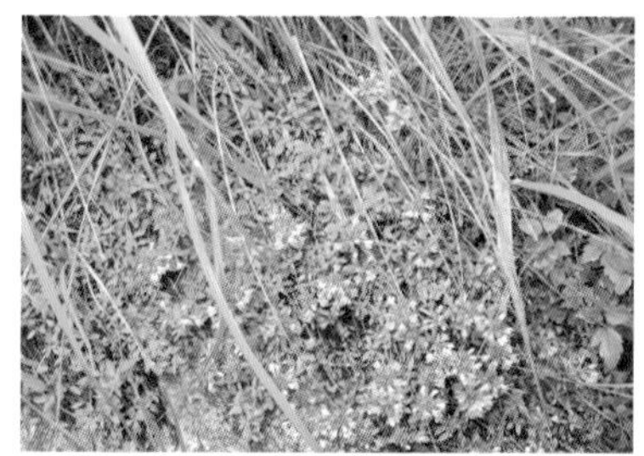

彩图5-4　铺地百里香

彩图5-5　香蜂花（左）罗勒（中）迷迭香（右）

彩图5-6　黄金鼠尾草

彩图5-7　巴格旦鼠尾草

彩图5-8　牛　至

彩图5-9　薄荷品种

彩图5-10　胡椒薄荷

彩图5-11　柠檬罗勒

彩图5-12　紫　苏

彩图5-13　霍香花篮

彩图5-14　香　薷

彩图5-15　木香薷

彩图5-16　罗马甘菊花茶

彩图5-17　缬　草

彩图5-18　番红花

彩图5-19　玫　瑰

彩图6-1　香草庭院

彩图6-2　香草花境

彩图6-3　香草散步道

彩图6-4　香草专类园

彩图9-1　纯精油

彩图6-5　河南省郑州市普兰斯薰衣草庄园

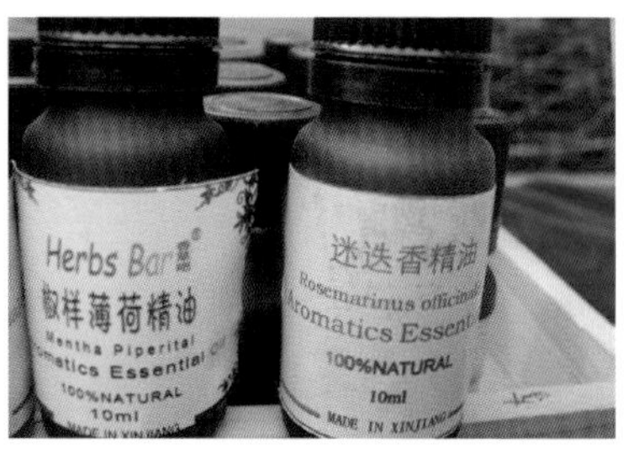

彩图9-2　调和精油